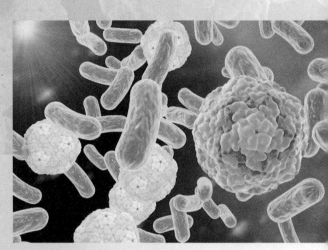

Biological Weapons
and Its Defense

生物武器
及其防护

刘 敏　齐秀丽　主　编
陈高云　韩丽丽　副主编

北京理工大学出版社
BEIJING INSTITUTE OF TECHNOLOGY PRESS

图书在版编目（CIP）数据

生物武器及其防护 / 刘敏，齐秀丽主编. -- 北京：
北京理工大学出版社，2020.9
ISBN 978 - 7 - 5682 - 9093 - 7

Ⅰ. ①生… Ⅱ. ①刘… ②齐… Ⅲ. ①生物武器 - 防
护 Ⅳ. ①TJ93

中国版本图书馆 CIP 数据核字（2020）第 181955 号

出版发行 / 北京理工大学出版社有限责任公司
社　　址 / 北京市海淀区中关村南大街 5 号
邮　　编 / 100081
电　　话 / （010）68914775（总编室）
　　　　　（010）82562903（教材售后服务热线）
　　　　　（010）68944723（其他图书服务热线）
网　　址 / http：//www. bitpress. com. cn
经　　销 / 全国各地新华书店
印　　刷 / 三河市华骏印务包装有限公司
开　　本 / 710 毫米 × 1000 毫米　1/16
印　　张 / 20.25　　　　　　　　　　　　责任编辑 / 孙　澍
字　　数 / 352 千字　　　　　　　　　　　　文案编辑 / 孙　澍
版　　次 / 2020 年 9 月第 1 版　2020 年 9 月第 1 次印刷　　责任校对 / 周瑞红
定　　价 / 76.00 元　　　　　　　　　　　　责任印制 / 李志强

本书编写人员

主　编　刘　敏　齐秀丽

副主编　陈高云　韩丽丽

编　者　(按姓氏拼音为序)

董中朝　顾恰敏　菅　锐　隋少卉　吴为辉

徐　莉　于孟斌　杨　帅　周朝华　赵传欣

张海洋

前　言

　　生物武器旧称"细菌武器"，是利用生物战剂的致病作用杀伤有生力量和毁伤动植物的武器，包括生物战剂、生物弹药和释放装置等，是大规模杀伤性武器。随着科学技术，特别是生物技术的飞速发展，生物武器的种类、性能以及杀伤力等都有了较大的发展，并成为某些国家战争武器库的重要组成部分。2001 年美国"9·11"恐怖袭击事件后，世界范围内发生的炭疽恐怖事件表明，生物恐怖已对世界和平与稳定构成了严重威胁。2020 年，肆虐全球的新型冠状病毒，对全世界人民都造成了不可预估的影响。人类基因组计划、基因组多样性计划和微生物基因组计划以及基因编辑等技术，使得生物武器的发展比以往任何时候都令人担忧。目前，全世界至少有 20 个国家可能拥有生物战计划，14 个国家有较为先进的生物研究实验室，400 多家生物技术公司可以从事生物武器研究。科学技术的发展使传统的国家安全观念受到空前的挑战，生物安全成为国家安全的重要组成部分。

　　尽管生物武器的潜在威胁在增大，但是并不是不可战胜。我们在战略上要高度重视生物威胁对国家安全和人民健康的危害，特别是基因武器的可能危害，漠视生物武器的威胁可能导致严重的灾难性后果。在技术上，要积极追踪国外生物武器的发展动态，紧跟生命科学的发展前沿，及时掌握生物高新技术，为我所用，使我国的生物防护立于不败之地。

　　本书的出版将为军队、反恐部门、卫生应急部门、出入境检验检疫系统、公共卫生系统的组织指挥人员、专业技术人员和专业处置力量提供理论和技术上的指导，也为广大读者提供有关生物武器应对的基本知识。

虽然参加本书编写工作的人员都是这方面的专家，但是因为生物武器及其防护涉及的面很广，资料分散，遗漏和不足之处在所难免，欢迎读者批评指正。

编　者

2020 年 9 月

目 录
CONTENTS

第一章
绪　论

第一节　生物武器简史

在人类社会的发展史上，人类在使用自身发明的技术造福人类的同时，也在用其毁灭自身。目前使用"武器化"生物毒素（如肉毒毒素和蓖麻毒素）的尝试是从石器时代南美土著人在箭上使用的毒物（如箭毒）和从两栖动物中提取的毒素得到启发的。从古至今，有意使用污染物（能储藏并传播疾病的物品）传播疾病的史例并不罕见。

目前，研究生物战历史受到几个因素的困扰：①对生物攻击指控的难以确证；②缺乏指控生物攻击的可靠微生物学和流行病学数据；③为达到宣传目的而指控对手进行生物攻击；④生物武器计划的高度机密性。

尽管如此，回顾生物战的起源和发展历史还是可以看出，发展生物武器的尝试贯穿了整个历史并将可能持续到未来。生物武器的发生和发展可分为原始的生物攻击、研制启蒙、研制发展、系统研发、新生物武器研发五个历史阶段。

一、原始的生物攻击

生物武器发展的第一阶段：原始的生物攻击，时间主要为 18 世纪以前。认识到传染病对军队健康危害始于最初用污物、尸体、动物腐尸和其他污染物作为武器攻击敌方。早在古代，这些污染物就被用于污染军队的水井、水库等水源以及攻击平民；从拿破仑时代到 20 世纪，使用污染物直接攻击人的行为一直持续着；20 世纪 60 年代早期 Vet Cong 人仍然用排泄物涂抹尖竹钉就是一个证据。

一个最早记载使用污染物攻击人群的尝试表明，生物战可引起复杂的流行病学问题。在 14 世纪鞑靼人围攻卡法城（Kaffa）的战斗中，即今天乌克兰的费多西亚（Feodossia），进攻方鞑靼军队感染了鼠疫并发生流行，于是鞑靼人试图将他们的不幸转嫁给对方，将病死的尸体抛入久攻不下的城池内，从而引发了一场鼠疫流行，鼠疫在守城军队中的暴发流行使鞑靼人顺利占领了卡法。船载着感染鼠疫的难民和老鼠驶入康斯坦丁、开罗、威尼斯和其他地中海港口，从而引起第二次鼠疫大流行。尽管如此，考虑到鼠疫复杂的生态学和流行病学特性，仅将卡法鼠疫的流行归咎于生物攻击就过于简单化了。鼠疫也可能是通过野外和城中的啮齿动物以及其身上的跳蚤自然传播引起的，同时被围困居民恶劣的卫生环境也增加了疾病流行的危险度。因为可传播鼠疫的跳蚤会从尸体上离开再寄生于活的宿主上。我们认为，向卡法城内抛入人的尸体不可能携带足够的鼠疫病原体。

18世纪，天花作为一种生物武器被用来对付土著美洲人。在法国和印第安人的战争中（1754—1767），北美的英军指挥官 Jeffrey Amherst 建议使用天花"消除"土著印第安部落对英国人的敌对行为。Pitt 要塞的天花暴发流行就源于执行了 Amherst 的计划，使用了污染物作为传染源。1763年6月24日，Amherst 的下属 Ecuyer 上校将天花患者使用过的毯子和手帕送给了美洲土著人，并在其日记中记录"希望它能起到应有的作用"。确实，这些污染物引起了俄亥俄河谷美洲土著部落的天花流行。殖民者和美洲土著人的其他接触也可能有助于这些流行，由于当地美洲人对天花无免疫力，与欧洲人的接触引发的天花流行持续了两百多年。

二、生物武器研制的启蒙阶段

生物武器发展的第二阶段：生物武器研制的启蒙阶段，时间为 1900—1930 年。有可靠的证据表明，德国是最早研制和使用生物武器的国家。在第一次世界大战期间，德国进行了一场野心勃勃的生物战计划，生物武器的攻击方式为派遣间谍或特务撒播，传播范围较小，杀伤力不大，常用的手段是秘密地感染同盟国中立贸易伙伴的家畜和喂养动物，然后出口到协约国军队中，如用炭疽和鼻疽病的病原体炭疽杆菌和鼻疽假单胞菌感染罗马尼亚绵羊然后出口到俄国。1916年，从德国驻罗马尼亚公使馆收缴的细菌培养物，经 Bucharest 细菌学和病理学研究所鉴定为炭疽杆菌和鼻疽假单胞菌。1917年，在美索不达米亚（Mesopotamia），德国特工用鼻疽假单胞菌接种了 45 000 匹骡子，重者死亡，轻者丧失劳动力，并给部队战斗力造成了严重影响。德国在使法国骑兵的马匹感染后，将感染了炭疽杆菌和鼻疽假单胞菌的阿根廷家畜故意出口给协约国，结果从 1917—1918 年间引起200 多匹骡子死亡。在第一次世界大战期间，德国人曾试图将污染的供食用的动物出口到美国。

三、生物武器研制的发展阶段

生物武器发展的第三阶段：生物武器研制的发展阶段，时间为1930—1950年。生物武器研制和发展使用主要由当时几个工业发达国家（德国、日本、英国和美国）开展。与第二阶段相比，生物武器的攻击方式已经有了较大的改进，主要用飞机投放和撒布带菌昆虫、动物等，污染面积大，杀伤效应较大。

德国在这个阶段曾建立两个研制机构：一个在德国的波琛；另一个在波兰的波兹南。德国研究过的生物战剂有鼠疫杆菌、霍乱弧菌、斑疹伤寒立克次体和黄热病毒，也研究过用带菌昆虫攻击家畜和农作物。德军曾用细菌弹施放病原菌，使苏军战俘营发生斑疹伤寒流行。希特勒曾发布命令禁止在德国发展生物武器，但是在纳粹高层官员支持下，德国科学家仍在开展生物武器研究，虽然他们的研究成果远远落后于其他国家，其攻击性生物武器威胁并没有形成。纳粹集中营中的犯人被强迫注射普氏和莫氏立克次体、甲肝病毒和疟原虫，然后用试验性疫苗和药物进行治疗。这些非人道的试验用来研究微生物的致病性、研制立克次体疫苗和磺胺类药物，而不是用来制造生物武器。唯一知道的一次是在1945年的5月，德国战术性使用生物武器污染被围攻的波希米亚（Bohemia）西北部的一个大型水库。德军曾用疫苗和血清学试验作为一种生物防护手段来保护自己，采用外裴氏反应诊断斑疹伤寒以避免其在该地区的流行。但巧合的是，在被占领的波兰某地的医生使用甲醛灭活的变形杆菌OX－19株作为疫苗接种当地居民，结果使德军的斑疹伤寒测试为假阳性，当地居民逃脱了被驱逐到集中营的厄运。

日本占领中国东北后，在石井四郎（1942—1945）领导下进行了生物武器研究并一直持续到第二次世界大战结束。当时，日军在中国设有四支生物武器研制、生产部队：哈尔滨附近平房车站的生物战研究机构"731部队"、长春的生物战研究机构"100部队"、南京的"荣"字1644部队和广州的"波"字8604部队。前两个机构的任务是研制细菌战剂，后两个机构则生产细菌战剂，并培养细菌战人员。其中"731部队"是日本生物武器发展计划的研究中心，拥有150幢房子、5个卫星营地和1支超过3 000名科学家和技术人员的部队，研究过的生物战剂有鼠疫杆菌、霍乱弧菌、伤寒杆菌和炭疽杆菌等。他们用这些病原体感染被关押的战俘和平民。1932—1945年，日本生物武器计划中至少有10 000人死于试验感染或试验后被处死。另外，"100部队"还专门研制杀伤家畜和农作物的生物战剂。

第二次世界大战期间，同盟国也发展了生物武器以对付德国可能的生物攻击。1934年，英国秘密开展生物武器防护研究，如疫苗、抗血清和诊断技术等，并于 1939 年开始进行进攻性生物武器的研制。1942 年，英国在靠近苏格兰海岸的 Gruinard 岛上进行了武器化的炭疽芽孢杆菌炸弹威力试验，以羊作为试验对象，经多次试验获得成功，试验羊全部被杀死。但是，令该岛造成炭疽芽孢污染的试验者无法预料的是，尽管在试验后放火烧了岛上的所有野草，但是在 24 年后的检验证明，Gruinard 岛仍被炭疽芽孢严重污染。炭疽芽孢一直存活到 1986 年用甲醛和海水对该岛进行彻底消毒处理为止。此外，英国还研究了肉毒毒素战剂，并成功地用肉毒毒素杀死了德军驻捷克的总管。

美国是从 1941 年开始研制生物武器的，生物武器研究基地设在马里兰州的狄特里克堡（Detrick），是美国最大的生物武器研制基地。此外，美国还建立了大规模的野外试验场和生产厂，如犹他州的达格威试验场和阿肯色州的陆军松树崖兵工厂等，并利用国内的许多研究机构和大学进行生物武器的研究。1941—1945 年，美国在生物武器研究上取得了两项重大突破：一是通过"气雾室计划"掌握了各种气溶胶生物战剂的最佳存活条件和感染致病剂量；二是建立了生物战剂的大规模冷冻干燥技术，从而为生物武器的实战应用提供了可行性。美军在这期间研究过的生物战剂有炭疽杆菌、鼠疫杆菌、土拉杆菌、布氏杆菌、类鼻疽杆菌、洛杉矶斑疹伤寒立克次体、鹦鹉热衣原体、厌酷球孢子菌、黄热病毒、登革病毒和裂谷热病毒等。在 Detrick 营地的一家飞机车间生产了大约 5 000 枚装有炭疽杆菌的炸弹，第二次世界大战后，这家生产实验室出租转为商业药物生产，但是在 Detriek 生物武器的基础研究和开发工作仍在进行。被关押在美军监狱的石井四郎和其他参与了"731 计划"的日本科学家被撤销起诉，作为回报，他们将其在"731 计划"中获得的成果提供给美国。到第二次世界大战结束，美国的生物武器研制水平已远远超过其他国家。

四、生物武器系统的研究和发展阶段

生物武器发展的第四阶段：生物武器系统研究和发展阶段（1950—1980）。在生物武器发展的第四阶段，美国研制、生产和储备了大量的生物武器，使美国成为世界头号生物武器大国。在朝鲜战争期间，美国制定了生物武器快速发展计划，在 Pine Bluff Ark 建立了一家新的有着足够安全保护措施的生产实验室，技术的进步使微生物的大规模发酵、浓缩和储藏成为可能，1954 年开始了生物武器生产。美国还在 1953 年开展了一项反生物战措施的研究，包括研究疫苗、抗血清、治疗剂等来保护军队免受可能的生物攻击。

美国在朝鲜战争期间进行过生物战，在朝鲜北部和我国东北地区多次投掷带菌昆虫、动物和杂物等，携带的生物战剂有鼠疫杆菌、霍乱弧菌、炭疽杆菌、伤寒杆菌以及脑炎病毒等，造成疾病流行，多人死亡。实际上美军还对中朝军民使用了天花病毒战剂，造成天花的暴发流行，在短短的三个月内患天花的病人达到 3 500 多例。此外，美军还在巨济岛等战俘营内进行了野蛮的生物战剂人体试验，在 125 000 多名受试者中，有 1 400 多人患病严重。

美军生物战剂动物试验在 Detrick 堡、偏僻的沙漠和太平洋中的驳船上等场所进行，人体试验始于 1955 年，在军人和贫民志愿者身上进行。Detrick 堡生物武器在一个 10^6 L 的中空金属球形的气溶胶室里爆炸，室内的志愿者暴露于土拉杆菌和伯纳特 – 柯克斯氏体下。这些和其他的攻击性试验用于确定人对气溶胶病原体的易感性和正在开发的疫苗、预防剂和治疗药物的有效性。还有些研究使用细菌模型，如挑选烟曲霉菌、枯草杆菌、黏质沙雷菌等非致病菌作为生物战剂模型，研究其生产和储藏技术、气溶胶化工艺和气溶胶在一个大的地域上空的存在行为，以及太阳照射和气候环境对气溶胶微生物存活的影响。1949—1968 年，在纽约、旧金山和其他城市进行的秘密试验中，施放模型细菌以研究细菌的气溶胶化和释放方法。

1950 年 9 月至 1951 年 2 月间，斯坦福大学医院暴发一起因黏质沙雷菌引起尿道感染流行后，社会开始关注模型细菌对公众健康的危害。这次疾病的流行怀疑是在旧金山用黏质沙雷菌做秘密试验后暴发的，涉及 11 例病人，1 例病人有短暂的菌血症，1 例病人死于心内膜炎，所有病人都有尿道插管的经历，5 例接受尿路膀胱镜检查和多种抗生素的使用，这可能也有助于这种疾病的流行。在旧金山的其他医院没有类似疾病发生的报道，这次疾病的流行是早期弱致病性细菌引起医院感染的范例，它与抗生素的使用、新的医疗器械和手术方案有关。

为了解这次疾病的暴发与模型细菌试验之间的关系，美军在 1952 年成立了一个调查小组，小组成员包括传染病中心、国立卫生研究所、纽约市卫生局和俄亥俄州立大学的有关人员。这个调查组没有就这起医院感染事故与模型细菌试验之间的关系发表直接看法。由于该菌的弱致病性，调查组建议继续使用黏质沙雷菌作为模型细菌，但是同时认为应寻找一个能代替该细菌的更好的模型菌。尽管如此，使用黏质沙雷菌作为模型细菌进行的研究一直持续到 1968 年。公众关注这些秘密试验始于 1976 年，《华盛顿邮报》报道了这些试验并暗示心内膜炎引起的死亡与模型细菌试验有直接关系。并且进一步暗示在 Alobomain Calhoun 村和佛罗里达的 Keywest 突然增加的肺炎与在这些地区进行的模型细菌试验有关，由此引起了公众的愤怒。1977 年，参议院举行了听证会，军队因明知斯坦福暴发了上述传染病仍继续使用黏质沙雷菌进行试验而受到严厉指责。

但是，有几个事实使人们对传染病的暴发和军队使用的黏质沙雷菌在病原学上的关系产生了怀疑。美国疾病控制中心（CDC）报道在100例由黏质沙雷菌暴发的病例中，没有一起是由军方使用的8UK株黏质沙雷菌（生物型A6，血清型A8H3，噬菌体型678）引起。20世纪70年代，许多报道推测美军的秘密试验与加利福尼亚的瘾君子中由黏质沙雷菌引起心内膜炎、败血症关节炎、骨髓炎之间有关系，认为这些菌株在抗原性上有可能与军队试验的菌株不同。

到20世纪60年代末，美军发展的生物武器库包括许多致病细菌、毒素和真菌性作物致病剂，真菌性作物致病剂直接导致庄稼减产和荒芜。另外，在秘密活动中使用的生物战剂有由中央情报局研制的眼镜蛇毒素、蛤蚌毒素和其他毒素，所有上述研制和使用的生物武器均在1972年销毁。

1972年后，美国加强了生物武器的"防护"研究工作，研究的生物战剂种类增多，除细菌外，还有病毒和立克次体等。同时，改进了生物战剂施放技术，利用气溶胶发生器和布洒器喷洒生物战剂气溶胶，大大增强了生物武器的攻击作用。目前，美军至少储存10种生物战剂和6种生物毒素战剂，其中包括出血热病毒（如拉沙热病毒、马尔堡病毒和埃博拉病毒等）、肉毒毒素和真菌毒素等。

苏联也在极其秘密的条件下积极研制生物武器，其研究水平与美国相当。苏联至少有7个生物武器研究中心，可以用常规武器和气溶胶发生器撒播生物战剂。1972年，在斯维德洛夫斯克发生了一起炭疽芽孢气溶胶泄漏事故，引起国际社会的关注。

1999年10月20日，俄罗斯叛逃的生物武器专家阿立贝克（原名阿立贝科夫，1992年叛逃到美国）在美国国会武装力量委员会军事采办分委员会及军事研究与发展分委员会就化学和生物武器威胁问题举行的联合听证会上，陈述了苏联（俄罗斯）的生物武器研究与发展情况。阿立贝克说："我为苏联生物武器发展工作了20年，到1992年叛逃时，我已任苏联生物制剂公司第一常务副主任4年，该公司拥有苏联生物战计划的一半人员和机构，那时我负责约40个机构近32 000名雇员。""虽然苏联是生物和毒素武器的批约国，但直到20世纪90年代初仍在高强度、大规模研究和发展生物武器，例如，20世纪80年代末和90年代初，从事各种不同程度的生物武器研究、发展和生产的人员超过6万人，储存了数百吨炭疽战剂、10多吨天花和鼠疫战剂，生物战剂的总生产能力是每年数百吨各类不同战剂。""苏联的生物武器计划始于20世纪20年代末。第二次世界大战前的研究主要集中在大量不同的生物战剂。第二次世界大战开始时苏联已能用土拉菌、流行性伤寒和Q热立克次体等战剂生产武器，并研究将天花病毒、鼠疫菌和炭疽菌用作生物武器的技术。据我们分析，1942 年，在苏联南部的德军营发生的土拉热暴发流行，以及 1943 年在克里米亚德军营发生的 Q 热暴发流行很可能是苏联使用生物武器所致。第二次世界大战促进了苏联生物武器计划很多方面的发展：首先是苏联获得了德国制造大规模生物反应器和其他设备的工业技术和设施；其次是苏联从日本生物武器计划中获得了大量有价值的信息。第二次世界大战后，苏联的生物武器计划继续扩大和发展，战前武器化的战剂仅有土拉菌、流行性伤寒和 Q 热立克次体，战后扩大至包括天花病毒、鼠疫菌、炭疽菌、委马脑炎病毒、鼻疽菌、布氏菌、玛尔堡病毒等战剂，并研究了埃博拉病毒、胡宁病毒、马丘波病毒、黄热病毒、拉沙病毒、日本脑炎病毒、俄罗斯春夏脑炎病毒等其他潜在生物战剂。微生物培养和浓缩技术与装备也得到进一步完善和发展，建立了干粉生物战剂生产方法。除了研究用于攻击人的生物战剂外，还研究发展了大量攻击农作物和动物的生物战剂。""苏联的生物战剂研究强调，对抗生素有抗性，并且现有免疫方法无效。""从 1972—1992 年，苏联不仅没有停止，反而扩大和加强了生物武器研究，包括生产和试验的技术与设备，发展施放技术，探索其他潜在战剂等，特别强调用分子生物学和基因工程技术手段研究两种或多种病毒的基因工程重组毒株，以使其具备抗生素抗性和免疫耐受性；研究有心理和神经行为影响的肽作为战剂的可能性；研究将非致病微生物转化为致病微生物；试验使相关设施迅速转化生产生物战剂的能力。"

在生物武器发展的第四阶段中，除了上述两个超级大国的生物武器研究竞赛和生物武器系统的完善特点之外，它的另一特点是生物武器在地区局部战争中的使用和拥有生物武器的国家在增多。除了美军在朝鲜战场上使用了生物武器外，1984 年两伊战争中，伊拉克对伊朗使用了化学和生物武器，据联合国专家调查证实，伊拉克对伊朗使用了生物战剂（黄雨 T_2 毒素）和化学战剂的攻击，有 5 000 多名伊朗士兵受伤，病死率达 15%。1990 年，海湾战争最终没有发生生物战，但交战双方都做了生物战的充分准备。20 世纪 70 年代末，伊拉克开始研制生物武器，到 1991 年 4 月被美军"沙漠风暴"行动摧毁而被迫停止。

早在海湾战争以前，就有了对伊拉克使用生物武器的指控。如库尔德人宣称，在两伊战争早期，伊拉克即对他们使用了霍乱弧菌、伤寒杆菌、真菌毒素或黄雨武器。1988 年 9 月，伊拉克用伤寒炸弹袭击了苏莱曼尼亚市；1989 年中期，伊拉克秘密部队使用生物战剂造成库尔德难民营的食物染毒，导致该难民营所在的土耳其境内马尔丁地区兔热病、鼠疫、伤寒和霍乱的流行，造成 700 人死亡，4 000 人受伤。还有人指控伊拉克在距巴格达以南 100 km 处的阿尔·撒尔曼曾对约 100 名伊朗战俘使用化学和生物战剂进行人体试验。

海湾战争后，美国参战士兵及其家属中出现了一种"海湾战争综合征"，美国有人认为这是由于军人曾经暴露于生物战剂而造成的。伊拉克研究过的生物战剂谱比较广泛，包括细菌、病毒、立克次体、衣原体、真菌、毒素。既有失能性战剂又有致死性战剂，既有传染性战剂又有非传染性战剂，既有长潜伏期战剂又有短潜伏期战剂，既有气溶胶衰亡率高的战剂又有气溶胶衰亡率低的战剂，既有标准生物战剂又有潜在生物战剂，还有一些没有标准战剂和潜在战剂包括的战剂，既有人员杀伤战剂也有动物和植物杀伤战剂。

从以上事实中可以看出，1945—1980 年这段时间内，人类对各种致病微生物的病原学、致病机理和生物学特性的研究有了很大进步，对这些病原微生物有了深刻的认识。正是这些研究方法、技术和研究成果，促进了生物武器研究的快速发展，不仅研究的生物战剂种类大大增多，而且对这些战剂的生物学特性，尤其是这些战剂气溶胶生物学特性研究得很深入。同时，在生物战剂侦检、防护等领域也取得了很大进步，如单克隆抗体、核酸探针和PCR 技术等用于生物战剂的诊断，多种战剂疫苗的研制等。另外，随着其他学科领域的发展，在生物战剂施放技术方面也有了较大的进步。如微生物冻干技术的发展，使生物战剂的储存、干粉气溶胶撒播攻击成为现实；飞行器和导弹技术的快速发展，也丰富了生物武器的攻击方式，不仅可以用飞机撒播生物战剂，也可以用导弹进行生物战剂的攻击。这些都表明，生物武器的发展与其相关基础学科和技术的发展密切相关，从这些相关学科和技术的发展，也可以窥视出生物武器的发展进程。

五、新生物武器的研制和发展

生物武器研制发展的第五阶段：新生物武器研制和发展阶段，时间为1980 年至今。人类操作基因的技术是在 20 世纪 70 年代初发展起来的，80 年代初发明的 PCR 技术使得操作基因更加游刃有余。但是，20 世纪 90 年代后人类才达到自由改造微生物的技术水平。目前，DNA 重组技术和其他生物技术已广泛用于可能作为生物战剂的细菌、病毒、立克次体、毒素等方面的研究。例如，对 50 多种毒素结构基因已进行了克隆和序列测定。1990 年，Geissler 主编的斯德哥尔摩国际和平研究所《化学和生物战研究》一书中，有关建立信任措施加强生物武器公约报告中，讨论了用基因工程技术研究可能的细菌、病毒、立克次体和毒素等生物战剂。

目前，DNA 重组技术和其他生物技术已被广泛应用于微生物的研究。美国正在从事的一些研究，如鼠疫耶尔森菌和肉毒毒素在弱毒株炭疽杆菌中的表达及其作为综合多价活疫苗的评价，布鲁氏菌保护性抗原的鉴定、在痘病毒中的表达及其在预防动物和人布鲁氏菌病中的作用，Yop M 鼠疫疫苗组分、免疫原性、保护性和作用模式等。以上这些研究虽然是防御性的研究，但是只要将其中的毒力因子或受体菌株换一下，立刻就成为进攻性生物武器研究了。在所有国家中，美国从事进攻性生物武器研究的计划最为详尽。由于生物技术的通用性，很难保证在战时这些技术不会被滥用。

1991 年，美国国防年会报告了用基因工程研究出血热病毒干粉生物战剂，用于低飞巡航导弹喷雾袭击。同年，美国还报告了用基因工程技术改变流感病毒神经氨酸酶活性，可以提高其感染性。

据称，俄罗斯已经研究将委内瑞拉马脑炎病毒的基因克隆到天花病毒中加以表达。由于委马病毒的致死率高，天花病毒的感染性强，且可以通过气溶胶的形式进行传播感染，因此，可能研制出一种致死率高和感染性强的新型生物战剂，它可能是一种典型的基因武器。苏联研究了蛇毒和其他神经毒素基因在流感病毒和细菌中的表达。虽然当时这些研究的目的是预防疾病，但是生物技术的通用性可以使这些储备技术立即成为进攻性生物武器研究的良好平台。对于俄罗斯继续利用其进攻性生物武器以改进其基因工程技术，人们仍表示严重关切。美国情报机构一直认为，1979 年在斯维尔德洛夫斯克暴发的炭疽病与新型生物武器的研制有关。

国外在研究病毒致病的分子机理及确定病毒毒力决定簇时发现，有许多病毒被改构成基因表达载体，如痘病毒、腺病毒、Sindbis 病毒等。如果插入毒力基因，就有可能成为一种新的改构病毒战剂。

目前，随着基因工程技术的迅速发展，大量微生物及其毒素基因得到克隆，它们的基因序列研究在不断地获得（表 1－1），人类基因组计划、基因组多样性计划和微生物基因组计划的实施，对基因生物武器的发展具有重要的促进作用。

表 1－1　利用基因工程技术研究过的潜在的生物战剂基因

生物战剂类型		研究过的基因	结果
细菌类	炭疽芽孢杆菌	基因组	引起转座子突发
	鼠疫菌	毒力质粒	已克隆
	土拉杆菌	热修饰蛋白	已克隆
	鼠疫菌和假结核耶尔森菌	毒力	已改变和转化
立克次体类	Q 热立克次体	毒力和 62kD 抗原	已克隆并表达
	立氏立克次体	17kD 抗原	已测序
	恙虫病立克次体	2 个主要的蛋白质抗原	已克隆并表达

生物战剂类型		研究过的基因	结果
病毒类	天花病毒	基因组	已克隆
	黄热病毒	基因组	已测序
	东部马脑炎病毒	结构蛋白	已测序
	登革热病毒 2 和 4 型	基因组	已测序
	乙型马脑炎病毒	基因组	
	汉坦病毒	基因组（L、M 和 S 三个片段）	已测序，M 和 S 基因已表达
	裂谷热病毒	M 片段和糖蛋白基因 GP2	已测序，克隆并在载体中表达
	拉沙病毒	S 片段和糖蛋白基因 GPC	已测序，克隆并在载体中表达
	蜱传脑炎病毒	抗原和结构蛋白	在载体中已表达，蛋白已测序

其实，从一些新兴的分子生物学技术诞生那天起，许多科学家和军事分析家就开始担心这些技术会被滥用。在 1997 年的英国医学会年会报告中，一位英国医生预言 10 年之内可能会制造出"基因武器"。该报告还特别指出以日新月异的生物技术为支撑，未来几年内可能会造出针对某一特定种族和人群的生物武器。而这种针对性的生物武器的基础是各个种族之间基因的差异。例如，在美国囊性纤维化是一种十分常见的疾病，而在亚洲国家这种疾病就十分罕见，造成这种差异的内在机制就是其基因组的差异。从美国实施的"人类基因组计划"中可以略见一斑：越来越多疾病和基因的关系被确定，越来越多的基因得到定位。人们既然能够找出人群之中这种基因的差异，就可以据此造出具有人群和种族针对性的新式武器。

1997 年 8 月 13 日《英国简氏防务周刊》指出：美国国防部展示生物战争的可怕前景。这份美国国防部报告草稿显示，一种可怕的新一代基因工程生物战剂可能已经研制成功。这种制剂既无法探测，又无法处理。这份报告已交给时任美国国防部部长威廉·科恩审阅。他说他十分关注那种"能够根据人体基因组成结构不同而专门攻击某一类人"的生物制剂的科研进展。

这份尚未公开发表的美国国防部新的报告的重点是：能够通过基因工程生产出特定"新的生物制剂"或微生物的若干生产技术，其中包括：①把良性制剂改用于生产毒素、毒液或生物调节剂；②采用改变了免疫性的制剂，使传统的鉴定、检测和诊断手段不起作用；③能使抗生素以及传统的疫苗和治疗方法失去作用的病原体；④在环境中和气雾扩散条件下性质日益稳定的病原体。

该报告称："在这些技术中，每一项都力图充分利用生物战剂的极大杀伤力、剧毒性或传染性，并通过研究更有效的传播手段和在战场上对这些战剂的控制手段来挖掘它们的潜力。"

这份报告第一次阐述了基因工程技术是如何被用于使病原体存活和繁衍的。现在被认为可行的一项技术是，从毒素或其他致命剂中分离出一个基因，将其嫁接在此前并非致命的、孢子状的细菌上。此后，这种孢子能保护该致命剂，使之不受典型环境的影响而削弱。该报告推算，使病原体的衰亡率由 5% 每分钟降低至 0.5% 每分钟，就能使其在战场上存活时间超过 2 h。基因工程同样能用于改变病毒的作用，"使其不导致通常的症状，如发热或不适，而有更具破坏力的效果。通过这样的改变，寄居体体内的细胞组织可被用于产生导致伤残或致命的物质。"

该报告称："另一种技术是将毒素或病毒装入微胶囊中加以保护。"聚合物胶囊可设计成能被受害人群吸入的微粒状，而且只有在肺中，胶囊外壁才会分解，并释放出病原体。

国外已经有人成功地利用基因重组技术获得对链霉素有抗药性的鼠疫菌和土拉菌，并且能够使其在比较简单的培养基上生长。通过人工合成新的基因将有可能使新的微生物对人具有更强的致病力，对环境具有更大的抵抗力。

除上述生物高新技术对基因武器发展的影响外，人类基因组计划、基因组多样性计划和微生物基因组计划的实施，对遗传生物武器（Genetic Weapons）的发展也同样具有重要影响。

人类的遗传和发育都是由存在于细胞核中的遗传物质（DNA）决定的，人类单倍体细胞中所含有的全部遗传物质就称为人类基因组。人类基因组大小约为 3×10^9 bp，测定这 3×10^9 个碱基的排列次序并阐明这种排列的生物学意义的计划就是人类基因组计划。评论家认为它可以与人类登月计划相提并论，将对生命科学和人类最终征服疾病产生巨大的推动作用。1990 年，该计划开始实施至今进展顺利，大规模测序前的准备工作（作图、技术支持、数据管理软件开发）已顺利结束，并提前进入大规模测序阶段，预计可以提前一年左右完成计划。

由于人类基因的多态性，从 1998 年开始又在启动另一个计划，即人类基因组多样性计划（Human Genome Diversity Project）。该计划的目的是尽可能多地找出不同人群基因组之间的差别，以阐明基因组中不同区域的功能，找到不同人群表型差异的遗传机制。该计划的实施产生了"基因药物学"的概念，即今后对不同的病人要根据其基因差异而"对人下药"。

这两个计划无疑对生命科学的发展已经并将进一步产生巨大促进作用，但是同时也使许多人产生了不安。原因之一是个人隐私和种族歧视问题，而更重要的原因是担心会有人利用人种之间的遗传差异来制造针对特定人群的生物武器，这种有针对性的生物武器称作遗传武器。有了人种之间的遗传差异信息，加上同源重组技术、基因突变技术、蛋白质结构功能的计算机模拟技术，这种遗传武器的研制基本不存在技术上的问题。新闻媒体上不时出现这个民族在研制针对那个民族的基因武器的传闻，由此可见对遗传武器的担心是普遍存在的。

例如，2000 年有消息称："以色列科学家正在研究用基因工程手段修饰的细菌或病毒，使其只攻击带有特定基因的人群。研究人员已查明阿拉伯人群的特有基因特征，特别是针对伊拉克人。这种武器被看作以色列对来自伊拉克的化学和生物武器威胁的反应。该计划主要由位于 Nes Tziyona 的生物学研究所承担，该研究所是以色列化学和生物武器的主要研究机构。关于该项研究的设想在以色列引起了争论。以色列议员 Dedi Zucker 引证说，从精神上讲，基于我们的历史、我们的传统和我们的经验，这种武器是很凶残的，应该予以否认。"

综上所述，生物武器的发展与微生物学、生物技术以及遗传学的发展密切相关，每当这些领域在基础研究或技术研究方面取得突破，生物武器也随之发展。因此，从 20 世纪这 100 年生命科学的发展，基本能够较为全面地了解生物武器的发展历史；而从现在的生命科学的发展前沿也基本可以预测出生物武器的发展趋势。今后生物武器的发展比以往任何时候都令人担忧。主要原因是人类对生命的本质——基因的结构、功能和差异的认识越来越深入，如果把这些研究成果用于生物武器的发展，即研究基因武器，其结果是非常可怕和难以预料的。因此有人惊呼："在全球政治、经济一体化的未来，种族将是最后的防线。"轻者说，个体可能丧失自我，成为他人的奴隶；重者说，可能使某一人种或其他物种，甚至人类本身从地球上彻底消失。

尽管生物武器的潜在威胁在增大，但是并不是不可战胜的。我们在战略上要高度重视生物威胁对国家安全和人民健康的危害，特别是基因武器的可能危害，漠视生物武器的威胁可能导致严重的灾难性后果。在技术上要积极追踪国外生物武器的发展动态，紧跟生命科学的发展前沿，及时掌握生物高新技术，为我所用，使我国的生物危害防护立于不败之地。

第二节 生物武器的发展现状与趋势

一、生物武器的发展现状

随着科学技术，特别是生物技术的飞速发展，人类面临的生物威胁不仅没有减少，反而增加。1994 年，美国国会《核化生武器及其威胁》调查报告称，"从大量技术扩散、技术多样性和使用可能性等方面看，生物武器的威胁已经增大"。1996 年，美国的一项研究报告认为，20 世纪 90 年代至少有 15 个国家或地区拥有生物武器计划，比 80 年代增加了 1 倍；美国中央情报局在其 1997 年的《化学生物威胁》报告中称，世界上约有 400 家公司生产能用以制备化学和生物战剂的两用设备。据有关资料显示，目前全世界至少有 20 个国家可能拥有生物战计划，14 个国家有较为先进的生物研究实验室，400 多家生物技术公司可从事生物武器研究。由于生物武器与其他大规模毁伤性武器相比，具有高杀伤性、低投入、易释放、强隐蔽、高心理威慑以及作用目标广泛的显著特点，近年来，美、俄等军事大国不顾国际舆论的谴责仍在秘密研制生物武器。另外，科学技术的发展也使传统的国家安全观念受到空前挑战。2001 年美国"9·11"恐怖袭击事件后，世界范围内发生的炭疽恐怖事件表明，生物恐怖已对世界和平与稳定构成严重威胁。生物恐怖威胁已引起国际社会的广泛关注。目前，生物恐怖可选用的生物战剂种类很多，截至 2020 年至少有 70 种，属于烈性的生物战剂有 20 多种。

（一）美国

美国从未停止过生物武器的研究，并可能全面恢复进攻性生物武器的生产。从 1941 年，美国就开始了生物武器的研究，其后一直未间断过。1990 年，英国出版的《防止生物军备竞赛》称："对美军 300 多项生物研究项目分析，很难分清其是进攻性还是防御性目的。其相关研究经费 20 世纪 80 年代以来一直在增加，1985 年达最高值，此后一直保持在较高强度"，"美国国防部生物技术计划中可能的进攻性应用研究项目包括：使疫苗无效的生物战剂、诊断困难的生物战剂、超级毒素、生物战剂气溶胶施放、生物战剂的生物媒介、新生物战剂、耐药生物战剂、生化（激素）武器、增加毒素生产能力等。"2001 年 9 月 4 日《纽约时报》披露的消息称："在过去的几年中，美国已经开始进行一项研究基因武器的秘密计划。"2001 年，布什政府的官员说，五角大楼已经起草了计划从遗传基因上设计一种潜在的更有效的可能导致炭疽热的多种细菌，就是进行细菌战最理想的致命疾病。轰动全球的 2001 年美国炭疽袭击事件，经调查，所使用的炭疽菌源自美军的一个生物实验室，美国长期从事生物武器研究的计划也因此得到证实。2001 年 7 月，布什政府以"危及国家安全和商业机密"为由，拒绝批准《禁止生物武器公约》核查议定书草案，其目的不言自明。2001 年 9 月 4 日，美国白宫发言人弗莱舍承认，美国近年来一直在从事有关生物武器的研究。2002 年秋，美国还于北卡罗来纳州布拉格堡建成一座细菌工厂。这一工厂具备了所有生产生物武器所必需的部件。

美军已将部分生物战剂武器化。据资料介绍，美军的"标准"生物战剂有 8 种，储存的生物战剂有 10 多种，并装备有部分生物弹药，主要有 M201 型生物导弹弹头、750 lb（1 lb = 0.453 kg）集束生物炸弹和 E61Y4 型生物炸弹等。这些生物弹药的使用主要是施放生物战剂气溶胶，可污染空气、地面、武器装备、食品和水源等，并能渗入无防护设施的工事，也可以通过呼吸道、消化道、皮肤、黏膜、破损伤口等多种途径侵入人体致病。

（二）俄罗斯

俄罗斯研究生物武器的历史悠久，早在 20 世纪 20 年代苏联就开始秘密地研制生物武器。据外国资料介绍，1990 年苏联生物武器研究机构包括：1928 年在里海北面建立了一个细菌弹试验场；1952 年在里海海岸建有一个庞大的生物研究中心；在加里宁和卡庐加试验场建有生物战研究中心；1954 年 8 月西德新闻报道，苏联在高加索搞了 6 个生物实验室。苏联解体后，俄罗斯继承和保留了苏联生物武器计划的关键部分，并维持相当规模的生物武器研制和生产能力。1992 年，俄罗斯总统叶利钦公开承认，俄罗斯仍没有停止研制生物武器。1993 年，俄罗斯叛逃生物武器专家披露，俄罗斯正在发展基因工程生物战剂（如用基因工程改造的出血热病毒和鼠疫杆菌等），经改造的菌（毒）株对多种抗生素具有抗药性并且现有疫苗对其无防护作用。2000 年，俄罗斯总统普京在保留生物武器相关系统方面做出重大贡献，被俄罗斯军事医学院授予名誉博士。

（三）其他国家和地区

1. 英国

英国的科研机构正在以研制疫苗为由，暗中发展生物武器。1997 年 7 月有报道称，英国已组织了由军事专家、遗传学家、生物学家和律师组成的小组，研究种族灭绝性基因武器的可能性及其对策。据 2002 年 10 月 29 日英国《卫报》报道，英军和美军在合作研制新一代生物武器。英国国防部有关人士还透露，英国化学及生物防疫中心的科学家正在运用基因工程技术研究超级细菌。

2. 德国

早在 1943 年，德国就建立了生物武器研究所，具有生物战剂的生产能力。德国曾生产过鼠疫杆菌、霍乱弧菌、斑疹伤寒立克次体及黄热病毒等多种生物战剂。德国还进行过施放生物战剂方法的研究，装备有生物战剂施放装置。2003 年，德国《世界报》报道，德军正在应用基因工程技术研究黑死病、霍乱和大肠杆菌等病原体，并在秘密研制一种能对抗抗生素的生物战剂。该报道还称，德国当局一项有关基因工程的军事研究计划内，包括了一些可应用于战争上的病原体细菌研究。报道表示，"这些病原体细菌被视为适合在武器中使用。"整项基因研究计划包括研究基因改造的马铃薯和大豆。但另外，研究人员也有研究霍乱、鼠疫中的大肠杆菌及其他病原体，令人怀疑这绝非寻常的研究。

3. 日本

日本是最早研制并使用过生物武器的国家之一。早在侵华战争期间就在我国东北建立过大规模生产生物武器的工厂，世人皆知的"731 部队"就是专门从事生物武器研究的部队，在我国境内利用战俘做过大量试验，掌握了大量的制造生产和使用生物战剂的经验，具有很强的生产能力。目前，日本生物武器的研制能力和水平方面仍是处于世界前列。2001 年，日本防卫厅成立了生物武器研究所。据陆上自卫队陆军参谋部的官员透露，设于三宿营房的生物武器研究所其实是一个"医疗试验小组"，旨在研究日本一旦受到生物武器袭击时的反应能力。他指出，该研究所将会由 20 名官员组成，8 人之中有 3 人是医学专家，主要是研究生物武器。但是，20 人均不是传染病专家，因此该小组没有能力进行复杂试验。该研究所实际具备了研发新型生物武器的能力。

4. 印度

印度具有发展生物武器的能力，并可能拥有生物战计划。对此，美、英、法等西方国家在 1990—1996 年的评估报告中多次提出怀疑。2001 年 1 月，美国国防部报告称，印度有许多高级科学家、大量生物与药物生产设施、许多可用于研究发展有害病原体的生物传染设施。印度不仅拥有大量杰出的生物学家和发达的生物产业，还有适合于研究和发展致命病原体的秘密设施。美国认为，虽然印度已经批准了《禁止生物武器公约》，但是仍拥有重要的生物技术设施和专家，其中部分用于生物战防御研究，而用于进攻性和防御性的生物战研究是很难区分的。就投送能力而言，印度拥有制造喷雾器的能力，有大量的潜在投送系统，如农用喷雾器，甚至还有弹道导弹。2001 年 11 月 27 日，印度安得拉邦宣布将在预防医学研究所成立专职生物安全实验室（BSL－2）。

5. 伊朗

伊朗曾被指控拥有生物武器生产机构。1988 年，伊朗武装力量发言人曾说，生化武器被看作是"我们的防御力量"。由于公众断言伊拉克拥有生物武器计划，伊朗不得不进行类似的研究。在两伊战争期间，伊朗化学生物战能力的不足使伊朗付出了昂贵的代价。

6. 加拿大

1941 年，加拿大就开始了生物战的研究。曾对大量生产肉毒杆菌毒素的方法进行过研究，并在苏菲尔德野外试验基地进行过肉毒毒素气溶胶的飞机喷洒试验。加拿大在生物武器研究方面与美国和英国有过密切的合作，因此加拿大对生物武器研究方面具有相当强的能力。

7. 中国台湾

中国台湾一直没有放弃生物武器的工作。中国台湾在发酵技术研究方面的水平已经相当高，其生物医学研究水平在世界上也处于领先地位。在当局的鼓励下，中国台湾生物技术工业已逐步增加研究与发展经费。许多私营企业正在一些领域开展研发工作，例如动物疫苗、生物杀虫剂等。中国台湾预防科学研究所成立已有 30 多年，一直属于高度机密的军事科研单位。该所分为流行病学、细菌学、免疫学、生化学、产程学以及病毒学 6 个科研小组，同时拥有第四级生物安全实验室，主要负责微生物生产以及疫苗的培养等生化防护工作。它的成立使台军具备了对鼠疫、炭疽热以及天花等生物武器的制造能力。另外，1991 年 11 月，由台湾"国防部"批准成立的"国防部国防医学院"生命科学研究所也是一所主要负责开发生物武器和相关疫苗的科研单位。

据不完全统计，全世界至少有 30 多个国家和地区有生物武器的研究机构。加拿大安全情报局 2000 年 6 月 10 日《全球生物武器扩散》报告称，有 15 个国家和地区可能有生物武器发展计划。在这些国家和地区中，除了上面提到的国家和地区外，还包括利比亚、巴基斯坦、朝鲜、埃及、以色列等国家。由于生物武器受到各种因素的限制，加之 1925 年日内瓦《关于禁用毒气或类似毒品及细菌方法作战议定书》和 1972 年联合国大会通过的《禁止试制、生产和储存并销毁细菌（生物）和毒剂武器公约》的约束，许多国家都在秘密研究这种武器，其保密程度远高于化学武器，因此得到的资料也很有限。

二、生物武器的发展趋势

近年来，随着科学技术的进步，基因工程、发酵工程、细胞工程和蛋白质工程等新技术相继出现，微生物的致病力、对外界的耐受力和对各种药物的抵抗力都得到增强，甚至还可能大量产生用传统的方法所无法大量产生的致病微生物，从而使潜在性生物战剂和毒素战剂的种类大大增多。目前，外军生物武器研究发展总的趋势有以下几点。

（一）利用生物技术研制基因武器

基因武器是指通过基因工程技术研制的新类型生物战剂，又称第三代生物战剂。近20年来，分子生物技术和基因工程技术的发展，为发展第三代生物战剂提供了坚实的基础。现代生物技术的发展表明，应用生物技术的方法可以合成大量源于动物、植物和微生物的新毒素，这些新的毒素要比现在装备的毒剂的毒性大上百倍。因此，各国都非常关注并加强该领域的研究。美国和俄罗斯等国都非常重视，在基因武器研究方面美国已经取得突破性进展，这种技术已应用于研制20多种病毒。美国作家、科技记者查尔斯·皮勒在赫尔辛基指出，基因技术的迅速发展再次引起许多国家研究生物武器的兴趣，他们正在以研制疫苗的名义进行危险的传染病和微生物研究。

（二）寻找不易防治的新生物战剂

寻找不易防治的新生物战剂将成为未来生物武器的又一趋势。传统的生物战剂大都被人们所认识，对其防护也有一定的措施。为了在生物武器方面占据优势和主动，一些发达国家的科学家将视线转到新的不易防治的生物战剂上来。近代已发现了不少新的生物战剂，如马尔堡病毒、拉沙热病毒、埃博拉出血热病毒，这些都是致死性的生物战剂。目前，对上述生物战剂尚无特效的治疗方法。新发现的病毒还有基孔肯雅病毒、布拉武河病毒、B病毒、奥尼翁—尼翁病毒和马罗病毒等，新发现的细菌有紫色杆菌、疲乏杆菌、肺芽孢杆菌等。这些新发现的以及尚未被人们所发现的病毒和细菌有待于生物学家进一步研究，谁掌握和驾驭了这些新的生物战剂，谁就取得了生物武器方面的主动。

（三）提高原有生物战剂的致病力

提高原有生物战剂的致病力也将成为生物武器未来发展的一种趋势。科学家研究发现，战时将生物战剂分别与化学战剂、放射性物质混合使用或将不同的生物战剂混合使用，可以提高生物战剂的攻击力。例如，放射性及多种毒物均可使人员的免疫系统受到破坏，如在此基础上使用生物武器就可能产生附加的甚至是协同性的毒害效应；使用刺激剂造成肺部损伤，使人员的呼吸道更容易受到炭疽杆菌的感染；人员遭受放射性战剂袭击后，对炭疽杆菌的敏感性明显提高；流感病毒与鸟疫衣原体、委内瑞拉马脑炎病毒和立夫特山谷热病毒混合气溶胶同样可以使人员易感度提高。通过改良生物武器有效装料的物理特性，或者在生物战剂中加入特殊的制剂均可提高其性能。例如，使生物战剂对气溶胶化的耐受力提高，掩蔽生物战剂的某些特性，从而使防护者难以对其进行侦检，以及增加所布撒生物战剂的感染力等。

（四）研究变异致病的微生物或昆虫

现代生物技术的发展，使改变动植物遗传特性的愿望成为可能。脱氧核糖核酸（DNA）决定了动植物的遗传特性，而基因则代表一个遗传单位（指一段 DNA 顺序）。作为生物工程技术重要内容之一的基因工程技术可以完成同种甚至异种微生物或动物之间的基因转移，从而改变致病微生物的遗传特性。例如，将耐抗生素基因引入致病微生物产生抗药性，使生物战剂可以抵抗原来对它有效的抗生素和化学治疗药物；利用基因工程技术增加致病微生物的毒力、对环境的耐受力以及免疫学性质；通过改造病毒的基因以改变其表面抗原性结构使预防疫苗失效等。

（五）研究生物战剂的大量生产、浓缩和储存的新方法

采用先进技术大量生产、储存生物战剂的方法，不仅可以使原有生物战剂的生产成本下降，延长储存时间，而且还能使许多具有较强病力的生物成为有效的生物战剂。例如，致死性的拉沙热病毒、马尔堡病毒、埃博拉出血热等一度被认为缺乏作为生物战剂的最基本的适应条件，然而不久美军就将其视为具有高使用效能的生物战剂。

第三节 生物军事控制

一、早期生物军事控制

早期的有关国际准则虽然没有明确提出生物武器的概念，但是有些相关国际法规和准则涉及了相关问题，并构成了后来正式战争法规和国际惯例的基础。

19 世纪后期及 20 世纪初，随着科学技术的发展，战争手段日趋复杂，武器日趋先进，战争后果也越来越残酷。同时，社会的进步也越来越强烈地呼唤着战争的文明和人道，人类开始考虑制定一些用于在战争和武装冲突中调整交战国、中立国和非交战国之间关系，以及作战方法和作战手段的原则和规则，这就是后来所谓的战争法规和惯例。

最早的作战规则是 1868 年 12 月 11 日在圣彼得堡签署的《圣彼得堡宣言》，该宣言指出："考虑到文明的进步应尽可能减轻战争的灾难，各国在战争中应尽力实现的唯一合法目标是削弱敌人的军事力量；为了达到这一目标，应当满足于使最大限度数量的敌人失去战斗力；由于武器的使用无疑加剧了

失去战斗力的人的痛苦，或使其死亡不可避免，将会超越这一个目标；因此，这类武器的使用违反了人类的法律；缔约国保证，在他们之间发生战争时，他们的陆军和海军部队放弃使用任何轻于 400 g 的爆炸性弹丸或是装有爆炸性或易燃性物质的弹丸。"有 17 个国家在《圣得堡宣言》上签字，主要是欧洲国家。该宣言虽然没有涉及生物武器问题，但是其所倡导的文明和人道的原则却被后来所有的作战法规引用和共同遵守。

俄、英、德、法、美、澳、匈帝国等 15 个国家在 1874 年布鲁塞尔会议上通过的《关于战争法规和惯例的国际宣言》指出："战争法规不承认交战各方在采用的伤害敌人的手段方面拥有不受限制的权力。"并在第 13 条中明确指出："根据这一原则，特别禁止：使用毒物或有毒武器；使用足以引起过分伤害的武器、弹药或物质，以及 1868 年《圣彼得堡宣言》所规定禁止使用的弹丸。"

1899 年，有 26 个国家参加的海牙国际会议在《布鲁塞尔宣言》的基础上，签订了《禁止使用专用于散布窒息性或有毒气体的投射物的宣言》，该宣言为 1925 年日内瓦议定书的签订奠定了非常重要的基础。

1907 年，有 44 个国家参加的第二次海牙国际和平会议上通过了 13 个公约和一个宣言，有许多公约至今仍具有国际法律意义。其中，《陆战法规和管理公约》再次强调："交战者在损害敌人的手段方面，并不拥有无限制的权力。"当然，随着现代军事技术的发展，当时缔结的公约在某些方面已经过时。

第一次世界大战后，1919 年召开的巴黎和会签订了《凡尔赛和约》。该条约是由法、英、美、日、意五国起草的，旨在解除和限制第一次世界大战中大量使用化学和有毒物质作为作战手段的战败国德国的武装。

20 世纪初发生的第一次世界大战再次使人类饱受了战争之苦，人们渴望和平的愿望更加强烈，希望建立一个世界性组织以确保各国之间和平相处，避免战争的再次发生。当时，在美国总统威尔逊的坚持下，关于成立国际联盟的条款被写进《凡尔赛和约》。1919 年，巴黎和会后不久，就开始草拟国际联盟的盟约，盟约的基本精神是：集体安全，国际争端仲裁，裁减军备，公开外交等。国际联盟的总部设在日内瓦。1920 年 11 月，在日内瓦举行了第一次联盟大会。国际联盟成立后，裁减军备是其重要任务之一，包括限制和禁止有毒武器。这为 1925 年《日内瓦议定书》的签订提供了必要的组织保证。

二、《日内瓦议定书》

《日内瓦议定书》的全称是《禁止在战争中使用窒息性、毒性或其他气体及细菌作战方法议定书》，是禁止使用化学和生物武器的重要国际性条约，也是第一个生物军控国际协议。

在 1925 年召开的关于禁止化学武器的国际会议上，最初起草《日内瓦议定书》主要是针对化学武器，当草案正在签署时，波兰代表建议"在禁止化学武器的同时也应该禁止细菌武器"。这一建议得到广泛的支持，因而将《日内瓦议定书》的范围扩展到包括细菌武器。由于受当时科学技术发展水平的限制，人们还不能认识细菌之外的如病毒原微生物，但是实际上此后一直将《日内瓦议定书》中所指的"细菌"理解和认同为"生物"的同义词。

《日内瓦议定书》是第一个重要的国际性明确禁止生物武器的文件，但是即使在禁止生物武器方面也存在不少缺陷，如限于当时的历史条件，《日内瓦议定书》只禁止使用，而未禁止发展、生产或以其他方式获得和保存细菌武器；有 37 个国家对《日内瓦议定书》持有保留，尤其是保留对生物武器的权力，这就削弱了议定书的作用；有的国家将禁止"细菌"作战方法理解为不包括病毒和真菌等微生物病原体。《日内瓦议定书》没有核查指控程序条款，也没有对违反《日内瓦议定书》的缔约国的制裁条款。尽管如此，《日内瓦议定书》对于限制第二次世界大战中生物武器的使用发挥的积极作用，仍应得到充分肯定。

三、联合国议程中的生物裁军

第二次世界大战后，在国际联盟的废墟上建立了新的国际组织——联合国，在生物武器军备控制问题上也做出过许多努力。

(一) 生物武器被列入大规模杀伤性武器

第二次世界大战后，由于联合国常规武器军备控制委员会工作任务界定的需要，必须就常规武器和大规模杀伤性武器进行区分，因此提出了必须先给大规模杀伤性武器下一个定义。1947 年 9 月，美国提出将大规模杀伤性武器定义为"原子武器、化学武器和生物武器，以及未来可能研制出的具有与原子弹或上面提到的其他武器相当的破坏效应的任何武器"。在此基础上，许多国家提出了修正意见，基本确定了原子武器、化学武器和生物武器属于大规模杀伤性武器。此后，核武器、化学武器、生物武器（简称核、化、生）往往联系在一起，作为军控所特别关注的问题。20 世纪五六十年代，禁止化学武器问题一直和禁止生物武器问题联系在一起，作为禁止大规模杀伤性武器中的一个议题列入联合国会议的裁军议程。

(二)《关于阻止和惩罚大规模屠杀的公约》

《关于阻止和惩罚大规模屠杀的公约》被 1948 年 12 月 9 日召开的联合国大会采纳，1951 年 1 月 12 日开始生效。到 1986 年美国批准该公约时，联合国安理会的五个常任理事国均已批准该公约。该公约声明，缔约国同意制止和惩罚大规模屠杀这种国际法律上的罪恶。在此公约中，大规模屠杀是指：针对各国家、种族、人种或者宗教团体的，从整体或部分上，以毁灭为目的的任何行为。所列举的罪恶明显地包括任何可能的人种武器的使用，该公约预见存在着这种人种武器迟早被基因工程方法所发展的可能性，应当被该公约所禁止。

（三）联合国加强禁止生物武器的措施

鉴于美国 20 世纪 60 年代在印度支那战争中使用化学武器，联合国于 1968 年 12 月 20 日形成决议，号召各国遵守《日内瓦议定书》。根据这一决议，联合国秘书长指定了一个 14 人组成的专家小组，起草《关于化学和生物武器及其使用时可能产生的影响》的报告。该报告于 1969 年 7 月 1 日发表，该报告主要描述了化学和生物武器的基本特征，对军事人员和平民的可能效应，影响化学和生物武器使用的环境因素，对人类健康和生态的可能长期效应，发展、获取和使用化学和生物武器对经济和安全的影响等。该报告认为，发展化学和生物武器不会给国家带来任何安全利益，只能带来沉重的经济负担，给未来国际安全带来持久的威胁，这些武器会使攻击者和被攻击者都受到伤害，如果能有效地禁止这类武器，将给人类和平带来光明。联合国秘书长充分肯定这一报告，号召所有国家加入《日内瓦议定书》，呼吁所有国家达成协议，停止为战争目的而发展、生产和储存一切化学和生物战剂并从武器库中销毁它们。

1969 年 11 月 28 日，应联合国秘书长的要求，世界卫生组织 18 位专家组成的顾问小组也向联合国提交了一份《化学和生物武器的卫生问题》的报告。该报告进一步从技术角度讲述了化学和生物武器的作用，并做了一些定量的估计，专门供公共卫生和医学专业人员使用。该报告强调，不能忽视使用生物武器可能造成的生态学改变及其长期效应。

此后，英国提出了将化学和生物武器问题分开考虑：首先解决生物武器问题；然后再考虑化学武器问题。这在当时历史条件下看有非常重要的意义。但是，由于受当时科学技术水平和认识水平的限制，对生物武器的认识还过于简单，认为生物武器问题比较好解决，生物武器还不是一种可供选择的战场实用的武器。这一观点直到 20 世纪 70 年代末 80 年代初，由于生物工程技术的迅速发展才开始有所转变，意识到生物武器问题将比化学武器问题更加复杂。

从 1969 年起，联合国裁军谈判会议正式改名为裁军委员会会议，着重讨论全面禁止化学和生物武器问题，并于 1971 年缔结了《禁止发展、生产和储存细菌（生物）及毒素武器和销毁此种武器的公约》。

（四）主要特点

联合国关于生物武器军控问题的认识有以下特点：

①第二次世界大战后，将生物武器与核武器和化学武器一起列入大规模杀伤性武器范畴，并且将生物武器和化学武器作为一个议题进行讨论和研究。

②随着讨论的深入，认识到《日内瓦议定书》已经远远不能适应科学技术发展的要求，需要制定一个新的国际条约来禁止这类武器。不仅要禁止这类武器的使用，而且要同时禁止其发展、生产和储存，并要求从各国的武器库中有效地将它们消除。

③联合国专家小组关于化学和生物武器影响的报告及 WHO 专家小组的报告，强化了人们对现代化学和生物武器危险的认识和注意，为推进生物裁军起到了非常重要的积极推动作用。

④英国提出将化学和生物武器分开处理的方案，为禁止生物武器公约的顺利缔结提供了很好的途径。

四、1972 年的《禁止生物武器公约》

1966 年，联合国裁军委员会召开了控制化学和生物武器方法研讨会。同年 12 月，通过了一份联合国决议案，要求所有国家加入《日内瓦议定书》并严格信守。1968 年，英国提出对议定书的修补意见，建议"禁止使用、生产和占有微生物武器"，美国同意该建议并要求增加"核查缔约国是否占有、制造生物战为目的的生物战剂"。经过与苏联的激烈争论后达成协议，即将生物武器与化学武器分开考虑，力图在限制生物和毒素武器方面有所突破。20 世纪 60 年代末，美国单方面宣布放弃生物战政策并销毁生物武器。此后，经过反复磋商，12 个西方国家和社会主义国家于 1971 年 3 月正式向裁军委员会提出《禁止发展、生产和储存细菌（生物）及毒素武器和销毁此种武器公约》草案。

《禁止发展、生产和储存细菌（生物）及毒素武器和销毁此种武器公约》简称《禁止生物武器公约》或《生物武器公约》《生物毒素武器公约》，1971 年 12 月 16 日由第 26 届联合国大会通过，1972 年 4 月分别在伦敦、莫斯科和华盛顿开放签署，1975 年 3 月 26 日生效。我国政府于 1984 年 11 月 15 日批准该公约。

该公约包括序言和 15 个条款。序言重申 1925 年《日内瓦议定书》关于禁止在战争中使用生物武器的原则和目标。第 1 条定义，第 2 条销毁与转用于和平目的，第 3 条不转让或扩散，第 4 条禁止发展、生产、储存或获得，第 5 条磋商与合作，第 6 条申诉与调查，第 7 条对受害缔约国的支持，第 8 条重申《日内瓦议定书》规定的义务，第 9 条促进禁止化学武器，第 10 条国家科技交流与合作，第 11 条公约修正，第 12 条审查，第 13 条公约无限期延长，第 14 条开放签字，第 15 条公约禁止保存。

《禁止生物武器公约》是第一个完全禁止生物武器系统的武器控制标准，较好地解决了《日内瓦议定书》存在的缺陷，即禁止生物战剂和毒素的发展、生产和储存，禁止获得为战争目的而设计的其他形式的生物战剂或毒素，认识到因生物技术的发展和微生物发酵技术的广泛应用增加了生物武器的潜在威胁性。

《禁止生物武器公约》对于限制生物武器的发展及其在战争中使用，限制部分国家获得研制生物武器所需的设备和材料，无疑都具有积极作用。

但是，《禁止生物武器公约》也存在不少缺陷和漏洞，主要有：该公约不反对用于防御目的的生物武器的研究；该公约对生物武器的研究与发展没有规定明确的界限，而发展是被禁止的；该公约对生物武器研制的相关设备、生物扩散以及部队的防护训练未加限制；该公约没有规定核查措施，更没有涉及违约核查的条款；该公约也没有包含生物战剂清单和阈值。除缺乏有效的监督和核查措施外，该公约还存在更深层的漏洞和不足，即由于生物技术的迅速发展，作为公约基础的三个设想（生物武器不被认为是种现有的选择武器；短期内大量生产超越了许多国家的技术能力；能够生产生物武器的国家已经掌握了核武器，并且以此对付潜在核力量和化学武器的威胁）已变得越来越没有说服力，因而国际社会普遍认为有必要对该公约进行完善和补充。

五、目前国际生物军控基本形势与面临的困境

作为国际生物军控的基石，《禁止生物武器公约》于 1975 年生效，是国际社会第一个禁止一整类大规模杀伤性武器的国际公约，与《日内瓦议定书》、联合国秘书长指称使用化学和生物武器调查机制、联合国安理会第 1540（2004）号决议等，共同构成了国际生物军控体系的基本制度安排。《禁止生物武器公约》有效地约束了国际社会对生物武器的追求，为维护国际安全做出了巨大贡献。截至 2018 年 12 月，全世界共有包括中、美、英、俄等 182 个缔约国，另有 5 个国家为公约的签约国，只有 10 个国家没有签署或批准公约，体现了国际社会大家庭对禁止生物武器的鲜明态度。围绕公约执行情况的集体审议会议已经先后举行了 8 次，就公约实施情况、国家履约、履约机制、国际合作等多项议题进行了审议，并取得了若干实质成果。与此同时，国际生物军控事业正面临新的挑战。

（1）概念定义模糊，为具有军事含义的生物技术竞争提供土壤。《禁止生物武器公约》第 1 条"其他和平用途"的认定存在极大的阐释空间，生物防御计划得到承认。而业界普遍认为，在防御性的生物研发和进攻性的生物研

发之间并没有清晰的技术边界，更多的是意图的区分，而战略意图又很难把握，导致缔约国基于潜在对手的能力进行科技研发，可能会导致相互猜忌与生物武器军备竞赛升级或"更持久、更模糊的具有军事含义的生物技术竞争"。

（2）公约理论逻辑框架存在潜在冲突，陷入集体行动困境，共同和平与发展的初衷遭遇现实的冷酷冲击。在设计公约的第 3 条——要求防止生物武器的扩散包括出口管制和限制技术转让的同时，也设计了再平衡的机制，即公约第 10 条——促进和平利用生物科技方面的国际合作和技术交流。但理想的丰满掩饰不了骨感的现实。发达国家强调公约的第 3 条，而发展中国家要求严格执行公约的第 10 条，对发达国家积极推动生物技术出口管制态度消极。双方很难在公约实施方面采取集体一致的行动，降低了公约的权威性。

（3）缺乏具有法律约束力的核查机制，折射出美国对技术霸权的欲望。主要的核武器和化学武器条约具有广泛而正式的核查机制。《不扩散核武器条约》于 1970 年生效，通过国际原子能机构（约有 2 560 名员工）核查缔约国的履约情况。《禁止化学武器公约》于 1997 年生效，通过禁止化学武器组织（约有 500 名员工）核查履约情况。相比之下，《禁止生物武器公约》无专门的常设履约执行机构或组织，临时性"履约支持机构"是唯一办事机构，目前只有 4 名雇员，其职能也并非核查。目前，对重启 2001 年被美国以技术上难以核查等原因"封杀"的核查议定书谈判或在推出替代核查机制上，美国、俄罗斯、欧盟、不结盟国家等各方仍存在严重分歧。

六、《禁止生物武器公约》生效后的谈判

根据《禁止生物武器公约》的规定，缔约国应在公约生效后五年举行一次会议审查公约执行情况。在 1980 年、1986 年、1991 年、1996 年和 2001 年分别召开了五次公约审议会议，讨论的重点议题有：与生物武器相关的科学技术发展对公约的影响，违约，防止扩散，核查与履约程序等。

第二次公约审议会议上提出并通过了"缔约国在自愿与相互合作的基础上宣布四项建立信任措施"的提议，明确并重申"来源于微生物、动物或植物的毒素（蛋白质和非蛋白质毒素）及其类似合成物均适用于本公约"。

第三次公约审议会议将建立信任措施增至七项。这七项措施是：交换关于研究中心和实验室的资料以及交换关于国家生物战防御研究与发展方案的资料，交换有关异常突发疫情的资料，鼓励发表有关成果和促进知识利用，积极促进有关科学家的专业联系、联合研究项目和其他活动，宣布立法、规章和其他行政法规等措施，宣布以往在进攻性和防御性生物学研究与发展方案中的活动，宣布疫苗生产措施。会议还决定设立缔约国特设政府专家小组，负责从科学技术角度确认和审查可能的核查措施。1994 年 9 月，召开的缔约

国特别大会审议了特设政府专家小组的报告，并决定成立一个向所有缔约国开放的特设组，负责起草加盟公约的议定书草案。

第四次公约审议会议要求特设组在第五次公约审议会议前完成加强公约议定书草案。从 1997 年 6 月第七次会议起，特设组按"滚动案文"即"加强禁止生物武器公约核查议定书"的形式进行讨论，尽管在许多技术性议题上还存在较大分歧，但基本框架已达成共识。

经过 6 年的艰苦努力，最终完成了一个以各国强制性宣布为基础，并有相应触发机制和核查方式与手段的核查议定书草案。该草案的目的是通过形成一套有法律约束力的条款来加强生物及有毒武器公约的实施效力。然而，在 2001 年第五次审议会议上，美国以议定书中规定的核查机制不仅毫无作用，而且可能泄露美国的一些防务和商业秘密为由，拒绝接受已快达成一致的议定书草案，使该草案未能顺利通过，并迫使公约第五次审议大会休会 1 年。

2002 年 11 月举行的《禁止生物武器公约》第五次审议大会续会上，以协商一致的方式通过了维系公约多边机制的决定，主要内容包括在 2006 年第六次审议大会前，每年举行一次缔约国年会及专家组会议，就国家履行立法，生物安全，加强对指称使用生物武器及可疑疫情突发作出反应的国际能力，加强和扩大国家和国际机构在监测、防治传染病方面的努力，制定生物科学家行为守则等五项议题进行讨论。这一有限的"后续行动"使受到干扰的多边加强公约有效性进程得以维系。

七、影响国际生物军控未来进程的关键变量

（1）生物科技迅猛发展和扩散的影响不确定。进入 21 世纪，生命科学、物质科学与工程学学科交叉的第三次革命正在加快演进，不仅提升传统生物武器效能，而且合成生物学技术、神经操控电磁技术等具有作为进攻性武器运用的广阔前景，更加可控、易攻难防，战术和战略价值凸显。生物科技两用性更加突出，导致更加难以核查，而美国所谓的"核查可能损害国家安全和商业利益"的主张大行其道，履约前景难以预期。

（2）生物、核武器、网络的威慑形态更加复杂。在后核武时代，信息科技和生物科技是新军事革命发展的重要技术变量，若某国率先取得决定性的科技突破，将极大拓展国家战略空间。然而，生物武器与人工智能（AI）、网络武器的结合，双向提升两者的战略地位，使得核武器、网络武器和生物武器并列成为国家战略威慑工具，打破全球安全领域战略平衡。2019 年 5 月，美国智库生物防御蓝带委员会提出"生物防御曼哈顿计划"概念，或将加速这一进程。

（3）国际政治经济安全秩序动荡。伴随新科技革命发展，新兴大国正在不断调整其外交、经济和其他资源，与既有大国在太空、网络、海洋等其他具有战略价值的新边疆形成强烈的发展观念对峙。加上经济发展模式、政治体制等原因，西方主导的全球政治经济格局运转不灵，国际秩序持续动荡。生物科技变革作为新科技革命的一部分，自然成为国际秩序调整期大国竞争的重要筹码。

（4）美国态度有所转变。作为世界生物科技强国、曾经的生物武器拥有大国，美国对生物军控进程态度有较明显转变。从 20 世纪 70 年代"积极"参与主导生物军备控制。然而，到进入 21 世纪对公约核查议定书草案的断然否定、政府生物防御预算的急剧攀升以及更加强调生物技术的出口管制，显示出美国越发缺乏耐心及其单边主义倾向。这种基于传统的现实主义安全观、狭隘的军事安全观的做法，显然不利于全球战略稳定。

（5）生物武器扩散和生物恐怖威胁上升。生物武器扩散在军事上可以构成一种威慑，在恐怖活动等非军事冲突中则是一种全新手段，其复杂性不可低估。从技术层面上看，生物武器比核武器有更大的扩散潜力和威胁，生物 DIY 日趋规模化。目前，防止生物武器扩散的有关条约对于一些非国家行为体或恐怖组织基本没有法律约束力。美国哥伦比亚大学战争与和平研究所主任理查德·贝茨警告：现在"彻底毁灭的危险变小了，但是大规模杀伤的危险更大了"。

八、中国政府的一贯主张

生物科技参与人类命运共同体塑造是一个长期进程，充满众多变数和不确定性。中国政府一贯主张全面禁止和彻底销毁包括生物武器在内的一切大规模杀伤性武器。作为底线，我国必须保持战略定力，苦练内功，跨越生物科技变革鸿沟和治理挑战，牢牢掌握新生物科技变革的主动权。

九、国际生物军备控制的发展

与其他科技相比，生物科技是涉及人类自身的内在指向的新兴科技，与人类社会发展方向趋同。生物科技的巨大变革，将次序传导为国际生物军备控制和生物安全体系、进程的变革，对安全战略思想、国际安全格局、人类和平和发展事业产生深远的影响。设想未来 10～15 年，可能有两种极端的情形。

第一种情形，单极独霸。美国率先突破、牢牢掌握生物科技第三次变革，同时坚持霸权主义和大国战略竞争等文化，将极大地塑造全新的安全事态、势态、时态、世态。因此，有国际生物军控体系理论和现实的基石将被根本颠覆，美国或直接从生物军控体系中"退群"，人类和平事业面临断崖式下跌。

第二种情形，多极共存。包括美国、中国、英国等几个国家先后迈进新生物科技革命，人类命运共同体、全球生物安全共同体理念逐步得到国际社会普遍认同，坚持共同、综合、合作、可持续的新安全观，大国关系深度调整，而且采取个体、团体、国家、国际、全球层面的协调治理模式，积极回应军控进程大变量，则未来生物科技变革潜能有望有序释放，国际生物军控与裁军态势趋于良好，而生物科技对人类发展事业的价值将充分放大，国际发展不平衡得到优化甚至逆转。

总之，生物科技发展及其衍生安全问题，已经逐渐触及人类安全观念和现代文明的内源性危机或挑战，而任何一个主动或被动介入这个历史进程的个体与群体都有着自己的现实责任和历史使命。人类命运共同体思想既是把握以生物科技等为代表的新一轮科技革命发展的总体世界观，又是实践方法论，两者的互动值得深入探索与主动作为。

第二章

生物战剂

生物战剂（Biological Agent），是指在战争中用来伤害人、畜或毁坏农作物的致病性微生物及其毒素等。细菌或真菌产生的毒素，是没有生命的蛋白质，可以从培养液中提取出来，有时将其称为生物—化学战剂，以区别于纯化学战剂。生物战剂包括病毒、立克次体、衣原体、细菌、真菌及其毒素等，生物战剂有液体或固体粉末两种。

第一节　生物战剂的分类

对人、畜和农作物致病的微生物及其毒素种类繁多，但能否作为生物战剂，还要看它是否符合以下条件：致病力强，性能稳定，易于大量生产。符合这些条件可作为生物战剂的病原微生物大约有 100 种。生物战剂有多种分类方法，既可以根据军事效能进行分类，也可以按照微生物学分类法进行分类，还可以按照攻击对象进行分类。

一、按照军事效能分类

（一）按照对人的危害程度分类

按照对人的危害程度可分为致死性战剂与失能性战剂。致死性战剂是指病死率较高的战剂，如天花、黄热、炭疽、鼠疫等。一般认为，病死率大于10% 的为致死性战剂。失能性战剂是指病死率很低的战剂，如布氏杆菌、委内瑞拉马脑炎病毒、Q 热立克次体、葡萄球菌肠毒素等。一般认为，病死率小于 5% 的为失能性战剂。

致死性和失能性是相对而言的，除了与病原微生物的种类有关外，还与微生物的培养条件，进入机体的数量、途径，机体的健康状况和免疫水平以及外界环境因素等有关。实际上，由于条件不同，致死性战剂不一定都致死。在一般情况下，致死性战剂能引起较多的人、畜死亡，迫使对方消耗大量人力、物力，同时直接或间接地影响交通和生产的正常进行，而且在群众中造成的恐怖心理也远比常规武器大。因此，致死性战剂更易被敌人用于生物战。失能性战剂虽不能造成大量的人、畜死亡，但是在一定的时间内却能使污染区内大部分人员暂时丧失劳动能力和战斗力，与致死性战剂相比，隐蔽性更大，而且不易受到国际舆论的谴责。因此，这类战剂对敌人也具有吸引力。

(二) 按照有无传染性分类

按照有无传染性可分为传染性战剂与非传染性战剂。传染性战剂是指进入机体后不但能大量繁殖引起疾病，而且能不断向体外排出，使周围的人感染，如肺鼠疫、霍乱、病毒性出血热等。非传染性战剂是指能使被袭击者发病，从而丧失战斗力，但病原体不能从体内排出，因而对周围人群不构成威胁，如布氏杆菌、土拉杆菌、肉毒毒素等。

传染性战剂形成的疾病容易在人群中传播，危害范围广，可用于攻击对方的战役后方。非传染性战剂则可用于攻击与己方距离较近的对方部队，以及实施登陆或空降前对敌方阵地进行攻击。

(三) 按照潜伏期分类

按照潜伏期可分为长潜伏期战剂与短潜伏期战剂。长潜伏期战剂是指进入机体要较长时间才能发病的战剂，如Q热立克次体潜伏期为2~4周，布氏杆菌潜伏期为1~3周，甚至长达数月。短潜伏期战剂是指进入机体较短时间就能发病的战剂，如委马病毒、霍乱弧菌（1~3天），甚至有仅几小时就发病的，如葡萄球菌肠毒素、肉毒毒素等。

长潜伏期战剂多用于后方，使受袭击方忽视与生物战的关系，从而达到秘密袭击的目的。在预防上处于被动地位，使疫病流行，造成人力、物资、药品供应困难，思想上混乱。短潜伏期战剂可用来袭击即将攻击的目标，造成阻击者或攻击部队失去战斗力。长潜伏期战剂和短潜伏期战剂混合使用，既可缩短潜伏期，又可加重病情，增加检测的难度，在未来反生物战斗中应引起足够的重视。

二、按照微生物学分类法分类

(一) 细菌战剂

细菌战剂是具有原核结构，不含叶绿素，有细胞壁，含有 DNA，二等分繁殖，能在人工培养基上生长的单细胞生物。例如，鼠疫杆菌、霍乱弧菌、炭疽杆菌、伤寒杆菌、志贺痢疾杆菌、类鼻疽杆菌、野兔热杆菌、布氏杆菌、鼻疽杆菌、多杀性巴氏杆菌等。

（二）衣原体战剂

衣原体战剂是能够通过细菌滤器、在细胞内寄生、有独特发育周期的原核微生物，它是在真核细胞内专性能量寄生的 G 原核微生物，一般寄生在动物细胞内，如鹦鹉热衣原体。

（三）立克次体战剂

立克次体战剂的大小、结构及繁殖方式近似细菌，但它只能在活细胞中寄生。例如，流行性斑疹伤寒立克次体、洛矶山斑疹热立克次体和 Q 热立克次体等。

（四）病毒战剂

病毒战剂仅含少量蛋白和核酸（DNA 或 RNA），无细胞结构，只能在活细胞（生物）中寄生。例如，马脑脊髓炎病毒、森林脑炎病毒、乙型脑炎病毒、天花病毒、黄热病病毒、裂谷热病毒、委内瑞拉马脑炎病毒、登革热病毒、流感病毒、口蹄疫病毒、马尔堡病毒和基孔肯雅病毒等。病毒类战剂占现有生物战剂半数以上。

（五）真菌战剂

真菌战剂是一群单细胞或多细胞的真核微生物。可以作为生物战剂的只有两种，即荚膜组织胞浆菌和厌酷球孢子菌。有些真菌产生的毒素，如镰刀菌产生的 T2 毒素也可作为生物战剂。

（六）毒素战剂

毒素是一类来自微生物、植物或动物的有毒物质（蛋白质）。有些毒素也可以通过化学合成，如葡萄球菌肠毒素、肉毒毒素等。

2001 年，联合国将 50 种战剂列入核查清单（表 2-1），其中有 37 种可用于战争，而美国已研制的生物战剂包括细菌、病毒、毒素、衣原体、立克次体、真菌等 6 类共 47 种。目前，美军至少储存有 16 种生物战剂，其中有炭疽杆菌、土拉杆菌、布氏杆菌、黄热病病毒、委内瑞拉马脑炎病毒、肉毒毒素、葡萄球菌肠毒素、Q 热立克次体等 8 种列装。

表 2 – 1 2001 年联合国列入的 50 种战剂核查清单

类别	名称	类别	名称
细菌	炭疽芽孢杆菌	细菌毒素	肉毒毒素
	鼠疫耶尔森菌		产气荚膜梭菌毒素
	鼻疽假单胞菌		葡萄球菌肠毒素
	类鼻疽假单胞菌	藻毒素	志贺氏神经毒素
	土拉热弗朗西斯菌		变性毒素
	羊布鲁菌		西加毒素
	猪布鲁菌		石房蛤毒素
立克次体	伯氏考克斯体	真菌毒素	单端孢毒素
	普氏立克次体	植物毒素	相思显毒素
	立氏立克次体		蓖麻毒蛋白
病毒	克里米亚—刚果出血热病毒	动物毒素	银环蛇毒素
	东方马脑炎病毒		非洲猪瘟病毒
	埃博拉病毒	动物病原体	非洲马瘟病毒
	辛农伯病毒		蓝舌病病毒
	胡宁病毒		口蹄疫病毒
	拉沙热病毒		牛瘟病毒
	马丘波病毒	植物病原体	咖啡刺盘孢致病变种
	马尔堡病毒		松座囊菌
	裂谷热病毒		解淀粉欧文菌
	蝉传脑炎病毒		烟草霜病菌
	重型天花病毒（痘疮病毒）		茄罗尔斯顿菌
	委内瑞拉马脑炎病毒		甘蔗斐济病毒
	西方马脑炎病毒		印度星黑粉菌
	黄热病病毒		白纹黄单胞菌
原生生物	福氏耐格原虫		

三、按照攻击对象分类

(一) 攻击人类的生物战剂

1. 细菌性战剂

细菌性战剂包括以下几种：

(1) 炭疽杆菌 (Bacillus Anthracis)；

(2) 羊布鲁氏菌 (Brucella Ovis)；

(3) 鼠疫杆菌 (Yersinice Pestis)；

(4) 土拉弗朗西斯氏菌 (Francisella Tularensis)；

(5) 鼻疽假单孢菌 (Burkholderia Mallei)；

(6) 类鼻疽假单孢菌 (Burkholderiap Seudomallei)；

(7) 鹦鹉热衣原体 (Chlamydia Psittaci)。

2. 病毒性战剂

病毒性战剂包括以下几种：

(1) 委马脑炎病毒 (VEE Virus)；

(2) 东方马脑炎病毒 (EEE Virus)；

(3) 西方马脑炎病毒 (WEE Virus)；

(4) 汉坦病毒 (Hantta Virus)；

(5) 基孔肯雅病毒 (Chikungunya Virus)；

(6) 森林脑炎病毒 (Russian Spring Summer Encephalitis Virus)；

(7) 黄热病病毒 (Yellow Fever Virus)；

(8) 乙型脑炎病毒 (Japanese Encephalitis Virus)；

(9) 克里米亚—刚果出血热病毒 (Crimean - Congo Hemorrhagic Fever Virus)；

(10) 埃博拉病毒 (Ebola Virus)；

(11) 胡宁病毒 (Junin Virus)；

(12) 拉沙热病毒 (Lassa Virus)；

(13) 马丘波病毒 (Machupo Virus)；

(14) 马尔堡病毒 (Marburg Virus)；

(15) 裂谷热病毒 (Rift Valley Fever)；

(16) 天花病毒 (Variola Virus)；

(17) 猴痘病毒 (Monkeypox)；

(18) 克萨努尔森林热病毒 (Kyasanur Forest Disease Virus)。

3. 立克次氏体战剂

立克次氏体战剂包括以下几种：

（1）贝氏柯克斯体（Coxiella Burnetii）；

（2）普氏立克次氏体（Rickettsia Prowazekii）；

（3）立氏立克次氏体（Rickettsia Rickettsii）。

4. 毒素性战剂

毒素性战剂包括以下几种：

（1）肉毒毒素（Botulinum）；

（2）葡萄球菌肠毒素（Staphylococcus Enterotoxin）；

（3）产气荚膜梭菌毒素；

（4）志贺氏神经毒素（Shiga Toxin）；

（5）破伤风毒素（Tetanus Toxin）；

（6）白喉杆菌毒素；

（7）蓖麻毒素（Ricin）；

（8）蓝藻毒素；

（9）石房蛤毒素（Saxitoxin）；

（10）西加毒素（Ciguatoxin）；

（11）河豚毒素（Tetrodo Toxin）；

（12）单端孢真菌毒素（Trichothecene Mycotoxin）；

（13）疣孢漆斑菌毒素（Verruculotoxin）；

（14）相思豆毒素（Abrin）。

5. 真菌类战剂

真菌类战剂包括以下几种：

（1）荚膜组织孢浆菌；

（2）球孢子菌。

（二）攻击动物的生物战剂

攻击动物的生物战剂包括以下几种：

（1）非洲猪瘟病毒；

（2）禽流感病毒；

（3）口蹄疫病毒；

（4）牛瘟病毒；

（5）新城鸡瘟病毒。

（三） 攻击植物的生物战剂

攻击植物的生物战剂包括以下几种：

（1）玉蜀黍黑粉病；

（2）柑橘溃疡病单胞菌；

（3）水稻枯黄单胞菌；

（4）核盘菌。

四、生物战剂的标准

美军健康研究部门的报告指出，无论用于战术还是战略目的，作为一种有效的生物战剂必须达到以下标准。

（1）能有效产生杀伤作用，如死亡、疾病；

（2）引起死亡或疾病的感染剂量必须低；

（3）具有高度的传染性；

（4）从人员沾染生物战剂到生物战剂侵染，人员不具有或只具有很小的免疫力；

（5）被攻击者无有效的预防方法；

（6）对攻击者无有效的预防方法；

（7）对引起的疾病，被攻击者难以鉴定且没有或很少具有治疗方法；

（8）使用生物武器一方的军民有秘密的防护方法；

（9）在经济实力上允许成批生产；

（10）战剂在生产和储存、装弹和运输中具有一定的持久稳定性；有合适的储存方法，可阻止战剂活性的显著下降；

（11）必须具备有效的撒布方法；如果不能借助气溶胶，则必须通过活的媒介物（如蚤、蚊、蜱等）进行传播；

（12）撒布时，战剂必须稳定；经气溶胶施放时，在到达靶目标之前战剂应保持活存和稳定；

（13）撒布后，战剂必须具备较短的持久性，有利于进攻者占领被攻击的区域。

由此可以看出，并非所有的致病微生物、毒素均可作为生物战剂。只有经过多方面的研究和筛选，才能将一些致病性强、稳定性好、容易大量生产的致病微生物、毒素选作生物战剂。按对人员的危害程度，将生物战剂分为失能性战剂和致死性战剂。在自然条件下，病死率小于10%的称为失能性战剂，可以使人员丧失活动能力，增加对方的负担；病死率大于10%的称为致死性战剂。根据生物战剂的传染性，又可将其分为传染性和非传染性战剂。

前者形成的疾病易于在人群中传播，危害范围广，可用于攻击对方的战役后方。非传染性的生物战剂则可用于攻击与己方距离较近的对方部队，以及实施登陆或空降前对敌方阵地进行攻击。

目前，可能使用的生物战剂见表2-2。

表2-2　可能使用的生物战剂

战剂名称	传染性	危害程度	病死率/%	预防疫苗	备注
朝鲜出血热病毒	☆	致死	13~40	-	
埃博拉出血热病毒	高	致死	65~80	-	
肝炎病毒	高	失能		+	
黄热病病毒	☆	致死	5~19	+	#△
东方脑炎病毒	☆	致死	50	+	#
西方脑炎病毒	☆	失能	3	+	#
森林脑炎病毒	☆	致死	2~20	+	
天花病毒	高	致死	10~30	+	#*
马尔堡病毒	高	致死	35	-	
委马脑炎病毒	☆	失能	1	+	#△
登革病毒	☆	失能	<10	-	
基孔肯雅热病毒	☆	失能	低	-	
立夫特山谷热病毒	低	致死	10	+	
流感病毒	高	失能	0~1	+	
日本脑炎病毒	☆	致死	2~50	+	
圣路易脑炎病毒	☆	致死	2~22	-	
阿根廷出血热病毒	低	致死	5~15	-	
淋巴脉络丛脑炎病毒	低	失能		-	
拉沙热病毒	低	失能	1~5	-	
玻利维亚出血热病毒	低	致死	5~15	-	
克里米亚—刚果出血热病毒	低	致死	5~15	-	
鹦鹉热立克次体	高	致死	18~20	-	#
流行性斑疹伤寒立克次体	☆	致死	10~40	+	#
落矶山斑点热立克次体	☆	致死	10~30	-	#
Q热立克次体	低	失能	1~4	+	#△

续表

战剂名称	传染性	危害程度	病死率/%	预防疫苗	备注
霍乱弧菌	高	致死	10～80	+	*
鼠疫杆菌	高	致死	25～100	+	#*
炭疽杆菌	低	致死	5～20	+	#△*
野兔热杆菌	低	致死	40～60	+	△*
马鼻疽杆菌	☆	致死	90～100	－	#
类鼻疽杆菌	☆	致死	95～100	－	#
肠伤寒杆菌	高	致死	4～20	+	#*
痢疾杆菌	高	致死	2～20	+	
布鲁氏杆菌	☆	失能	2～5	+	△
粗球孢子菌	低	失能	1	－	#
荚膜组织胞浆菌	低	失能	1～5	－	
肉毒毒素	无	致死		+	#△
葡萄球菌肠毒素	无	失能		+	△

注："☆"有媒介存在时才有传染性；"#"苏军条令中规定的战剂；"△"美军已经标准化的战剂；"*"在战场上已有使用过的战剂；"+"有；"－"无。

第二节　细菌类生物战剂

细菌是一类具有细胞壁的单细胞原核生物，只有核质（染色体），无核膜、核仁，不进行有丝分裂，除核糖体外无其他细胞器。细菌遍及整个自然界，约占微生物的60%，已作为生物战剂的细菌有鼠疫杆菌、炭疽杆菌、霍乱弧菌、野兔热杆菌和布氏杆菌等。

一、生物学特性

（一）大小形态

细菌一般可分为球菌、杆菌和螺旋菌三种基本形态。球菌又可分为单球菌、双球菌、四联球菌、八叠球菌、链球菌和葡萄球菌等。杆菌又可分为短杆状、棒杆状、梭状、梭杆状、月亮状、分枝状、竹节状等。螺旋菌中，若螺旋不满1环则称为弧菌，满2～6环的小型、坚硬的螺旋菌称为螺菌，6环以上称为螺旋体。

细菌细胞微小，一般以微米作为测量单位。不同种类的细菌大小不同，一般而言，大多数球菌直径约为 1 μm，杆菌长 2~5 μm，宽 0.3~1 μm。

（二）结构

细胞壁、细胞膜、细胞质、核质等是各种细菌都有的，称为基本结构。另外一些结构，如荚膜、鞭毛、菌毛、芽孢仅为某些细菌所特有，称为特殊结构。

荚膜的主要功能是保护细菌免受干旱损伤。对一些致病菌来说，则可以保护自己免受宿主白细胞的吞噬，储藏养分，堆积某些代谢废物，通过荚膜或有关构造可使菌体附着于适当的物体表面。

芽孢是一些细菌在生长发育的后期所形成的一个圆形或椭圆形的抗逆性休眠体，它具有极强的抗热、抗辐射、抗化学药物等能力。芽孢的生存能力十分惊人，有些沉积在湖底的芽孢杆菌经过 500~1 000 年后仍有活力。

鞭毛使细胞具有运动的功能。菌毛可使细菌较牢固地黏附在物体表面上。

二、典型病原体

（一）炭疽杆菌

炭疽杆菌（Bacillus anthracis）是人类历史上发现的第一个病原菌，真正完整阐明其致病性的是德国医生科赫。1881 年，巴斯德将炭疽杆菌置于 42~43℃下培养，使之形成减毒活菌苗并预防接种成功，巴斯德成为历史上用病原菌制成人工自动免疫活菌苗的始祖，也是现代免疫预防研究的开端。因此，炭疽杆菌研究的成就既是人类和传染病做斗争的第一个突破，也是医用微生物学成为一个学科发展的起点。

炭疽杆菌为革兰氏染色阳性芽孢杆菌，是形体最大的致病菌，长 5~8 μm，宽 1~1.5 μm，两端平截，呈链状排列，链的长短因菌株和细菌所在的环境而异。在感染标本上和在特定的培养环境中形成荚膜，形态呈竹节状排列。暴露于空气或在需氧条件下培养时可形成椭圆形芽孢，未游离的芽孢位于菌体中央。该菌无鞭毛，无动力。

炭疽芽孢杆菌抵抗力很强，试验表明使其附着在线上，室内避光保存 40 年仍有活力。炭疽芽孢在合适的土壤和温湿度条件下可发芽形成繁殖体并分裂增殖使食草家畜感染，而在人工培养条件下繁殖更容易。正是由于上述特点，它被一些研制、使用过生物武器的国家选为主要的生物战剂，第二次世界大战前就已经形成相当规模的生产能力并作为武器储备。第二次世界大战末期，美国的维哥兵工厂每月可生产 50 万个 4 lb 的炭疽炸弹。1952 年，美国侵朝战争中，国际科学委员会调查在朝鲜和中国遭受细菌武器袭击的事实报告及附件中有如下的结论性记载："在中国两个省份许多地方，曾有带着炭疽杆菌的各种生物体投掷下来，引起许多人感染了当地以往尚未有过的肺炭疽病及其导致的出血性脑膜炎，因而致死。目击者的证词说，投掷这些带有病菌物体的是美国飞机。"

1. 致病性

炭疽杆菌是一种能够引起人和动物患急性、热性、败血性传染病的病菌。炭疽杆菌致病力较强，人的呼吸道半数感染量是 8 000 ~ 10 000 个芽孢，在无防护条件下，呼吸 1 min 可引起人群 50% 发生吸入性炭疽病。它适合于大规模撒布，如撒布炭疽芽孢气溶胶，污染水源和食物或空投带菌昆虫和杂物，人、畜均可感染，并可造成疫源地。

20 世纪 40 年代，英国人在格林尼亚德岛上进行的炭疽杆菌试验揭示了炭疽炸弹的强大威力，并将其视为最有希望的生物武器填料。

世界卫生组织的一个报告估计，在一个 50 万人的城市中，施放 50 kg 炭疽芽孢，在顺风方向的 2 km 内，会有 12.5 万人发生感染，9.5 万人病死。1993 年，美国国会技术评估办公室作出的评估则认为，如果在华盛顿特区用飞机顺风向施放 100 kg 炭疽杆菌芽孢气溶胶，可导致 13 万 ~ 300 万人死亡，后果相当于甚至超过爆炸 1 枚氢弹。1998 年，时任美国国防部长科恩曾在电视上讲解有关炭疽杆菌作为生物武器的威胁，科恩手拿一袋 2.25 kg 的白糖说，要袭击一个大城市，需要同等质量的炭疽杆菌即可。由于容易制备，花费少，干粉形式可长期保存，炭疽成为生物恐怖主义者及反生物恐怖主义者头脑中最大的生物威胁。

炭疽虽广布于世界很多国家，但在各国又有多发区。通常多发区为畜牧区，如中国新疆维吾尔自治区的喀什地区。炭疽大多发生在羊、牛、马、骆驼等草食类，说明和牧场、饲料被芽孢污染有关。人的散发病例都直接或间接和死于炭疽家畜的肉、皮、血或其污染的地段有接触。因此，构成了一定流行循环，只有打破其流行环节，方可有效地控制炭疽的流行。

2. 传播途径

炭疽可经皮肤、消化道、呼吸道等多种途径传播，能够引起羊、牛、马等动物的炭疽病（剪羊毛工人病）。人因接触患病动物或受染毛皮而引起皮肤炭疽，食入未煮熟的病畜肉类、奶或被污染食物引起肠炭疽，或者吸入含有大量病菌芽孢的尘埃可发生肺炭疽。最为关注的方式是吸入散布的芽孢气溶胶。炭疽芽孢在干燥的室温环境中可存活数十年，在皮毛中可存活数年。

3. 主要症状

炭疽是一种死亡率很高的急性传染病。潜伏期一般为 1 ~ 3 天，最长可达

12 天。由于病原体侵入途径不同，可分为皮肤炭疽、肺炭疽和肠炭疽。以上三型兼有败血症时，常并发炭疽性脑膜炎。

（1）皮肤炭疽。皮肤炭疽为常见的临床型，平时可占整个发病的95%，在侵入部位（多见于裸露部位，如面颊、手、臂、足等）初为红色丘疹或斑疹，几小时后变成浆液性棕黑色血泡，周围组织发硬、肿胀，呈深红色浸润，3～4天后中心区出现血性坏死，四周有小水泡，水肿区扩大，坏死区形成溃疡，上面结成黑色硬疡，故称为疡炭。不痛，稍有痒感，以不化脓为其特点，附近淋巴结肿大。发病后1～2天患者常有不同程度的发热、头痛及全身不适等症状，但体温可很快下降，全身症状改善。例如，细菌侵入部位是眼睑、颈等结缔组织松弛处可出现广泛性水肿，局部柔软，皮肤微红或苍白，扩展快，可形成大片坏死，全身症状严重，可发热到40～41℃，以致出现中毒症状和败血症。皮肤炭疽轻型可自愈，但形成败血症可致死亡。

（2）肺炭疽。利用炭疽芽孢作为生物战剂进行气溶胶攻击的情况下可能主要引起肺炭疽。此型发病初期即1～4天内的临床症状酷似感冒，有发烧、头痛、发冷发热、食欲不振、全身酸痛等症状。但是，如出现喘息样呼吸、气短、多汗、紫绀、咳嗽、血痰、心动过速、血压下降等症状，说明病情已发展到极期，很快恶化，多在24 h内死于中毒性休克和弥漫性血管内凝血。

（3）肠炭疽。由于炭疽杆菌繁殖体耐热性不强，煮沸可以杀灭，因此在皮肤炭疽多发地区，肠炭疽很少见。但是，在用炭疽气溶胶攻击时，不能排除经鼻入口引起肠炭疽的可能性。肠炭疽因病例不同，体温在37.2～40 ℃波动，初期症状有腹部不适，有时有呕吐，腹泻，腰腹部剧痛，肝、脾肿大。后期中毒症状严重，治疗不力，可于3～4天内死亡。

（4）炭疽型脑膜炎。它是炭疽败血症的并发症。症状有头痛剧烈、呕吐，颈强直，昏迷。血性脑脊液，粉红色，混浊，2～3天内死亡。原发性败血症皮肤局部无变化，发病急，全身皮下出血。血液中含有大量细菌，大部分病人发病当天死亡。

4. 防治措施

战时通过炭疽芽孢战剂污染区，应采用切断传染途径这一措施，需要佩戴防疫口罩或防毒面具，有条件时可穿防毒服，以保护呼吸道和防止皮肤沾染。平时对皮毛加工，即工业型炭疽的防疫，应对入厂皮毛进行消毒，消除局限性的传染源。对家畜炭疽病的高发区，当无法对牧场进行大面积沾染消除时，应对家畜进行普遍的菌苗接种，增强家畜的免疫力，降低发病率和病死率，并间接保护从事畜牧业的工作人员。

1）免疫接种

在可能遭受攻击区域从事军事和救护等活动的人员，平时从事畜牧业、毛皮收购、加工人员，兽医和有炭疽疫畜发生地的居民等都是免疫接种的对象。对炭疽高发区，应把定期对家畜的普遍免疫接种作为长年坚持的制度。

2）传染源的控制和消除

炭疽芽孢气溶胶污染的消除是反生物战的特殊课题。平时最根本的措施是加强对病、死牲畜的管理。加强病畜检疫工作，严禁屠宰病畜、剥皮、食肉，对死于炭疽的牲畜尸体要监督焚烧。如果在卫生防疫人员中失控，已经发生屠宰病、死畜的情况，不论事隔多久，当时有无病例发生，都应对污染地的土壤和可以追索到的皮张进行炭疽细菌学检查。另外，对农业区的偶发事例更要重视，一旦细菌学检查阳性则应及时采取消毒措施。炭疽杆菌的繁殖体抵抗力与一般细菌相同。炭疽芽孢抵抗力强，常用消毒剂如石炭酸、来苏儿、新洁尔灭等季铵盐类的消毒效果差；过氧乙酸、甲醛、环氧乙烷、0.1%碘液和含氯制剂杀芽孢效果较好。在煮沸 10 min 或干热 140 ℃时放置 3 h 也可以杀死芽孢。

切断传染途径：原则上是保护呼吸道防止吸入感染，保护皮肤防止经皮感染，加热熟食防止经口感染。平时对有特殊习惯的民族应加强宣传防病知识，如在炭疽高发区，应特别改变生羊油擦身和吃半熟肉等习俗。

人接触炭疽杆菌后，必须在未出现症状前进行疫苗接种，在一周、两周、四周重复接种，同时使用青霉素、氯霉素、阿莫西林、环丙沙星或其他氟喹诺酮类抗生素进行抗生素治疗，否则存活的概率很小。通常，天然存在的炭疽杆菌对青霉素敏感，能够有效抑制炭疽感染，但条件是必须在接触炭疽杆菌或芽孢后的 48 h 内使用。

（二）鼠疫杆菌

鼠疫杆菌（Yersinia pestis）是导致鼠疫（俗称黑死病）的高致病性微生物，其危害性仅次于天花病毒，传染性强，病死率极高，曾给人类造成极大危害。第三次鼠疫世界范围大流行时，法国学者耶尔森（Yersin）和日本学者北里几乎同时从死于鼠疫的尸体中分离出了鼠疫杆菌。由于该细菌在形态学上与巴氏杆菌属的败血症菌和多杀巴氏菌等的相似性及宿主的同源性，在分类学上曾归入巴氏杆菌属，并命名为 Pasteurella pestis。由于此菌生理学、分子遗传学特性与巴氏菌属有明显的区别，1970 年，国际微生物命名委员会决定以最初分离出鼠疫杆菌的耶尔森定为属名而与巴氏杆菌属分开。

在死于鼠疫的人体和啮齿动物尸体材料涂片中，可看到多形态、两端浓染膨大、钝圆短小的杆菌，长 1.0 ~ 2.0 μm，宽 0.3 ~ 0.7 μm。在迁延性鼠疫患者开放化脓性横痃溃疡以及动物的"结节"型鼠疫的标本中可见呈小球形、染色不良的"菌体残骸"样的鼠疫杆菌。从人与动物尸体材料中培养 1 ~ 2 天的肉汤培养物中可查到两端浓染的杆菌并排列成长短不等的链状。用1~2天的琼脂培养物作涂片可发现两端浓染不良、散在或成小堆的鼠疫杆菌。如用3%氯化钠营养琼脂上的培养物涂片，菌体呈棒状、球状、哑铃状或空泡状多种形态。

鼠疫杆菌菌体表面有一层糖蛋白质的类荚膜物质。该物质在人工培养基上于37 ℃条件下形成较好，在湿润、酸性培养基上形成比在干燥、碱性培养基上要好。鼠疫杆菌在培养中不能形成芽孢，而且没有鞭毛。鼠疫杆菌革兰氏染色呈阴性，两端浓染是细胞核质集中的缘故。目前，鼠疫杆菌已经列为标准生物战剂。

1. 致病性

迄今为止，在世界范围内发现，对鼠疫杆菌易感动物不下100种。除啮齿动物以外，食肉目的狐狸，灵长类的人、猩猩和大部分猴子，家畜中的羊、猪、狗、猫和骆驼等都可以自然感染和试验感染。不同的鼠疫杆菌菌株毒力也有区别，同一种菌株对不同宿主致病性各异，这与菌株自身的遗传因素和敏感动物个体差异有关。有些菌株毒力很强，只需要一个细菌就可使豚鼠感染、发病和致死。据估计，在500万人口的城市上空用飞机施放50 kg鼠疫杆菌，可使约15万人感染肺炎型鼠疫，3.6万人死亡。

根据相关试验研究的结果，可把鼠疫杆菌分成4种毒力类型（刘石鹏，1982）：无毒菌（皮下接种于350~400 g豚鼠3只，每只接种250亿~500亿个菌体，观察14天，无一死亡；接种后，在6天观察期内任何1只动物体重不得降低1/5以上）、弱毒菌（皮下接种于3只豚鼠，每只接种50亿~250亿菌，观察14天，至少有1只发病而不得死亡）、毒菌（皮下接种于3只豚鼠，每只接种50亿菌以下，在14天内至少有1只死亡或全部死亡）、强毒菌（皮下接种于3只豚鼠，每只接种1 000个菌以下，14天内全部死亡）。

鼠疫在人类历史上有三次大的流行。历史上明确记载的首次世界性鼠疫大流行发生于公元541年，始于埃及，蔓延至欧洲、北非及中南亚，持续了60年，高峰期每天死亡万人，死亡总数近1亿人，使欧洲50%的人丧生，也由此导致东罗马帝国的衰落。第二次发生于1346年，持续130年，波及欧洲地中海、黑海和巴伦支海沿岸国家、英伦三岛、北欧的挪威、瑞典、前俄国、北非尼罗河沿岸、中东、蒙古、中国、印度等国，欧洲死亡2 000万~3 000万人（占人口的1/3）。第三次发生于1855年，始于中国，波及亚洲、欧洲、美洲和非洲32个国家，仅中国和印度就有1 200万人丧生。

抗日战争时期，日本"731部队"在中国建立的生物武器工厂中生产过鼠疫杆菌和染菌跳蚤。1940—1941年，日军在浙江、湖南等地发动细菌战，共夺去了27万人的生命。抗美援朝战争时期，美军对中朝人民进行的生物战中也使用了鼠疫杆菌。其后几十年间，美国和苏联等国家对这种战剂的大量生产、气溶胶撒布方法及其存活力和感染力都进行了系统的研究。此外，他们还对这一战剂的遗传重组进行了大量研究。

20世纪40年代以来，世界各地小规模鼠疫流行仍不断发生。1997年，在马达加斯加有1例腺鼠疫病人继发肺鼠疫并造成另外18例肺鼠疫感染病人，其中8例病人死亡。

2. 传播途径

跳蚤、鼠等是鼠疫杆菌的宿主，人类鼠疫是被寄生于疫鼠的鼠蚤叮咬而受染。鼠疫流行的基本生物学环节是先在啮齿动物间流行，而后波及家鼠和人。鼠疫流行受复杂的自然因素和社会因素制约。当疫区敏感动物种群密度上升到一定程度时，由于它们的染菌和频繁接触可暴发新的流行。荒地的开发、有组织的灭鼠可破坏啮齿动物间鼠疫流行条件。战争和频繁的交通往来有助于鼠疫的传播，周密的防疫措施可以控制其流行。

3. 主要症状

由于鼠疫杆菌菌株、侵入途径以及宿主健康状态的差异，人类鼠疫有许多不同的临床类型，如腺鼠疫、肺鼠疫、败血型鼠疫、皮肤型鼠疫、肠型鼠疫、脑膜炎型和眼型鼠疫等。但是，最常见的是腺鼠疫和肺鼠疫。

鼠疫的潜伏期是1~5天，常见的是2~3天。接种过鼠疫菌苗或发病前注射过抗鼠疫血清的病人，潜伏期可能延迟到7~12天。

大多数鼠疫病例突然发病，无前驱症状。开始时就出现恶寒战栗，体温升至39℃以上。同时，出现头痛头晕、呼吸急迫、脉搏加快、颜面潮红、眼结膜充血，有时出现中枢性呕吐、呕血、便血等症状。

1）腺鼠疫

腺鼠疫的主要临床特征是横痃。横痃是由鼠疫杆菌所致淋巴结炎及其周围的细胞组织构成。一般在发病的第一天就可看到，称第一次原发性横痃，多数病例只有一个。当鼠疫菌从第一次原发性横痃沿淋巴管侵入其他淋巴结时，就出现了第二次原发性横痃，它可以出现在不同的时期。当鼠疫菌经血播散时也可以引起继发性横痃。横痃最多见于鼠蹊部（55%~68%），其次是腋下横痃（16%~22%）和颈部横痃（5%~6%）。多发性横痃不常见（5%~13%），膝窝和肘窝横痃很少见。

横痃增大迅速，疼痛剧烈，与周围组织粘连常不能活动。过一段时间后，硬结逐步变软、化脓，触诊有波动感。继而化脓性横疮坏死、自溃，流出血性脓汁，涉及范围很大，愈合缓慢。

在临床上一般把腺鼠疫分为重、中、轻三型。除轻型体温上升不高外，通常体温可升高至38~39℃。多见晚间体温升高，早晨下降，波动1~2℃。

高温常持续 3～7 天，或更长。恢复病人体温常缓慢下降，如发生续发横痃，体温可再度升高。病人脉搏增快可达 120～150 次/min，血压下降。原发性腺鼠疫常伴有菌血症过程，因而可继发肺鼠疫、败血型鼠疫和脑膜炎鼠疫。

2）肺鼠疫

鼠疫杆菌侵入肺时可发生原发性肺鼠疫。原发性肺鼠疫潜伏期短（2～3天）、发病急、传染性强、病死率高，表现为恶寒战栗、强烈头疼、体温迅速升高，伴有心悸、脉频、胸疼和呼吸困难。时有初期干咳，后来大量咳痰，痰混血呈粉红色、红色和褐色，偶有大量咳血。痰内有大量鼠疫杆菌。

用电镜观察肺的病理变化可分为两期。肺水肿期：最初见到肺水肿并有鼠疫杆菌繁殖，肺泡间隔和支气管周围水肿液内有少量白血球；坏死性肺炎期：肺泡水肿汇合变大，继而中心部液化坏死（Milton，1969）。

鼠疫杆菌气溶胶感染可分为上呼吸道型和肺炎型两种。上呼吸道型患者常死于颈淋巴横痃——败血症，主要由于吸入大于 5 μm 的含菌粒子所致，而且肺炎型主要是吸入含菌小粒子所致。

3）败血型鼠疫

败血型鼠疫主要由于强毒株鼠疫杆菌进入机体，机体抵抗力低下所致。病程迅速，全身症状严重，体温急速上升至 39～40℃并持续不降。继而出现语言障碍、神志不清、心律不齐、血压下降，黏膜和皮肤出血，2～3 天内以死亡告终。少数病例体温无明显升高，数小时内死亡，死亡前可在末梢血液中发现鼠疫杆菌。

4）皮肤型鼠疫

尽管鼠疫杆菌常从皮肤侵入机体，但是皮肤鼠疫却极为罕见。皮肤鼠疫在受损处出现非常疼痛的红斑，起初直径约 1.0 cm，数小时后形成脓疮，周围有炎症带。脓疮由豌豆大到樱桃大，过一段时间，病灶变为鼠疫痈，甚感疼痛。破溃面可小如铜钱，也可大如手掌，有时酷似炭疽外观。

原发性皮肤型鼠疫病灶可同时在数处出现，有的也可是继发的。单纯皮肤鼠疫临床表现如同中型腺鼠疫，伴有横痃者称为皮肤—腺型鼠疫。

5）鼠疫脑膜炎

此类症状常继发于腺鼠疫之后，临床表现为明显的脑膜炎症状和体征，脑脊液中可找到鼠疫杆菌。

4. 防治措施

根据世界卫生组织和国内外经验，鼠疫的预防主要采取组织工作和技术措施相结合的方法。要对鼠疫自然疫源地内的居民和驻军宣传防鼠知识，发动军民积极参加灭鼠灭蚤活动，早期报告动物宿主和蚤类异常情况和可疑病人。健全防鼠组织，坚持定期灭鼠，对鼠疫进行监视并坚持开展灭鼠和对疫区的监视工作。

1）封锁疫区

当怀疑出现鼠疫病人时，一般应先采取隔离措施，并向上级卫生防疫部门报告，一经确诊要对疫区封锁处理和检疫。封锁可按警戒区、大隔离圈、小隔离圈等级划定。以病家为中心把一个庭院、一栋房子划为小隔离圈，无关人员不得进入。以小隔离圈为中心把一个自然村或城镇街道的一部分划为大隔离圈，圈内人员可参加有组织的生产活动，但是不准离开。解除封锁的主要指标是疫区经灭鼠灭蚤达到前述要求，最后一名病人达到治愈后 9 天无新病例发生。

2）疫区处理

（1）消毒。鼠疫杆菌对高温敏感，煮沸数分钟即死。附着在亚麻布、滤纸上的细菌可耐干热，140 ℃作用 10 min 以上才能彻底杀死。鼠疫杆菌对化学消毒剂抵抗力不强，常用消毒剂，如升汞、来苏儿、石炭酸以及氯制剂等均有速效。

腺鼠疫可只对小隔离圈进行表面消毒，肺鼠疫应进行大隔离圈的消毒。对污染严重的房屋和物品除用 5% 来苏儿进行空气和表面消毒外，也可用 2% 过醋酸（NaAc）5 mL 每立方米的剂量喷洒消毒。衣物可用蒸汽和煮沸（耐热物），甲醛或环氧乙烷熏蒸消毒。患者的分泌物和排泄物要用漂白粉上清液或来苏儿液浸泡 24 h 后掩埋。此外，在解除封锁前必须进行一次终末消毒。

（2）灭蚤。疫区消毒后应立即在室内喷洒杀虫剂，大小隔离圈在解除封锁前应进行一次终末灭蚤。

（3）灭鼠。人类疫区一般不用器械扑打，多用药物和烟炮、氯化苦和杀鼠灵等灭鼠，并严封鼠洞。

（4）检疫。对大、小隔离圈的人口要逐户核对登记，每天早晚各进行一次检疫。例如，发现 37 ℃以上可疑病人，应特别记录并密切注意其病情变化，必要时取标本进行试验诊断以便早期确诊和治疗。对近 10 天内同鼠疫病人接触者和来往人员进行检疫，补种菌苗，发现可疑者应就地留验。

（5）个人防护。在警戒区，大隔离圈内防疫人员须穿工作服、戴口罩。接触腺鼠疫病人时在工作服外穿一件白大衣、头扎三角巾、穿防蚤靴。接触肺鼠疫病人、处理尸体和污物时或当攻击者施放鼠疫杆菌战剂气溶胶时，要戴 64 型口罩或脱脂棉纱布防疫口罩，戴防护眼镜，穿胶靴，戴胶手套，工作后需要喷雾消毒，防疫服要浸泡消毒。

现有的鼠疫活疫苗和鼠疫死疫苗在预防腺鼠疫方面都有一定效果，而在预防肺鼠疫方面则效果不佳。一些发达国家现已停止使用 USP 鼠疫死疫苗，为此正在开发研究基因重组鼠疫新疫苗。一些发展中国家采用 EV76 鼠疫冻干活菌苗，有效期为 6 个月，应当对疫区人群或实验室工作人员进行接种。鼠疫常用抗菌药物有链霉素、庆大霉素和多西环素等。

第三节 病毒类生物战剂

病毒（Virus）是比细菌更小的微生物，不具有细胞结构，但是有遗传、复制等生物学特征，只能在活细胞内生长繁殖。病毒只有在电子显微镜下才能看到，通常以纳米计算其大小。人类病毒传染病相当普遍，如流感、天花、乙型脑炎等，约占人类传染病的80%。病毒根据宿主又分为动物病毒、植物病毒和噬菌体三大类，对人类有致病性的病毒属于动物病毒，如埃博拉病毒、东方马脑炎病毒、日本脑炎病毒、天花病毒与黄热病病毒等。

一、生物学特性

（一）大小形态

病毒个体极小，可以通过滤菌器，一般为 10 ~ 300 nm。动物病毒多呈球形，少数为砖形（如痘病毒）、弹状（如狂犬病毒）或丝状（某些流感病毒），植物病毒多为杆状，细菌病毒（噬菌体）则常为蝌蚪状。

（二）结构

病毒一般含有两种最基本的结构，即病毒核心和衣壳。核心由核酸组成，携带病毒的遗传信息，也是病毒复制的中心。衣壳通常包在病毒核心之外，并由许多形态、大小和成分都相同的蛋白质颗粒按照一定的方式排列组合而成，具有保护核酸的作用。

病毒的衣壳连同核酸一起称为核衣壳。结构简单的病毒体仅由核衣壳构成，这种病毒称为无包膜病毒，如腺病毒等。但是，有些病毒体的核衣壳外包裹着一层疏松的包膜，这些有包膜的病毒称为包膜病毒，如流感病毒。在病毒的包膜上，有由病毒基因编码的蛋白质，这些蛋白质在病毒的包膜上常形成一些钉状的凸起，称为刺突，如流感病毒包膜上的血凝素和神经氨酸酶等。

不同种类的病毒，其衣壳所含的壳粒形态、数量以及排列方式都不相同。因此，也就形成了病毒体结构的不同立体对称方式，烟草花叶病毒为螺旋对称体，腺病毒为二十面对称体，大肠杆菌为复合对称体。

（三）化学组成

病毒的化学组成有核酸、蛋白质、脂类、糖类，主要是核酸和蛋白质。

1. 核酸

一种病毒仅有一种核酸，故可把病毒分为 DNA 病毒 和 RNA 病毒两大类。病毒的核酸有双股的和单股的，通常动物 DNA 病毒为双股，动物 RNA 病毒为单股。病毒的核酸决定病毒的遗传、变异、增殖与感染性，是病毒中最重要的化学成分。

2. 蛋白质

蛋白质是病毒的另一种主要组分。根据其是否存在于毒粒中，分为结构蛋白和非结构蛋白两类。结构蛋白是构成一个形态成熟、有感染力病毒所需要的蛋白质，包括壳体蛋白、包膜蛋白和存在于毒粒中的酶等；非结构蛋白是指由病毒基因组编码的，在病毒复制过程中产生的并具有一定功能的，但是不结合于毒粒中的蛋白质。

（四）生活方式

病毒是专性活细胞内寄生型微生物，因为病毒酶系不全，离开活体后无生命特征。

（五）病毒的增殖

病毒的增殖称为复制，复制是指病毒进入宿主细胞并释放出病毒核酸。宿主细胞在其控制下：首先为病毒提供合成机构及所需的酶类、能量、基质，进而合成病毒核酸及蛋白质成分；然后在宿主细胞的一定部位装配成子代病毒，并通过一定的方式从细胞中释放出来。

病毒本身不具备蛋白生物合成的机构——核糖体，也缺乏完整的代谢酶系，所以病毒必须在活细胞内才能进行增殖；同时，由于病毒进入活细胞时要求该细胞表面必须具有相应的病毒受体，因此，病毒的增殖不仅需要活细胞，而且必须进入活的敏感细胞内才能进行。

绝大多数病毒的复制周期可分为五个相关阶段：吸附、穿入、脱壳、生物合成和装配成熟。

1. 吸附

吸附是病毒表面蛋白与细胞受体特异性结合，导致病毒附着于细胞表面，启动病毒感染的第一阶段。

2. 穿入

穿入是指病毒核酸或感染性核衣壳穿过受体细胞进入胞浆，开始病毒感染的细胞周期。通常，穿入在病毒吸附后立即发生。包膜病毒大多数通过其包膜与细胞膜融合而进入细胞，期间，病毒包膜上的刺突可能起着一定的促进作用。无包膜病毒则主要依靠敏感细胞的吞饮而进入细胞，细胞的吞饮需要依赖温度和能量。

3. 脱壳

病毒进入细胞后必须脱去衣壳，暴露并释放出病毒核酸才能进一步复制。大多数病毒可在宿主细胞的溶酶体酶作用下脱去衣壳。

4. 生物合成

复制的结果是合成核酸分子和蛋白质衣壳，然后装配成新的有感染性的病毒，一个复制周期需要 6~8 h。

5. 装配成熟

新合成的病毒核酸和病毒结构蛋白在感染细胞内组合成病毒颗粒的过程称为装配，而从细胞内转移到细胞外的过程为释放。大多数 DNA 病毒在宿主细胞核内复制 DNA；首先在胞浆内合成蛋白质；然后转入核内装配成熟。

二、典型病原体

（一）SARS 病毒

引发 2003 年非典型肺炎（严重急性呼吸综合征，Severe Acute Respiratory Syndrome，SARS）世界性蔓延的病毒，属于冠状病毒的一个变种，该病毒与流感病毒有亲缘关系，但是之前从未在人类身上发现，科学家将其命名为"SARS 病毒"。

1. 致病性

SARS 病毒粒子呈不规则形状，直径 60 ~ 220 nm。病毒粒子外包脂肪膜，膜表面有三种糖蛋白，少数种类还有血凝素糖蛋白。

SARS 病毒是一种 RNA 病毒，与常见冠状病毒比较结果显示，其核苷酸水平的相似性极差。SARS 病毒导致一种具有明显传染性、可累及多个脏器系统的特殊肺炎，即传染性非典型肺炎。

2. 传播途径

近距离呼吸道飞沫传播，即通过与患者近距离接触，吸入患者咳出的含有病毒颗粒的飞沫，它是 SARS 经空气传播的主要方式。

通过手接触传播是另一种重要的途径。因此，易感者的手直接或间接接触了患者的分泌物、排泄物以及其他被污染的物品，经过口、鼻、眼黏膜而侵入机体。

目前，不能排除 SARS 病毒经肠道传播的可能性，没有经过血液途径和垂直传播的流行病学证据，在预防中应关注。

影响传播的因素有很多，其中接触密切是最主要的因素，包括治疗或护理探视患者，与患者共同生活，直接接触患者的呼吸道分泌物或体液等。在医院抢救和护理危重患者，吸痰、气管插管以及咽拭子取样时，很容易发生医院内传播，应当格外警惕。医院病房环境通风不良，患者病情危重，医护探访人员个人防护不当，都会使感染危险性增加。另外，如飞机、电梯等相对密闭不通风的环境，都是可能发生传播的场所。改善通风条件、良好的个人卫生习惯和防护措施，会使传播的可能性大大降低。

现有资料表明，SARS 患者是最主要的传染源。极少数患者在刚出现症状时即具有传染性，一般情况下传染性随病程而逐渐增强，在发病的第二周最具传播力。通常认为症状明显的患者传染性较强，特别是持续高热、频繁咳嗽时的传染性较强，退热后传染性迅速下降。尚未发现潜伏期患者以及治愈出院者有传染他人的证据。

3. 主要症状

SARS 可能引起休克、心率紊乱或心功能不全、肾功能损害、肝功能损害、弥散性血管内凝血、败血症、消化道出血等。临床上以发热、乏力、头痛、肌肉关节酸痛等全身症状和干咳、胸闷、呼吸困难等呼吸道症状为主要表现，部分病例可有腹泻等消化道症状。胸部 X 射线检查可见肺部炎性浸润影，实验室检查外周血白细胞计数正常或降低，抗菌药物治疗无效是其重要特征。重症病例表现明显的呼吸困难，并可以迅速发展成为急性呼吸窘迫综合征。

4. 防治措施

对地面、墙壁、电梯等表面定期消毒。消毒时应按照先上后下、先左后右的方法，依次进行喷雾消毒。喷雾消毒可用 0.1% ~ 0.2% 过氧乙酸溶液或有效溴为 500 ~ 1 000 mg/L 的二溴海因溶液或有效氯为 500 ~ 1 000 mg/L 的含氯消毒剂溶液喷雾。

用药量：泥土墙吸液量为 150 ~ 300 mL/m²，水泥墙、木板墙、石灰墙为 100 mL/m²。地面消毒喷药量为 200 ~ 300 mL/m²，由内向外进行喷雾消毒，作用时间应不少于 60 min。

对于经常使用或触摸的物品、餐具应当定期消毒。对于人体接触较多的柜台、桌椅、门把手、水龙头等可用 0.2% ~ 0.5% 过氧乙酸溶液或有效氯为 1 000 ~ 2 000 mg/L 的消毒剂进行喷洒或擦拭消毒作用 15 ~ 30 min。餐具可用流通蒸汽消毒 20 min（温度为 100 ℃）；煮沸消毒 15 ~ 30 min；使用远红外线消毒碗柜，温度达 125 ℃，维持 15 min，消毒后温度应降至 40 ℃以下方可使用。对于不具备热力消毒的单位或不能使用热力消毒的食饮具可采用化学消毒法，可以用有效氯含量为 250 ~ 500 mg/L 的消毒液、有效溴含量为 250 ~

500 mg/L 的二溴海因溶液、200 mg/L 二氧化氯溶液、0.5%过氧乙酸溶液浸泡 30 min。

第四节　真菌类生物战剂

真菌是一大类不分根、茎、叶，不含叶绿素，营寄生或腐生生活，菌体有细胞壁与细胞核，少数为单细胞，大多数为分枝或不分枝丝状体，能进行有性和无性繁殖的真核生物。

一、生物学特性

（一）形态结构

真菌构造较细菌复杂，根据结构可分为单细胞真菌和多细胞真菌。单细胞真菌又称为酵母，圆形或卵圆形，外形与细菌相似但较大，出芽方式繁殖。多细胞真菌又称丝状菌、霉菌，该菌能长出菌丝，菌丝是真菌营养体的基本单位，直径一般为 $3 \sim 10 \ \mu m$。当真菌孢子落在适宜的固体营养基质上后，就发芽生长，产生菌丝和由许多分枝菌丝相互交织而成的一个菌丝集团，即菌丝体。有的菌丝可演化为孢子丝生成孢子。真菌的孢子具有小、轻、干、多以及形态色泽各异、休眠期长和抗逆性强等特点，有利于真菌在自然界中四处散播和繁殖。

（二）培养特性

所有真菌都是专性或兼性需氧菌，能分泌胞外酶降解各种有机物质，供真菌吸收和代谢。常用沙保氏培养基（pH = 4 ~ 6），经过适当的温度培养（一般为 22 ~ 28℃），1 ~ 2 周出现典型菌落。

1. 酵母型菌落和类酵母型菌落

酵母型菌落和类酵母型菌落是单细胞真菌菌落形式。外观湿润、柔软而致密，类似一般细菌菌落，显微镜下只见圆形或椭圆形菌，细胞以出芽方式繁殖，如隐球菌菌落。类酵母型菌落外观性状同酵母型菌落，菌落向下有假菌丝生长，伸入培养基。假菌丝是单细胞真菌出芽繁殖后，芽管延长不与母细胞脱离而形成，如念珠菌的菌落。

2. 丝状菌落

丝状菌落是多细胞真菌的菌落形式，由许多疏松的菌丝体构成。菌落呈棉絮状、绒毛状或粉末状。菌丝是由孢子出芽发育而来的。

多数菌丝由横膈分成多细胞，也有无膈菌丝。一部分菌丝长入培养基中，吸收营养和水分，称营养菌丝体；另一部分菌丝向空气中生长，称为气生菌丝体，产生孢子的气生菌丝称为生殖菌丝体。

3. 双相型

有些真菌可因为寄生环境和培养条件（如营养、温度、氧供给）的不同而出现两种形态，称为双相型。如孢子丝状菌，寄生在人体内或培养于含血液的培养基中，37 ℃孵育，可以出现酵母样单细胞形态；若培养于室温的沙保氏培养基上，则出现明显的多细胞丝状菌落。

（三）抵抗力

真菌菌丝和孢子对热抵抗力不强，一般在 60 ℃下 1 h 被杀死。对干燥、日光、紫外线及多数化学药物的耐受性较强。对 1%～3% 石炭酸、2.5% 碘酊、10% 的甲醛较敏感。常用甲醛液熏蒸被真菌污染的物品、房间等。

二、典型病原体

（一）荚膜组织胞浆菌

荚膜组织胞浆菌（Histoplasma - capsulatum）属于不完全菌纲，丛梗孢目，丛梗孢科的一种双相型真菌。在宿主的网状内皮细胞和外周白细胞中为酵母菌型，直径 1～5 μm。在沙保氏培养基上室温培养为霉菌型，菌丝顶端和侧枝上长出许多孢子。该菌酵母型菌体及分生孢子都能致病，一般情况下主要是孢子。

1905 年，达林（Darling）在巴拿马报告了本病的第一个病例。他在死者肝、脾切片细胞内发现了一种类似利什曼原虫的病原体，其周围有一圈不染色环，故命名为荚膜组织胞浆菌。实际上该病原体并非原虫，也没有荚膜。1912 年，达·罗奇·瑞马（Da Rocha Rima）观察到该菌以出芽方式繁殖，并确定这种病原体属于真菌。1943 年，迪·蒙布（De Monbruen）首次从病人材料中分离到该菌，并确定为真菌。

荚膜组织胞浆菌是一种以侵犯网状内皮系统为主的深部真菌。临床表现多种多样，主要特征是：不规则发热，肝、脾和淋巴结肿大，皮肤和黏膜病变以及白细胞减少。该菌经呼吸道感染，原发性病变在肺部。

1. 致病性

人对荚膜组织胞浆菌易感性高，在自然界和实验室经常由于吸入该菌气溶胶而感染。目前尚无可供预防用的疫苗。对该菌进行过深入研究的专家认为：该菌是一种比较理想的生物战剂（Furcolow，1961）。联合国世界卫生组织专家组的报告中也把它列入生物战剂。该菌属失能性生物战剂，染病后失能期长达数月。美国格罗博尔（Gruber）兵营曾发生一次该菌引起的流行，80%的人员发病，平均住院期超过 6 个月，25 名较重的病人中有 18 人因丧失劳动力而退伍。病后还可能复发或发生内源性感染，对 100 名未经治疗的病人追踪观察 4 年，有 1/3 的人员死亡，生存者中半数丧失劳动能力（Furcolow，1961）。

荚膜组织胞浆菌孢子进入人的呼吸道后，即被肺泡巨噬细胞所吞噬，并在其中发芽繁殖，形成酵母样细胞。在从未感染过该菌的健康人中，像原发性肺结核一样，首先产生肺部原发性感染；然后通过淋巴和血液扩散到其他脏器和组织。绝大多数酵母样细胞被肝、脾和骨髓中的网状内皮细胞所吞噬。在继发感染部位，该菌也能繁殖。

荚膜组织胞浆菌在土壤中生存、繁殖需要一定的温湿度和营养条件。多数病例分布在北纬 45°和南纬 30°之间的世界各国。除美国南部三大河谷地带外，在中南美洲、非洲以及印度、缅甸、泰国、印尼等 30 多个国家都存在本病。由于荚膜组织胞浆菌还需要鸟类、蝙蝠等动物的排泄物提供必要的有机物，即使在高度地方性流行区内，也只能从某些局限疫点的土壤中才能分离到该菌。一般在鸡舍、鸟粪堆积林区和蝙蝠栖息的岩洞中的土壤比较容易分离到荚膜组织胞浆菌。

荚膜组织胞浆菌容易大量生产，孢子对外界环境及消毒剂和爆炸分散有较强的抵抗力，在地面能造成长期污染。

2. 传播途径

该菌可由呼吸道、皮肤黏膜、胃肠道等侵入人体，主要传播途径是吸入含有该菌的气溶胶。鸡、鸟、狗、猫可为传染源。在自然界蝙蝠生活的洞中，该菌污染严重，对旅游者威胁很大。

动物试验证明，呼吸道对该菌最敏感，只要吸入 10 个孢子就能使小白鼠发生明显的肺部感染，因为该菌的小分生孢子大部分小于 4.8 μm，在肺泡中滞留率很高。而经过消化道感染的试验，对小鼠和狗均不成功，用酵母型菌体对小鼠作滴鼻感染曾获得成功。该菌孢子气溶胶对豚鼠和猴的试验感染也是成功的。人类多次发生的实验室内感染和岩洞病也证明该菌主要通过气溶胶方式使人感染（Larsh，1960）。

此外，该菌孢子还可能通过被污染的物品输送使人感染。英国曼彻斯特一家棉纺厂曾发生过一例死于荚膜组织胞浆菌病的工人，其他工人中有两名对该菌皮肤试验呈阳性，这些工人从未去过流行区，唯一可能的感染途径是曾接触过从美国本病流行地区运来的棉花（Miller，1961）。

3. 主要症状

该病潜伏期一般为 7～14 天，偶尔也有长达数年之久的。临床症状多种多样，大约 50%患者无明显临床症状；45%左右的病例有轻到中等度的病变，无须特殊治疗即能自愈；但是有5%左右的病例为慢性进行性肺部病变，常常因为不治疗而死亡；极少数病例可发展为全身播散性病变，病死率极高。

临床病变大致可分为以下四种类型：

（1）无症状组织胞浆菌病。这种病人没有明显的临床症状，但是用组织胞浆菌素作皮肤过敏试验大多数为阳性。血清补体结合试验和免疫扩散试验也呈阳性。用X射线检查可见，两肺有许多分布均匀的分散病灶，肺门淋巴腺几乎总是肿大的。

（2）急性组织胞浆菌病。约有45%的病例类似流感，起病急骤，有寒战、发烧、咳嗽、胸痛、倦怠和食欲不振等症状，持续一周到月余。其他症状消失后，倦怠无力可持续数周至数月。用X射线检查可见，肺实质有弥漫性、粟粒状浸润和肺门淋巴腺肿大。血清学反应阳性，但随着症状消失而逐渐转阴。严重的急性肺组织胞浆菌病，又称为流行性组织胞浆菌病、"岩洞病"或"蝙蝠病"。这是由于人们进入存在感染该菌的蝙蝠栖息的岩洞，吸入大量该菌孢子气溶胶而引起的。病变较重，病程更长。

（3）慢性进行性组织胞浆菌病。约5%的病例属于这一类型。它的主要临床症状与慢性肺结核相似：咳嗽、低烧、倦怠、体重减轻等。用X射线检查，常见厚壁的空洞。病情恶化与缓解交替发生。缓解期病人感觉轻快；恶化期常类似感冒，肺部常伴有新的病变，由于肺组织大量坏死而影响肺功能，病情可反复发作多年。这种病人年龄往往在50岁以上，多数死于呼吸或循环障碍。

（4）播散性组织胞浆菌病。此病发生率很低，多发生在婴幼儿和老人或免疫功能降低的人。病原体通过血液播散到全身各处。肺部病变不明显，临床症状主要是全身感染，弛张热可达 $40 \sim 41\,^{\circ}\mathrm{C}$。贫血和肝脾肿大在儿童中比较明显。常侵犯肾上腺皮质而导致爱迪生氏症，伴有倦怠、血钠降低和皮肤色素沉着。皮肤和黏膜溃疡常常是播散性病变的早期征候。本病若不及时采取特效疗法，死亡率极高。

4. 防治措施

理想的预防措施是接种疫苗，但是目前疫苗正处于研究阶段，尚不能普遍应用。试验证明，酵母型菌体及其细胞壁成分作抗原可使小白鼠及豚鼠获得明显的免疫力。

通过地方性流行区特别是尘土较大时，或可疑被该菌孢子作为生物战剂污染的地带都应戴口罩或防护面具，以防止吸入含有该菌孢子的气溶胶。必要时，对严重污染的重要道路、机场等局部地区的地面喷水、喷废机油等可减少尘土飞扬。

严重污染地面的消毒是很困难的。地面消毒应使用能杀细菌芽孢的消毒剂，如10%漂白粉乳液、2%~10% "三合二"、1%过氧乙酸液等，但是消毒效果不可靠。有报告称，对疫点地面虽喷洒消毒剂，并覆盖清洁土壤，在33个月中仍能经常分离到该菌，因为该菌在土壤较深处生存繁殖，消毒剂不易达到。

本病人与人之间一般不传染，因而产生大批患者时，不需要隔离。但是，对患者的痰和脓液以及污染的纱布和绷带等物品仍应消毒，并在学校、营房或家庭就地治疗。

（二）厌酷球孢子菌

厌酷球孢子菌是一种能引起全身性深部感染的真菌。它的主要临床特征是肺炎和胸膜炎并伴有皮肤和骨骼病变。1892年，Posada报告了本病的第一个病例，患者为阿根廷士兵。1896年，Rixford误认为本病由类似球虫的一种原虫所引起，直到1900年Ophüls等才证实该病的病原体不是原虫而是一种真菌。1932年，Almeida正式把这种真菌命名为厌酷球孢子菌。

厌酷球孢子菌属于双相真菌，即在土壤或培养基上为霉菌型，形成菌丝及圆筒状关节孢子，而在感染的组织细胞中形成双层厚壁的小球体。小球体开始时直径只有5 μm左右，以后其中的胞浆及核分裂成几个到几百个圆形或不规则、大小为2~5 μm的内孢子。小球体成熟后释放出内孢子，每一个内孢子又可以发育成新的小球体。当小球体随痰或脓排出病人体外后，温度20 ℃左右时，在土壤或培养基上，数小时后即开始发芽，逐渐形成菌丝。菌丝继续延长并分支，互相交织在一起成为菌丝体。菌丝延长并长出许多横膈，形成竹节样长链，菌丝横膈中的原浆浓缩并逐渐膨大成为关节孢子。关节孢子有厚壁，直径为2~5 μm，呈圆桶状或椭圆形，半数具有双核，在形态学诊断上有一定意义。成熟的关节孢子飘散在空气中，具有很强的感染性。

该菌属专性需氧菌，在pH = 3.5~9.0范围内均可生长，对营养需求不高，普通培养基上即能生长，仅供给醋酸铵即能满足碳、氮及能量需要。在沙保氏培养基上，20 ℃培养3~5天即出现湿润的薄膜样菌落，以后逐渐形成棉花样的菌丝体，最初为白色，逐渐变为棕色。这种培养基上的菌丝体生成许多关节孢子，打开培养皿即有大量关节孢子逸出，可以引起工作人员感染，所以应当注意防护。

1. 致病性

人对厌酷球孢子菌普遍易感，灵长类、家畜、啮齿类动物也能感染。各菌株之间毒力悬殊。猴子和小白鼠吸入10个强毒株的关节孢子即可引起严重感染。人的气溶胶感染剂量约为1 350个关节孢子。流行区的居民感染率高达60%~90%。美国每年大约发生新感染者10万人，因该病而死亡者70余人。

该病病死率虽然不高，但是病人失能时间长。1957 年，美国亚利桑那州威廉斯空军基地因患本病而丧失的劳动力比患其他任何疾病都多，其平均发病率与上呼吸道感染相近，而且劳动日的损失却比后者高出 7 倍。美国每年因该病大约损失 100 万个工作日。

该病菌易于大量培养，孢子对外界环境有较强的抵抗力。在自然界曾发生过大风将地面的孢子输送到数百千米外，引起当地发病急剧增多的事例。实验室也经常发生厌酷球孢子菌气溶胶感染病例。患该病后失能时间可长达数周至数月。目前，对该病尚无有效的疫苗。很多专家都认为该菌是一种较理想的生物战剂，世界卫生组织的专家组也把该菌列为生物战剂。

2. 传播途径

厌酷球孢子菌主要由关节孢子通过呼吸道进入人体。关节孢子体积小、质量轻，能长期悬浮在空气中，在空气中的沉降率相当于直径 $0.1 \sim 0.2 \ \mu m$ 的粒子。$1 \ mm^3$ 的尘埃中可含有 10^6 个孢子，因而人只要吸入少量尘埃粒子即可被感染，有人仅驾驶汽车通过流行区就被感染。从事厌酷球孢子菌试验研究的工作人员即使在防护条件较严密的条件下也常被感染。1974 年报告，10 名微生物学工作者 1970 年夏季开始从事球孢子菌的试验研究工作，1971 年 8 月 X 射线检查发现 6 人肺部有病变，气管镜检查的活检材料中分离到该菌（Wegmann T，1974）。

空气离子对厌酷球孢子菌孢子空气传播和感染有一定影响，但是机理尚不完全清楚。在应用该菌孢子做气溶胶感染试验时，同时吸入带正电的空气离子，可使小鼠发病提早，累计死亡率增高（Krueger AP，1967）。

1977 年 12 月 20 日，美国加利福尼亚州流行区圣亚奎（San Joaquin）山谷南部发生飓风，风速达到每秒 44 m，持续 36 h，大风将疫区孢子带到 $600 \sim 700 \ km$ 以外，造成约 $87\ 000 \ km^2$ 的污染区，使这个地区在 1978 年最初 16 周内竟发生 550 例新病人。根据过去 10 年的统计，同一个季度内该地每年最高发病数均低于 175 例，显然这次暴发性流行与飓风有关。由此可以推断，如果有人故意大量施放该菌孢子可以造成大面积污染。

3. 主要症状

感染球孢子菌的人大约 60% 没有明显症状，其他 40% 有症状者，其病情轻重也很不一致，从轻症的上呼吸道感染到重症的肺炎都可能出现。球孢子菌病的临床经过可分为原发性球孢子菌病和播散性球孢子菌病两大类。

（1）原发性球孢子菌病。潜伏期 $1 \sim 4$ 周，平均 $10 \sim 16$ 天。最常见的症状是咳嗽、发烧和胸痛，夜汗也常有，但是这些症状都没有特异的诊断价值。

（2）播散性球孢子菌病。原发性球孢子菌病感染后数周、数月，有时甚至数年后，由于机体免疫功能降低或使用免疫抑制剂，少数病人可发生播散性球孢子菌病，儿童和老人比较多见，发生率占全部球孢子菌病的 1% 左右。

厌酷球孢子菌可侵犯全身各种器官和组织，最常被侵犯的是骨骼、皮肤及皮下组织和脑膜。骨骼和关节病变约占 20%，皮肤病变如慢性溃疡、皮下脓肿等较常见。

4. 防治措施

一般情况下，患该病后可以获得稳固的免疫力，因而研制疫苗是预防该病的有效措施。目前，研制的疫苗对动物有效，还尚未进行人体试验，且小球体苗比关节孢子和菌丝体苗更为有效。

该病人与人之间一般不传染，发病的病人无须隔离，但对病人的咳嗽和脓液仍应消毒。通过流行区或严重污染区应戴口罩和防毒面具。飞机场或交通要道被关节孢子污染时，可喷洒消毒液防止尘土飞扬。

第五节　立克次体类生物战剂

立克次体是一类天然寄生于节肢动物（虱、蚤、螨等）体内的、严格的活细胞寄生原核细胞型微生物，其生物学形状接近细菌，分类学上将其归于细菌范畴。为纪念因研究斑疹伤寒而献身的立克次医生，将这类微生物统称为立克次体。

在自然界，立克次体在吸血节肢动物和野生哺乳动物间传播，形成特有的循环。立克次体引起感染者发热和出疹性疾病；大多为人畜共患病；以二等分裂方式增殖；含有 DNA 和 RNA 两种核酸。

一、生物学特性

（一）形态结构

立克次体形态类似小杆菌，经染色后在普通光学显微镜下多为球杆状，但在不同的发育阶段和不同的宿主体内可出现不同的形态，如球状、哑铃状或丝状。常用马氏、吉母萨染色，前者染为红色，后者染为蓝色。根据立克次体在细胞内的分布位置可作初步鉴定。例如，普氏立克次体常散在细胞浆中，恙虫热立克次体在胞浆靠近细胞核的地方成堆排列等。电镜下立克次体的形状类似细菌，在细胞膜外有一层荚膜样黏液，其化学组成为多糖物质。细胞壁由脂多糖构成，类似革兰氏阴性菌；胞浆内有核糖体，核质集中在中央，并且为双链 DNA。

（二）培养特性

由于立克次体的酶系统不完整，不能独立生活，因而必须在活的组织细胞中才能生长繁殖。常用的方法为动物接种、鸡胚卵黄囊接种及组织培养等。

（三）抵抗力

对一般的理化因素抵抗力较弱。通常在56 ℃条件下，30 min即可灭活，但立克次体耐寒，对低温及干燥抵抗力强。在干燥的虱粪中，普氏立克次体能保留其传染性一年之久。

（四）致病性

立克次体的致病物质有两种：一种是内毒素，由脂多糖组成；另一种是磷脂酶A，可导致细胞中毒。进入细胞前，立克次体与细胞膜上的受体结合，然后再被吞噬细胞吞入。吞噬体内的立克次体，可通过磷脂酶A溶解吞噬体膜的甘油磷酸而进入胞浆，并且在细胞内繁殖，导致细胞破裂。此外，立克次体能破坏宿主血管的内皮细胞，增加其通透性，使血容量下降并产生水肿。人类感染立克次体后，可以产生抗原抗体复合物。免疫复合物可在斑疹伤寒、斑点热患者早期的尿中检出。立克次体主要是通过携带立克次体的吸血节肢动物叮咬而使人感染。立克次体侵入人体后，并且在小血管内皮细胞及单核巨噬细胞内繁殖，引起细胞肿胀、坏死、微循环障碍及血栓形成。临床常见的皮疹主要是由于立克次体感染引起真皮内小血管炎症所致。

二、典型病原体

（一）普氏立克次体

1876年，斑疹伤寒病人血液被证明有传染性。随着科研和医学工作者的不断努力，最终确定了这是一种杆菌状病原体。后来，为了纪念两位为研究斑疹伤寒而献身的科学家美国的立克次（Ricketts）和捷克的普若瓦帅克（Prowazek），以二人的姓氏分别作为流行型斑疹伤寒病原体的属和种的命名，即普氏立克次体（Rickettsia prowazekii）。

普氏立克次体是斑疹伤寒群中的一个种。普氏立克次体是典型的多形态，可以是球状、短杆状、杆状、长线状。基本形态是球杆菌状，大小为0.3 μm × 0.6 μm，单个排列或呈短链，可随不同发育阶段而变化，最长可达2 μm以上，甚至超过4 μm。常用吉姆萨法染色，呈紫红色，杆状时常呈蓝色，并有两极浓染，化学组成与革兰氏阴性菌相似，有一定的酶系统。在活细胞内环境下，可进行异化性和同化性代谢，不能分解葡萄糖。以二等分裂方式繁殖，可分布于整个宿主细胞的胞浆内，可在鸡胚卵黄囊及组织培养中繁殖。

在脱离宿主组织的游离状态下，对外界抵抗力和一般革兰氏阴性菌相似，通常在温度 56 ℃ 条件下 30 min 即可灭活。但是在虱粪中，即使在室温中干燥状态下也可存活很长时间。试验结果表明，附着在皮衣上虱粪中的普氏立克次体能生存一年以上，在寒冷环境下则可保存更长时间。例如，高寒地区病人旧衣上污染虱粪中的普氏立克次体可能成为斑疹伤寒的传播因素。在干燥虱粪中，立克次体的气溶胶传播更为危险。

普氏立克次体在酒精干冰中快冻，在 −76 ℃ 保存，用时快融，其毒性至少可存活 16 年。一般在实验室中，感染材料如鸡胚卵黄囊、鼠肺、豚鼠脑或稀释悬液（加有谷氨酸等）在 −30 ~ −20 ℃ 低温冰箱内可以保存数月至数年。

1. 致病性

普氏立克次体是流行性斑疹伤寒的病原体。流行性斑疹伤寒是一种急性传染病，多数患者突然发病。对人的感染剂量小，吸入一个普氏立克次体气溶胶就会发生感染。普氏立克次体很容易产生实验室感染。如果不加治疗，平均死亡率为 20%，最高可达 60%。若应用抗生素及时治疗，死亡率可小于 10%。普氏立克次体的致病性较强，即使经抗生素治疗，失能时间也可长达 3 ~ 7 周；如果不及时治疗，失能时间可长达 2 ~ 3 个月。

普氏立克次体对血管内皮细胞有特殊的亲和力，优先侵入内皮细胞后大量繁殖，细胞肿胀破裂，由此导致两种主要损害：脱屑性（增生性）损害及破坏性（栓塞性）损害。同时，普氏立克次体进入血流产生立克次体血症，也会产生由"毒素"或毒性作用所致的症状。由于一系列的血管病变，由其所处部位不同而产生一系列临床病理变化：在皮肤时产生皮疹；因血循环的扰乱，发生浸润及渗出性病变而导致充血、水肿及出血等。因此，在感染者斑疹的下皮层常可见凝固性坏死；在脑中则在神经胶肉芽肿，即斑疹伤寒结节的基部产生非化脓性脑脊髓炎，并伴随产生急性脑膜炎；沿血管病变主要位于灰质，特别是在延髓交感神经系统的神经节也产生同样的病变；心血管系统则产生间质性心肌炎、赘疣状主动脉内膜炎以及在肾、肾上腺、睾丸等处都可产生类似病变；肺部产生支气管肺炎病变而为特有的立克次体肺炎；四肢可因神经损害及大血管栓塞产生对称性坏疽或栓塞性静脉炎。

2. 传播方式

普氏立克次体以啮齿类动物为宿主，经子虱传播，主要通过衣虱或头虱粪便传染。病原体在虱粪中，干燥状态下可以生存数月不死，也可以经过气溶胶吸入或通过眼结膜、口鼻腔黏膜及皮肤破损等多种途径使人感染。

3. 主要症状

流行性斑疹伤寒的临床表现是普氏立克次体所引起的一系列病理损害的结果，主要发病机理是普氏立克次体所致的血管病变，毒素引起的毒血症及一些免疫变态反应。具体症状如下：

潜伏期一般为 10 ~ 14 天，大部分患者为一周左右。感染剂量越大，潜伏期越短。少数病例可有前驱病状如不适、头痛、头晕、畏寒、恶心及疲乏等，为期 2 ~ 3 天。发热是该病的主要症状，第一天或第二天可达 39 ~ 40 ℃。剧烈头痛是该病的特点，常限于前额或遍及整个头部，头痛具有持续性，病人常难以忍受。皮疹是本病的主要体征，见于 90% 以上的病例，在发病后 4 ~ 7 天开始出现，一般先见于躯干、上臂两侧，数小时至 1 ~ 2 天内遍及全身，严重者手掌、足心也被波及，但是面部通常无疹，下肢皮疹亦较少。皮疹为一批性出现，这点可与肠伤寒玫瑰疹分批出现相鉴别。皮疹直径为 3 ~ 5 mm，呈分散状，形态不一，有圆形、卵圆形或不规则形。初为充血性鲜红色斑疹，压之褪色。轻症者不再发展，1 ~ 2 天即退去；病情重者，发病约第 8 天皮疹发展达顶峰，呈暗红色或出血性，压之不褪色，持续 1 ~ 2 周方退去，留有棕黄色斑，可有小片脱屑；病情极重者，皮疹数目极多，常有融合，并且迅速出血，形成紫癫及瘀斑。

主要症状和体征是发热、剧烈头痛和皮疹。除此之外，还有神经、循环、呼吸、胃肠及泌尿等系统的症状和体征。在神经系统方面，病人有惊恐和兴奋表现，头痛与失眠严重，肌肉压痛显著，不可触摸。随着皮疹的出现，症状更形加剧，常有神志迟钝、谵妄、两手震颤及无意识动作，如抓空、循衣摸被等，其他如脑膜刺激征、肌肉震颤、昏迷、大小便失禁、吞咽困难、耳鸣、听力减低等也偶有所见。在循环系统方面，由于高度毒血症、免疫变态反应等，引起微循环障碍，弥漫性血管内凝血，心血管功能紊乱，脉搏增速、微弱或不规则。有中毒性心肌炎时可出现心音迟钝、心律不齐等，严重者可出现低血压、休克或心力衰竭。在呼吸系统方面有咳嗽、胸痛、呼吸增速等。在胃肠系统方面，约半数的患者脾可触及，少数患者有肝肿大。由于肾脏受损，有的出现尿少及尿毒症。

4. 防治措施

普氏立克次体疫苗有灭活疫苗和减毒活疫苗两类。其中，灭活疫苗有三种：虱肠疫苗、鸡胚疫苗和鼠肺疫苗。例如，虱肠疫苗是用显微注射法将普氏立克次体注入虱肠中，立克次体在虱肠上皮细胞内大量繁殖，将感染后虱肠内含有丰富立克次体的体虱磨碎制成悬液，加福尔马林灭活制备而成（最终浓度为 0.5%）。

针对普氏立克次体以啮齿类动物虱为宿主，经虱粪传染的方式，平时应特别注意个人卫生，避免生衣虱或头虱，切断传染源。发现感染病例后，应及时隔离治疗；对于和病人的密切接触者、家属及集体宿舍接触者，均应进行检疫，医学观察两周，且要进行普遍灭虱；病人必须经过灭虱后方可送入病房。

灭虱可用 1% 马拉硫磷粉剂、10% 滴滴涕（DDT）、1% 六氯环己烷（666）等药物。其中，马拉硫磷粉剂抗药性较小，效果较快，对虱卵也有杀灭作用，其效果可维持 3～4 周。此外，用 5%DDT 煤油溶液喷洒床垫或者床角，也有较好的灭虱、防虱效果。灭虱是疫区处理中的关键，必须彻底进行。一切接触者及可能染虱的被服均应灭虱；整个疫源地要同时开展灭虱；以疫源地为中心，逐层向外围进行灭虱；灭虱经过一周后，检查效果，必要时重复灭虱一次。

普氏立克次体对一般的化学消毒剂敏感，在 0.5% 石炭酸或 0.5% 皂酚溶液中 5 min 即可灭活；同时，也可以利用福尔马林、漂白粉等消毒剂杀灭该病原体；紫外线照射该病原体，其在数分钟内几乎完全死亡；利用煮沸消毒的方法也可以杀灭普氏立克次体病原体。

普氏立克次体对抗生素敏感，对该病的特效治疗可用氯霉素、四环素、金霉素、强力酶素等，一般用药后 48～72 h 完全退热，十几小时后症状即可减轻。氯霉素用量初剂 2 g，每日 1.5～2 g，分 3～4 次口服，热退尽后再服 1～2 天即可停药，疗程 3～6 天。四环素、金霉素、土霉素的用量与氯霉素大致相同。若病人病情危重或因呕吐无法口服时，也可用静脉滴注。对症治疗可减轻病人的痛苦及并发症，但是磺胺能促进立克次体生长，应用此类药物可能加重病情，应当避免使用。

（二）Q 热立克次体

1935 年，Derrick 在澳大利亚发现一种流行性热性病，因病原不明，称为 "Q 热"。1937 年，Burnet 与 Freeman 证实病原体为立克次体。1939 年，Derrick 为纪念 Burnet 建议命名为贝氏立克次体。因此，Q 热立克次体又称贝氏柯克斯体（Coxiella burnetii）或称滤过性立克次体（Rickettsia diaporica），为 Q 热的病原体。

Q 热立克次体的主要特点是个体较小，长度为 0.2～1.0 μm，多体态，杆菌状时最长不超过 1.6 μm。典型 Q 热立克次体电镜观察下的超微结构，其内部与其他原核型生物相似，无明显核膜，而为由细丝缠绕而成的中央致密体及外周较致密的核糖体颗粒，二者之间常出现宽度不等的透明带。Q 热立克次体含有 DNA 及 RNA，DNA 约占细胞干质量的 10%，RNA 与 DNA 之比为 1:3，这与 RNA 较不稳定、纯化过程中可能丢失有关。常用吉姆萨染色，呈紫蓝色两极浓染的小杆菌，有时也可呈球状；革兰氏染色不稳定，有时呈阴性染色；如果以含 1% 碘的酒精溶液作媒染剂，并用酒精丙酮（4:1）混合液脱色则呈革兰氏阳性染色。Q 热立克次体为专性活细胞内寄生，经常聚集在宿主细胞质中的液泡内，构成包涵体样小集落（显微空斑），有时可使液泡胀得很大，将胞核挤到边沿；它具有滤过性形态，可通过细菌滤器，其滤过液具有一定的感染性；可在吞噬—溶酶体中进行代谢生长繁殖。Q热立克次体行二等分裂增殖，生长速度很慢，繁殖一代时间为12~16 h。

Q热立克次体是立克次体及一般非芽孢类致病菌中对外界理化因子抵抗力最强的。在自然条件下，如病畜肉类、牛奶、水、毛、棉、布、沙、泥、土壤、玻璃、铁、木、纸等都有Q热立克次体污染，且可存活数周至数月不等；在土壤中存活保持毒力150天，毛制品中10个月；脱脂牛乳中室温（15~20℃）条件下可存活2年，6℃可存活4年；经过处理后，如在病畜器官中用中性甘油保存，感染血液用消毒凡士林封存，则可以保持毒力约2年。

1. 致病性

Q热立克次体在自然界中分布广泛，家畜与蜱为天然宿主，兔、猫、狗和啮齿类动物以及鸟类也可感染。感染剂量呼吸道吸入一个即可发病，经皮肤、胃肠道感染量不同。Q热立克次体的致病特点：炎性浸润常伴发组织细胞增生，形成数量不定的肉芽肿。部分病人形成肺炎、肝炎或心内膜炎，从而转为慢性迁延性疾病。此病原体易于大量生产，稳定性好，不易诊断检验，疫苗副作用大，可致局部肉芽肿、肝坏死等，而且可能人工产生继发性疫源地，因而被视为比较理想的生物战剂。

2. 传播方式

Q热立克次体有多种传播途径，可以通过吸入、食入、接触、污染物传递及昆虫叮刺等引起感染，最常见而又最重要的是通过气溶胶经呼吸道途径感染。在所有Q热病例中，因为吸入Q热立克次体气溶胶引起的感染占90%~95%。原因是，虽然蜱是Q热立克次体的储存宿主和传播媒介，但是蜱传人的机会小得多，人的Q热主要是通过气溶胶感染。在自然界中，感染了Q热的家畜在产仔时，其胎盘或阴道分泌物内含有大量立克次体，受到污染的空气、土壤等可产生大量的感染性气溶胶，从而引起大规模的空气传播的Q热流行。

3. 主要症状

Q热是一种急性传染病，有多样的症状和临床型别，有时难与其他发热性传染病相鉴别。最常见的是急性发作，发热，伴有头痛、寒战、出汗、全身衰弱和肌痛等，呼吸、心血管、消化系统等常被累及。

（1）潜伏期3~30天，一般为2~4周，平均为18~21天；凡是通过空气途径而发生实验室内感染的病例，其潜伏期通常为11~13天。

（2）发热是最常见的症状，2~3天体温可达39~40℃；一般在3~4天之后温度逐渐下降。急性发热常为5~15天，慢性可能迁延数月。

（3）神经系统方面最突出的症状是头痛，剧烈而持续是其特点，以额部头痛较为常见。此外，有眼眶后痛、肌痛、神经根尖和多发性神经炎，有时有脑膜刺激症状。

（4）呼吸系统方面常见是肺炎与气管炎，Q热间质性肺炎的发生率很高，占全部病例的30%~80%。

（5）消化系统方面有将近半数患者主诉有恶心、呕吐，有的有上腹部疼痛，便秘。

（6）心血管系统方面一般无临床症状，严重病例可能有高血压或低血压，有的报告有心内膜炎、心肌炎、心包炎及瓣膜病变，特别是有侵犯主动脉瓣膜的倾向，并且从主动脉瓣膜的赘生物中分离到Q热立克次体。

（7）其他症状可能还包括全身虚弱、不适、失眠和食欲减退等。

4. 防治措施

防治Q热的基本原则是综合性的，即同时对流行过程的所有环节采取措施。

家畜是人Q热的主要传染源，要查明当地的Q热自然疫源地，消灭蜱及可能携带立克次体的动物，控制家畜接触自然疫源地，并给予预防接种。家畜出现流产、早产、胎盘滞留以及疑似Q热临床症状时，则应隔离，并进行血清学检查。病畜下仔场所和有关物品要进行即时消毒，对胎盘、胎膜或死胎必须烧掉或深埋，防止被狗或其他动物吃掉或感染。无Q热地区，要防止病畜自Q热流行区输入，一旦怀疑是疫畜，应检疫30天，并进行血清学检查，阳性者应看作潜在传染源，采取相应的措施。鉴于该病是一种自然疫源性疾病，在疫区内除进行灭蜱及消灭野生动物外，还应当会同兽医部门对家畜进行检疫，并观察发病情况，采取相应的措施。

针对传播途径，首先要防止吸入含有Q热立克次体的继发性气溶胶引起的感染。从Q热流行区运来的毛、绒、皮等畜产品，必须用双层包装运到加工工厂，这些原料应经过福尔马林蒸气或环氧乙烷消毒处理。加工畜产品的单位，根据具体情况采取预防措施，如屠宰场主要是场地消毒，肉类加工厂等应做到出厂产品无害化，工作人员要注意个人防护（穿工作服、鞋、戴手套）等。在毛纺厂、制革厂、炼油厂等主要是通风问题及个人防护（戴口罩）。从事Q热立克次体研究的实验室，必须有合乎要求的设备，有严格的操作规程。

在药物预防方面，广谱抗生素是Q热的特效预防药。在潜伏期后期开始给以治疗剂量及疗程相似的药物者，可防止发病，或延长其潜伏期。服法：四环素类口服每日4次，首剂0.5g，以后每次0.25 g，服用5~7天。红霉素每6 h静脉注射500 mg，48 h后可使病情大为改善。然而，抗生素的治疗作用仅为抑制而非杀死立克次体，且因立克次体寄生于人体细胞内，可部分地影响血液中抗体及抗生素的作用，因而可能使体内保持长期新鲜感染，在体温降至正常后，仍需给药数日（每日 1~2 g）以防复发。对 Q 热亚急性心内膜炎病人，除使用四环素等治疗外，需要结合瓣膜手术治疗。在免疫预防方面，疫苗接种作为 Q 热的特异性预防有重要价值；在潜伏期内接种疫苗有紧急预防作用，经呼吸道感染后 24 h 皮下接种 Q 热疫苗 1 mL，可保护大部分受感染者不发病。目前，常用的是鸡胚疫苗，皮下注射三次，分别为0.25 mL、0.5 mL 和1.0 mL，每次间隔一周，有效期约一年。

因人与人之间传播 Q 热的可能性非常小，因而 Q 热病人不需要隔离，其接触者也无须检疫。但是，对于病人的痰、排泄物及被污染的用具等，应该利用漂白粉、84 消毒液、双氧水或过氧乙酸消毒剂等进行消毒；其他感染物品也可用多聚甲醛熏蒸消毒，或在温度 121 ℃ 条件下加热 30 min，或利用 γ 射线也可以杀死该菌。

（三）立氏立克次体

立氏立克次体于 1906 年首先被发现，是立克次体属斑点热群的一个种，是引发落基山斑点热的病原体。该病是一种由蜱传播的急性传染病，最早发现于美国落基山以西的苦根谷。主要症状为发热、全身疼痛和广泛的出血性皮疹，曾有"黑色麻疹"之称。由于症状十分严重，约75% 的病人死亡，当地居民对之十分恐惧。1930 年以后，在美国东部以及巴西、加拿大、哥伦比亚、墨西哥和巴拿马等地又相继证实了有本病的自然疫源地，虽然还有继续扩展的趋势，但是目前仍只限于南美洲和北美洲。

立氏立克次体是原核型专性细胞内寄生的单细胞微生物，没有界限分明的细胞核；多形态而以球杆菌形为主，大小为 0.3 μm × 1.2 μm ~ 0.6 μm × 2.0 μm，在细胞培养晚期可呈细长链状排列，是革兰氏阴性菌，通常革兰氏染色效果不好。利用吉姆萨染色时，立克次体呈紫色，背景为蓝色。利用马氏染色及其改良的吉姆内茨染色时，立克次体呈红色。立氏立克次体的代谢方式基本和普氏立克次体相同。除了豚鼠、鸡胚和蜱以外，立氏立克次体还可在多种细胞中繁殖。在鸡胚和 L 细胞培养后，每克卵黄囊膜和 L 细胞中可分别含 5.0×10^8 和 2.5×10^{10} 立克次体，后者高于前者 50 倍。经蔗糖密度梯度区带离心后，每毫克最终产物（干重）约含 10^{10} 立克次体，纯度很高，几乎没有其他物质。

立氏立克次体对外界不良环境的抵抗力较低。在潮湿条件下，50 ℃ 只能存活数分钟；在干燥条件下，在室温可存活数小时。感染的脏器储存于密封容器内的甘油中，−70 ℃ 下可保存一年以上；真空干燥后，4 ℃ 可保持毒力至少 4 年。用缓冲的蔗糖谷氨酸盐培养基的培养物，经过低压冻干，在液氮下密封，放置 5 ℃保存可以存活多年。

1. 致病性

立氏立克次体是引起落基山斑点热的病原体，致病能力强。所有人群高度易感，病死率高。在 27 ℃的条件下，微生物引起的实验室感染中病死率居首位。至今尚无理想的疫苗可有效保护强毒株的攻击。因此，早在 1947 年 Rosebury 就曾把它列入生物战剂，以后的各种有关介绍生物武器的文献，包括 1970 年世界卫生组织顾问委员会关于"化学和生物武器的报告"，也都把它列入生物战剂中。

立克次体无论经皮肤或肺组织进入机体都首先侵入毛细血管内皮细胞，继而向心脏扩展至小静脉和小动脉。除了内皮细胞以外，病变还可累及血管壁中层的平滑肌细胞，血管周围的炎症浸润较不明显，这是立氏立克次体感染区别于普氏立克次体感染的一个重要病变特征。立克次体从细胞释放的方式二者也有区别：前者可不断地从细胞中释放，沿血管壁侵入相邻的内皮细胞，扩大病变范围；后者则仅在细胞内聚集大量立克次体后，细胞破裂时，立克次体才从细胞中释放出来。立氏立克次体感染细胞后，细胞病变出现很快，而立克次体本身则无明显的形态学变化。感染细胞的超微结构变化主要是粗面内质网扩大。

2. 传播方式

蜱既是传播媒介又是储存宿主。小哺乳动物与幼稚蜱在维持立克次体方面在自然界中起重要作用，成蜱和狗在使人感染上扮演重要的角色，该病的发病率及规律取决于与媒介蜱接触的机会和蜱的活动规律。立氏立克次体在外界的抵抗力不强，在干燥的蜱粪中很快失去传染性。因此，在自然条件下，通过气溶胶感染的可能性不大。

在自然情况下，人感染立氏立克次体的主要途径是通过蜱的叮咬，蜱通常需要叮咬 10 h 以上才能导致感染，因为蜱吸血后体内呈无毒状态的立克次体才恢复毒力，即"再活化"。由于媒介蜱常常边吸血边排便，蜱粪中又带有大量立克次体，因此接触新鲜的蜱粪或碾碎蜱时，立克次体都可从皮肤破损处或由于污染眼结膜而进入人体。除可经蜱叮咬传播外，在实验室曾多次发生气溶胶感染事件。

3. 主要症状

落基山斑点热的症状与其他斑点热不同，蜱叮咬的部位不产生特异性初疮、溃疡及焦痂。当蜱脱落后几天，就不易找到叮咬的部位。起病急，疾病初期的症状和许多急性传染病相似。具体症状如下：

（1）潜伏期 2~14 天，平均一周。潜伏期短，常常是病情严重的指征。起病较缓的前驱症状持续 1~3 天，如食欲不振，易激动、疲劳，时有寒冷等。

（2）几乎 100% 的患者都有发热，通常 1~2 天内即达 39~40 ℃，重症患者可持续 2~3 周。体温超过 40.5 ℃ 为预后不良的标志，但是有些病例体温不高，因虚脱而死亡。恢复一般在第三周随着病势减轻体温逐渐下降，3~4 天内降至正常。除有并发症者外，再次发热者很少见。

（3）约 90% 的患者有头痛。疼痛可累及整个头部，但常以额部最剧烈。未经治疗的，可持续 1~2 周。

（4）皮肤损伤 90% 以上的病人有皮疹，通常出现在发热的第 4 天，有时在出现皮疹前皮肤先有斑状变色。大多数病人的皮疹首先见于腕、踝、手掌、脚底和前臂，很快即向心发展至腋窝、臀部、躯干、颈部和面部，有时累及口腔、软腭和咽部的黏膜。偶尔可见先出现于躯干再离心扩展至四肢者。起病时为粉红色斑疹，2~6 mm，边缘不整齐，压之褪色；2~3 天后变为斑丘疹，呈深红色。约 60% 的病例大约在第 4 天变成紫色出血疹，压之不褪色。皮疹一般随体温下降而逐渐消失，但原有皮疹处仍留下变色斑点数周至数月，皮肤温度改变时更加明显。

（5）消化系统方面少许病例以恶心、呕吐、腹痛为主，严重的病例有血便或吐带血的内容物，有的有明显的右下腹疼痛并有压痛、白血球增多等症状。

（6）神经系统方面主要是头痛、烦躁不安、失眠，常有脑膜刺激症状及皮肤感觉过敏，轻轻触摸即可引起疼痛。重症患者可发生谵妄、昏迷、惊厥性发作和偏瘫。有的出现精神错乱。还有的因进入膀胱的运动神经麻痹而导致弛缓性神经性膀胱，不能小便。

（7）其他方面可能还会出现畏光、结合膜或视网膜有出血点、虹膜炎、角膜溃疡眼痛等症状并可持续较长时间，口腔炎、咽部黏膜、软腭及齿龈溃疡，扁桃腺肿大；肌肉痛、白细胞轻度增加等。

4. 防治措施

无本病的自然疫地，平时不需要采取任何措施。生物袭击条件下，如发现可疑病人，立即给以抗生素治疗。常用的治疗药物是氯霉素及四环素类广谱抗生素，抗生素的应用可降低死亡率。常用的是氯霉素和四环素类抗生素，其作用机理是抑制立克次体的生长。成人的首次剂量为 1 g，以后每隔 4~6 h 服 0.5 g。一般在服药后 24~48 h 头痛及其他中毒症状减轻，3~4 天即退热。如在皮疹出现后马上给药，则 2~3 天可消退。退烧后 1~2 天即可停药。用抗生素治疗应注意复发，曾从治愈后数月至数年的病人的淋巴样组织中分离出该病病原体。

在污染区内进行流行病学监察，做到早期诊断、早期治疗，减少死亡，并及时向有关部门报告疫情；应在污染区内可能有蜱生存的环境中采用药物灭蜱。因为病人和健康人之间只能通过蜱叮咬而传染，故病人不需要隔离，对接触者也不需要采取检疫等措施。

若遭受该病原体生物袭击，进入污染区的人应着长筒靴、连衣裤，并在衣服上喷洒驱虫剂；如袭击者撒布气溶胶，进入污染区时应穿防护服并戴手套、口罩和眼镜；离开后，检查全身有无蜱附着或叮咬。因蜱需叮咬几小时才能引起发病，如果及时清除附着的蜱则可防止发病。例如，已经被蜱叮咬，应尽快用镊子轻轻将蜱取下，并利用医用消毒液进行局部消毒。立氏立克次体对外界理化因素的抵抗力较弱，很容易被热及化学剂灭活。针对其他污染物，使用0.1%甲醛溶液、漂白粉等消毒24 h内即可使其失去感染性。

第六节　衣原体类生物战剂

衣原体是一类个体微小、严格的细胞内寄生，并且具有独特生殖周期的原核细胞型微生物。它含有DNA和RNA，以二等分裂方式繁殖。有类似于革兰氏阴性菌的细胞壁，对多种抗菌药物敏感。

一、生物学特性

（一）形态结构

衣原体在发育的不同阶段可观察到原体和网状体两种形态。原体是成熟的、有感染性的、可在宿主细胞外存活的形态；为球形，形态较小，直径0.2~0.4 μm；外周包有坚韧的细胞壁，内部有致密的核质和少量的核糖体。当衣原体吸附于易感细胞表面受体后，能通过类似于吞噬作用的过程进入细胞内，形成有宿主细胞膜包围的吞噬体（空泡）。吞噬体中的原体几乎立即失去感染性，个体由小变大，核质由致密变疏松，核糖体数目增多，细胞壁变薄并富有弹性，开始变为网状体。网状体由原体演变而来，无感染性，是衣原体在宿主细胞中的增殖方式；球形或卵原形，直径0.6~1.5 μm，无致密的类核结构，呈纤维的网状结构；RNA含量高，代谢活跃，并以二等分裂方式增殖；增殖的结果是空泡内有大量的网状体生成，由此形成的微小集落称为包涵体。约在感染20 h后，一些网状体开始浓缩、成熟并演化成有感染性的子代原体，但是大多数网状体继续增殖并不断演化成原体。因此，在增殖不同阶段，包涵体内的网状体和原体的比例可有很大的不同。经48~72 h，空泡溶解，细胞膜破裂，释放出原体，原体又感染另一宿主细胞，进入新一轮增殖周期。

衣原体的细胞结构近似于革兰氏阴性菌，但是革兰氏染色不易着色，常用吉姆萨和马氏染色法，原体呈红色，始体呈蓝色。

(二) 培养特性

衣原体具有核糖体和某些代谢酶类，能进行有限的代谢活动，但是缺少能量产生系统，只有利用宿主细胞产生的 ATP 才能进行生物合成，因此称为能量寄生性微生物。衣原体属于严格的细胞类寄生性微生物，生物合成的某些前体物质也需要由宿主细胞提供。培养衣原体可用鸡胚卵黄囊，但是近年多用细胞培养法。

(三) 抵抗力

衣原体对温度的耐受性和其所适应的宿主体温有关，在体温较高的禽类中生长的衣原体比较耐热；衣原体对热敏感，$56 \sim 60\ ℃$ 仅能存活 $5 \sim 10\ min$；对利福平、四环素、红霉素均敏感。

(四) 致病性

衣原体的致病性较强，但往往对外界环境的抵抗力较弱，进而在一定程度上限制了其致病性能。

二、典型病原体

目前，可能作为生物战剂的衣原体为鹦鹉热衣原体。鹦鹉热衣原体是理想的生物战剂之一，其特点是感染剂量小，传染性强，少量病原体就可使密集人群发病；病程发展快，重症可以致死，轻症恢复相当缓慢。

鹦鹉热衣原体呈球形，平均直径 $0.35\ \mu m$，麦氏染色呈红色；电镜下呈新月形，电子核心致密，外有双层膜包裹，内膜不规则；包膜外有管状凸起穿入细胞膜至浆膜，突起切片中空。鹦鹉热衣原体的增殖通过复杂的繁殖周期，周期的长短随不同株在不同细胞及不同环境温度而异，一般为 $1.5 \sim 2.5$ 天。鹦鹉热衣原体对环境的抵抗力较强，在鸟类中衣原体比较耐热，在低温下（$-20\ ℃$ 以下）可以保持存活一年以上；在冰库中冻存数年的禽类组织中仍能分离到衣原体；在禽类干燥的粪便和草窝中，衣原体可存活数月之久。

1. 致病性

鹦鹉热衣原体可以感染各种哺乳动物并引发各种临床表现。流行病学调查表明此病在世界分布很广，一些国家也存在此病。在没有发明抗生素以前，在暴发流行中病死率可高达20%~40%。目前，病死率已可降至1%以下，而且大多数死亡病例为老人。职业性接触如家畜饲养场、屠宰场的工人，特别是去羽毛及清除内脏的工人，感染率最高。

2. 传播途径

鹦鹉热的传播主要通过密切接触排衣原体的动物或人，也可由于吸入带衣原体的排泄物而发生感染。鸟类间的自然传播可以通过水平及垂直方式，感染鸟类的衣原体存在于呼吸道分泌物中，也可以随鸟粪排出；雏鸟对衣原体特别敏感，容易在巢中受感染。平时，要注意养鸟人群；战时，要注意信鸽的接触者。

3. 主要症状

人被鹦鹉热衣原体感染的表现差别很大，可以是亚临床的隐性感染，仅在作血清学检查时才能发现；临床感染症状可以轻如感冒，有的则中毒症状极重甚至可致死。

（1）潜伏期一般为7~15天。常急性发病，发冷、喉痛、头痛、全身不适，体温升至38℃左右，在1~2天内迅速上升至39℃，甚至达40℃，初发症状很像流感。少数病例呈逐渐发作。

（2）第一周内仅有不同程度的头痛，如轻症感冒；随即病情进展，病人出现不安，也有失眠或谵妄者，严重病例可出现昏迷。

（3）典型的临床表现为肺炎，病人有干咳，少量枯液性痰，有时带锈色，个别病例有胸痛。

（4）毒素引起的毒血症可使病人恶心呕吐、腹痛腹泻，甚至出现黄疸、少尿；由于毒素累及血管内皮细胞，可以有鼻出血及皮肤上小红点出现。

（5）在严重病例心血管及中枢神经系统可受累，表现为心内膜炎、心肌炎、心包炎、脑膜炎及脑炎等的症状。病人出现脉速、休克等症状，具有多叶肺受累及白细胞减少等是预后不良的先兆；严重病人经7~10天体温下降，其他症状也逐渐消退，但是常要拖延数周或数月才可完全恢复正常。

综上所述，当病人具有高热、缓脉、严重头痛、肺泡及间质混合型肺炎表现，而白细胞正常，与鸟类有接触史时，临床可以初诊为鹦鹉热或鸟疫。

4. 防治措施

鹦鹉热的传染及传播与鸟类有密切关系。因此，首要的预防措施是严格管理鸟类和密切监视可能成为传染源的家禽饲养场和屠宰场，严格控制鸟类进口，进口时需要先经检疫35天。发现感染的禽鸟，如果为一般性的鸟类，因难以彻底治疗，宜立即将其掩埋处理。如果为名贵鸟类，则予隔离治疗，可使其口服或对其肌肉注射金霉素或四环素（15~30 mg/鸟），并彻底消毒污染场所。使动物园鸟房及家禽饲养场中空气流通，以提供良好的卫生条件；屠宰家禽时不宜手拔羽毛及随便乱扔内脏。开展宣传教育，要求群众不给鸟类对口喂食，不要随便接触可疑病鸟及死鸟。

出现鹦鹉热病人，主要是有肺炎症状者，应立即予以隔离。医护人员进入隔离室时要戴好口罩，离开时必须用消毒水洗手。病人在咳嗽及喷嚏时尽量使用纸巾，以避免带有衣原体的分泌物喷出。病人的痰及呼吸道分泌物要作为严重感染材料予以处理。密切接触病人者宜服四环素预防，最近报告用强力霉素（Doxycycline，100 mg/天，连服 10 天）有明显的预防作用。

鹦鹉热衣原体对紫外线和消毒剂均敏感。利用紫外线照射，可使其在 3 min 内迅速灭活；经过超声波作用 1 h，将使几乎半数鹦鹉热衣原体变性；将该病原体在室温下浸泡在甘油、乙醚、乙醇溶液中 30 min 内，可使其破坏；使用 0.1% 福尔马林、0.5% 石炭酸以及 3% 来苏儿消毒，作用 24 ~ 36 h 可将其彻底杀死。

轻症病人卧床休息就会自行恢复，要求病人多喝水或饮料。特效治疗是采用广谱抗生素，常用的有四环素及土霉素，剂量为口服 0.25 ~ 0.50 g，每天 4 次，重症病人可用静脉注射，每 12 h 剂量为 0.50 ~ 0.75 g；治疗至少连续10 天，有建议用药 21 天，短期用药常会出现复发。为减少形成带菌状态，也有采用间歇疗法；连服 5 天，停药 5 ~ 7 天，反复给药 2 ~ 3 次。利福霉素（Rifamycin）能抑制核酸合成，对衣原体也有较强作用，已发现对鹦鹉热亚急性心内膜炎有明显疗效。对于重症病人，要适量输液及注意调整低氧血症。

第七节　生物毒素类生物战剂

目前，毒素能符合生物战剂使用条件的种类不多，但随着遗传工程和分子生物学的发展，越来越多的毒素成为潜在的生物战剂。所以，必须对毒素的生物学特性、致病性有所认识。生物毒素根据其来源可以分为动物毒素、植物毒素、细菌外毒素和细菌内毒素等，其中以细菌外毒素应用最为广泛。本节主要介绍细菌外毒素。

一、生物学特性

（一）形态结构

大部分细菌外毒素的分子结构由 A 和 B 两个亚基构成。B 亚基能与敏感细胞膜上特异性受体结合，决定毒素对机体细胞的选择亲和性；A 亚基则在 B 亚基的协助下，进入靶细胞发挥其毒性或其他活性，决定毒素对机体的致病特点和作用方式。有些细菌外毒素由单独合成的 A 亚基和 B 亚基组成 A – B 结构，如霍乱肠毒素和产毒素性大肠杆菌产生不耐热的肠毒素；有些外毒素为单一多肽链，在二硫键连接处可被蛋白酶裂解为 A、B 片段（或 L 链、H 链），如白喉外毒素、破伤风痉挛毒素、肉毒毒素和葡萄球菌肠毒素等。

（二）培养特性

外毒素是细菌生长繁殖过程中产生的一般能分泌到菌体外的毒素，其化学组成为蛋白质。产生外毒素的细菌主要为革兰氏阳性菌，如金黄葡萄球菌产生肠毒素、乙型溶血性链球菌产生红疹毒素、白喉杆菌产生白喉外毒素，如霍乱弧菌产生的霍乱肠毒素、鼠疫杆菌产生的鼠毒素以及大肠杆菌产生的肠毒素等。但是，有的外毒素则存在于菌体细胞内，只有当细菌细胞破裂后才释放到胞外，如产毒素性大肠杆菌和志贺氏痢疾杆菌外毒素；另一类外毒素如肉毒毒素，并非由生活的肉毒杆菌直接释放，而是在细胞内先产生无毒的前体毒素，待细菌死亡自溶后游离出来，经肠道内的胰蛋白酶或细菌产生的蛋白酶激活后才具毒性。

（三）抵抗力

外毒素的化学组成多数为蛋白质，性质不稳定、不耐热，易被热、酸和蛋白酶所破坏。但是，少数外毒素性质稳定，如葡萄球菌肠毒素能耐热，在温度 100 ℃ 条件下可存活 5 h 之久，并能抵抗胰蛋白酶的破坏作用。外毒素的抗原性很强，外毒素经 0.4% 甲醛处理，可脱毒而保持抗原性成为类毒素。类毒素可刺激机体产生具有中和外毒素作用的抗毒素，因此可用于人工自动免疫。

（四）致病性

外毒素毒性作用强，如肉毒毒素是目前已知的化学毒性和生物毒素毒性最强的毒素。毒性比氰化钾（KCN）强 1 万倍，纯化结晶的肉毒毒素 1 mg 能杀死 20 000 万只小鼠，对人的致死剂量为 0.1 μg。不同的外毒素对机体组织的毒性作用有高度的选择性，引起特殊的病变。

根据外毒素对宿主细胞的亲和性及作用方式，可将其分成 4 类，即肠毒素、细胞毒素、神经毒素和溶细胞毒素。

1. 肠毒素

产生肠毒素的革兰氏阳性菌有金黄色葡萄球菌、艰难梭状芽孢杆菌、产气荚膜杆菌和蜡样芽孢杆菌等。肠毒素与受体的结合非常牢固，对肠上皮细胞的活化非常剧烈，可使细胞分泌功能突然增强，最终导致腹泻中和症。

2. 细胞毒素

此类毒素能抑制细胞蛋白质的合成，如白喉外毒素、志贺氏毒素和绿脓杆菌外毒素 A 等。上述毒素作用于细胞蛋白质合成的不同环节，继而引起组织坏死和病变。

3. 神经毒素

此类毒素能作用于中枢神经系统和外周神经，使兴奋性极度增高以致肌肉痉挛，或使神经冲动无法传递而出现麻痹，主要有破伤风痉挛毒素和肉毒毒素。

4. 溶细胞毒素

此类毒素多数为革兰氏阳性菌所产生，如产气荚膜杆菌的 α 毒素、金黄色葡萄球菌的 β 溶血毒素、链球菌溶血毒素、破伤风杆菌溶血毒素、绿脓杆菌溶血毒素等；少数革兰氏阴性菌也能产生此类毒素，如大肠杆菌溶血毒素、蜡样芽孢杆菌的溶细胞毒素等。溶细胞毒素的主要作用部位是敏感细胞的膜质成分，通过不同机制，导致细胞裂解。

二、典型病原体

（一）肉毒毒素

肉毒杆菌毒素是肉毒杆菌产生的蛋白质毒素，也是神经毒素。该毒素一旦作用于神经肌肉接头的特殊感受器时，首先阻碍乙酰胆碱的正常释放，影响副交感神经系统和其他胆碱能神经支配的生理功能，引起肌肉弛缓，使病人死于呼吸麻痹。肉毒杆菌毒素中毒简称肉毒症（botulism），是一种严重的食物中毒症。Van Ermengm 从引起食物中毒的火腿中分离出肉毒杆菌；Leuchs 等进一步证明了肉毒毒素并制备出抗毒素血清。一些学者根据肉毒毒素和抗毒素的特异性中和试验，陆续发现了产生 A、B、C、D、E、F、G 型毒素的肉毒杆菌。引起人类中毒的肉毒毒素主要是 A、B、E 三种类型，F 型和 G 型的病例很少；C 型和 D 型引起禽、畜的中毒，C 型对人的致病性没有被确认，D 型毒素及其细菌是在引起人中毒的火腿中被证明的。A 型肉毒杆菌纯毒素是天然和合成的毒物中毒力最强的，容易大量培养和提纯。A 型肉毒毒素曾被作为生物武器储存。

肉毒毒素是活性蛋白质，在酸性条件下稳定，在 0.5% ~ 1.0% 浓度的盐酸中 35 h 不破坏。一般粗制 A 型毒素在 pH = 7.0 以上时，迅速灭活，特别是稀释毒素；在 pH = 7.0 和 37 ℃ 水浴中 1 h 可破坏 50% 以上。纯毒素较粗毒素对碱的耐受性强，当 pH = 11 以上时 3 min 可灭活。各型肉毒毒素对高温抵抗力弱，A、B、E 三种类型毒素在 70 ℃，而 C、G 型毒素在 90 ℃条件下时均可在 2 min 内完全破坏。在低温条件下比较稳定，A、B 型毒素在 pH=6.0 以下而 E、C、D 型毒素在 pH=7.0 以下于 4 ℃冰箱保存半年，其毒力不会改变。

1. 致病性

A 型毒素吸入 0.2 μg 可致人死亡。人对 A 型肉毒杆菌毒素经口的致死剂量比化学神经毒沙林强 140 倍，经呼吸道强 500 倍。其致病机理为：毒素首先与细胞表面受体结合；然后由受体介导毒素轻链进入细胞；一旦进入（神经元）胞内，毒素轻链则水解成活性物质抑制神经传递物的释放；在神经肌肉水平上，肉毒中毒可致肌肉软瘫。

2. 传播途径

自然感染途径为食入污染食品感染，而实验室可经口、皮肤、眼和呼吸道感染。人肉毒毒素中毒无传染性。

3. 主要症状

国外报道，肉毒毒素中毒的潜伏期短较，一般为 2 h，长至 8 天，大多数为 12~36 h。中国新疆地区是 A 型和 B 型中毒的高发区，以一个医院积累的 300 个病例统计潜伏期最短为 6 h，最长 60 天，平均 6.9 天，2~10 天的占 80%。其他地区 A、B 型中毒最短 2 h，最长 10 天。吉林省 13 例 E 型肉毒中毒的报告最短潜伏期为 93 h，最长 15 天。

一般食入感染食品 12~72 h 后开始发病，症状主要为恶心、呕吐、不适、头昏、周身无力、视觉错乱（视觉模糊、扭曲、怕光、瞳孔异常扩张）；继续发展，则出现舌干燥，说话和吞咽困难，便秘、尿滞留和可能呼吸困难或瘫痪。A 型肉毒毒素气溶胶对人吸入的致死剂量为 0.3 μg，LCt_{50} 为 0.1~0.5 mg·min/m² 后一般 3~36 h 发病，症状同上。以较慢的发病为特征，症状可能以咽喉干燥、吞咽困难、言语不清、视觉模糊或扭曲开始，严重的未治疗者会呼吸瘫痪并死亡。急性中毒的便秘和易疲劳的恢复需数周至数月。肉毒中毒的死亡病例多发生在中毒后 8 天以内，能存活 10 天以上者多趋于痊愈。本病愈后无后遗症。E 型肉毒中毒的症状基本和 A、B 型相同，但三者又有些差别，如口干、口渴 E 型最明显，B 型次之，A 型最轻；B 型患者以近视力模糊为主，A 型患者以远视力模糊为主。

4. 防治措施

本病无传染性，收容治疗病人无须隔离。对人预防肉毒中毒的有效方法是将食品加热到 100 ℃以后再吃。当受肉毒毒素气溶胶袭击时，立即戴口罩或防毒面具；在肉毒毒素严重污染地区，人员或车辆通过能造成再生性气溶胶导致吸入中毒，也必须做好个人防护。操作肉毒毒素需在二级生物安全柜内进行，应预防气溶胶的产生，当操作毒素干粉或结晶时应用二级生物安全柜或相应的防护实验室。从事肉毒毒素工作的人应进行预防接种，了解有关知识。

物体表面沾染的肉毒毒素可用 1% 的氢氧化钠擦拭消毒。地面可用漂白粉按一般生物战剂要求的用量消毒。饮用水可用含氯消毒法处理，5×10^{-3}‰有效氯溶液可消除每升溶液中含 2 500 个小鼠致死量的毒素，毒素浓度高时应用加热消毒法。具体方法：如用 1% 氢氧化钠（NaOH）或 1% 次氯酸钠（NaClO）1 h 即可灭活肉毒毒素；煮沸 15 min 或在 80 ℃ 条件下 30 min 也可以灭活；太阳光直晒数小时或在空气中 12 h 也可以灭活。肉毒毒素极易为氧化剂所破坏，如漂白粉、溴、碘、过锰酸钾等消毒效力极好，可用氯（3 ～ 5 mg/L）消除饮水中的 A 型毒素，用 1% 高锰酸钾（$KMnO_4$）作物体表面沾染肉毒毒素的消毒剂。

治疗可分为特异疗法和支持疗法两大类。特异疗法是使用特异的抗毒素。抗毒素使用的时机越早治疗效果越好。应用抗毒素治疗，要注意做皮肤过敏试验和对用抗毒素后少数人的血清病处理。支持疗效是特异治疗的辅助措施，在没有抗毒素、中毒剂量不大的情况下，正确运用支持疗法，治愈率也可达 80% 以上。一般支持疗法为绝对卧床，输液，给予大剂量的维生素 B 复合物。气管切开的适应症是一般吸痰方法不能排痰，可能导致窒息；如已出现高度的呼吸困难或窒息时，应当使用电呼吸器或使用一般方法坚持做人工呼吸，到恢复自主呼吸为止。有明显呼吸困难者不宜用镇静剂，使用高压氧舱可缩短治愈期。

（二）葡萄球菌肠毒素

金黄色葡萄球菌肠毒素由金黄色葡萄球菌产生。金黄色葡萄球菌（Staphylococcus aureus）是人体常见微生物，可以引起脓疱性痤疮、疖子、脓肿等化脓性疾病。在米饭、牛奶等食品和一些适于保存食物的介质中，如盐腌的火腿中，金黄色葡萄球菌可以生长并产生引起食物中毒的外毒素，称为葡萄球菌肠毒素（简称葡肠毒素）。此外，金黄色葡萄球菌在人体中引起感染后也可能产生肠毒素，引起中毒。葡萄球菌肠毒素最常污染的食物为烘烤制品、非经巴氏消毒的奶制品、放在冰箱中的部分烧制品等。发生葡萄球菌肠毒素食物中毒的过程有三个主要因素：食物中有足够产生肠毒素的金黄色葡萄球菌的污染；受污染的食物一定是在室温或更高的温度下存放 12 h 以上；食物必须是生长葡萄球菌较好的培养基。同时，因为葡肠毒素不一定经口引起中毒，瑞典国际和平研究所《化学、生物战问题》和世界卫生组织顾问组都将葡萄球菌肠毒素列为"非刺激性失能化学战剂"；B 型葡萄球菌肠毒素在生物学方面的研究证明它可以用气溶胶形式散布，通过呼吸道使人中毒。

葡萄球菌肠毒素至少有 8 个血清型。其中，A 型肠毒素在牛肉汁培养基（pH=6.2）中，加热 121 ℃需要 37 min 才使之灭活；但在 0.15M 磷酸盐缓冲液中（pH=7.2），加热 121 ℃在 10 min 内即可使之灭活。肠毒素浓度越高，加热灭活用的时间也越长，5 μg/mL A 型肠毒素用 27 min，而 20 μg/mL 则需要 37 min。B 型相对分子质量为 28 000，是水溶性的单一多肽链，含有一个二硫键；B 型以干粉保存于 4~7 ℃或液体状态下 3 ℃冷藏可保存活性，对酶（胰岛素、糜蛋白酶、木瓜蛋白酶和肾素）和热（煮沸 30 min）有一定抵抗力，反复冻融或室温放置可使之失活。

1. 致病性

毒素激活内脏的受体，通过神经刺激大脑的呕吐中枢。葡萄球菌肠毒素 B 为超抗原，所谓超抗原就是不依据 A-B 模型而通过刺激 T 细胞起作用的毒素。受刺激的 T 细胞分泌大量 IL-2，可以引起一些症状（恶心、呕吐）和刺激其他免疫细胞，通过这种方式毒素的作用与其宿主免疫系统相互作用相关。食入 500 ng/kg 葡萄球菌肠毒素可引起呕吐与腹泻，但是目前对人类的致死量尚不明确。

2. 传播方式

自然传播方式主要为经口传染，而实验室感染者常经口或呼吸道传染。葡萄球菌肠毒素还可通过眼睛感染而导致结膜炎。

3. 主要症状

吞入被葡萄球菌肠毒素污染的食物之后，2~6 h 内可以引起呕吐、腹泻，这是葡肠毒素中毒的特征，还伴随有多涎、恶心、干呕、痉挛性腹痛。重症患者可能还有明显虚脱，包括血压降低；可能有发热或体温低于正常；粪便和呕吐物中可能含有黏液或血。吸入毒素后一般 3~12 h 发病，开始为突发高热、寒战、头痛、肌痛、咳嗽，并可发展成气短和胸痛，重者可能出现肺水肿和成人呼吸窘迫综合征，发热可持续 2~5 天，咳嗽可持续 4 周。

4. 防治措施

建议除在加工和食用时可以将食物拿出来外，将易于生长细菌的食物始终放在冰箱中存放；对冷冻要求快速使全部食物里外都得到降温，可能预防大部分葡萄球菌肠毒素食物中毒。如果已产生大量肠毒素，即使冷冻也不能破坏其活性。如果没有冷冻条件，主要是在制备食物之时，注意不要使食物受到污染。具体措施包括：食品加工工人应保持清洁，操作时应穿工作服、戴口罩、帽子和手套；平时教育食品工人、炊事员、售货员关于饭前、便后洗手等个人卫生知识；这些人员一旦发生皮肤化脓性感染或感冒，应暂停工作或调换不接触食品的工作；尽量避免用手接触熟的食物；加强食物冷藏，牛奶及奶制品要经过巴氏消毒。

针对葡萄球菌肠毒素的消毒处理，利用2%次氯酸钠消毒1 h即可灭活，感染动物应焚烧。葡萄球菌肠毒素用支持疗法，防止脱水和电解质失衡，必要时可对症治疗；吸入中毒者应针对呼吸系统进行支持治疗。

（三）单端孢霉烯类毒素

由真菌类镰刀菌属（Fusarium）生物合成的毒素有40种以上，其中危害人、畜健康的有T-2毒素、雪腐镰刀菌烯醇、脱氧雪腐镰刀菌烯醇、串珠镰刀菌毒素以及禾谷镰刀菌毒素等，统称为单端孢霉烯类毒素（Trichothecences），简称TS或镰刀菌毒素（图2-1）。这些复杂的生物活性物质是一组化学上相关的真菌代谢产物，主要作用于粮食、食品、饲料、土壤等，一旦人、畜误食了被这些毒素污染的粮食及其制品，即发生TS中毒症。

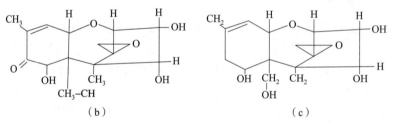

图2-1 TS毒素的化学结构式

（a）T-2毒素；（b）雪腐镰刀菌烯醇；（c）脱氧雪腐镰刀菌烯醇

据历史记载，世界各地都发生过散在的人、畜TS中毒症，而最严重的是地处寒带的西伯利亚、阿穆尔地区，先后于1913年和1943年，尤其是1943年，该地区大量居民误食了在田间越冬，经冰雪覆盖，并被镰刀菌污染的粮食而引起TS中毒症，在拥有10万人口的阿穆尔州，造成1万余人死亡的事件。全世界每年因TS污染而损失的食品和饲料平均占世界粮食总产量的20%，其中一半以上的粮食是由霉菌属镰刀菌的生长、产毒所造成的霉变而毁坏的。20世纪50年代中期，中国河北省滦县、香河一带，由于串珠镰刀菌毒素等污染，以致饲料玉米霉变，引起大批骡马中毒死亡。1982 年，中国东北辽沈地区、开源、铁岭一带，因霉玉米（含串珠镰刀菌和 T-2 毒素）饲料中毒，先后死亡马匹 1 800 多头，影响了农业生产，造成了巨大的经济损失。近年来，有迹象表明，此类毒素可能用作生物化学武器。

单端孢镰刀菌具有极强的适应性，试验证明，黄色镰刀菌被储存于液氮（-196 ℃）中，经 9 个月深冻，仍然能够维持生机；串珠镰刀菌在马血清保护剂中，冷冻干燥条件下，可保存 14 年之久。此类镰刀菌遍布全世界，在酷寒的北极和炎热干旱的沙漠均有此类镰刀菌的踪迹。从北极和南极的冰层、土壤及其基物上均能直接分离到各种镰刀菌。

单端孢霉烯类毒素皆属低分子烯醇化合物，毒性稳定，100 ℃煮沸 1 h，活性不变。其中，T-2 毒素难溶于水，只溶于有机溶剂。烯醇化合物具有相同的基本母核。其中，T-2 毒素是四环倍半萜类化合物。T-2 毒素不吸收紫外光，不显荧光。用薄层色谱分离，经20% 硫酸处理的 T-2 毒素，在长波紫外光下，方能显示蓝色荧光。自然界的单端孢霉烯类毒素都很稳定，不受环境温度、pH 值、阳光和气候等变化的影响，在强碱中能被水解，在强酸中发生分子结构重排。由于它的性质稳定，食品和饲料一旦受 T-2 毒素污染，不容易消除，家庭烹调的加温条件也难以破坏其活性。

1. 致病性

TS 是一种烃化剂，对机体具有广谱的生物效应和广泛而复杂的毒理学作用机制。其主要毒性作用有以下 6 个方面。

1）拟辐射损伤效应

以 T-2 毒素为例，它具有广泛地抑制细胞内核酸和蛋白质的合成，以致中毒以后，机体组织器官发生广泛的损伤，尤其是损伤机体分裂旺盛的组织细胞的毒性效应。破坏造血器官，对造血组织的红细胞、淋巴细胞、肠上皮细胞及生殖细胞等造成严重损害，致使胸腺质量减轻，阻碍体内各种真核细胞系的蛋白质合成。阻止蛋白质的伸延，引起多核糖体的迅速解体作用，并导致造血功能紊乱。首先引起消化道急性胃肠炎样发作和造血系统的严重毒血症样改变。由于造血细胞全面受抑制，血小板和粒细胞再生障碍，白细胞暂时性增多。然后即呈进行性减少至 2 000 个/mm³ 以下，以致出现"食物中毒性白细胞缺乏症"。

2）细菌内毒素的作用

T-2 毒素具有细菌内毒素的作用，能直接损伤毛细血管内皮，增加血管壁的通透性，液体外渗，肺、肠等组织充血、出血、水肿，血液浓缩，形成弥漫性血管内凝血（DIC），血流淤滞，血压下降，组织灌流不足，代谢物排出减少，发生严重的酸血症，濒临死亡。

3）T-2毒素对肝脏细胞的毒性作用

肝细胞中毒，大面积组织受损伤，致使肝脏解毒功能下降，某些凝血因子被激活，血液迅速处于高凝状态。同时，由于大量白细胞、血小板被破坏，释放出大量磷脂，又促进血液凝集，导致弥漫性血管内凝血的发生，形成血小板急剧减少的局面。

4）单端孢霉烯类毒素的特殊毒性作用

20世纪70年代以来，对TS的慢性毒性作用中"三致"（致畸、致癌和致突变）作用的研究也有一定成就。最早发现致畸作用的是Stanfored，1975年他给妊娠小鼠腹腔注射T-2毒素1.0~1.5 mg/kg；10天后，引起动物胚胎尾部弯曲或缺失、并趾、骨骼畸形、脊柱或肋骨缺少或增多、露脑以及发育障碍等。但是，给与低剂量（小于0.5 mg/kg）时，只有10%的胎儿发生骨髓发育异常，内脏未见畸变。T-2毒素能引起机体某些脏器发生肿瘤，在试验动物中已经见到病理形态学变化。肝细胞、淋巴细胞是T-2毒素致突变作用的靶细胞，有可能引起靶细胞的DNA单链损伤断裂。

5）单端孢霉烯类毒素的皮肤毒性作用

用T-2毒素溶液分别涂布于家兔、豚鼠、大鼠和小鼠皮肤表面，均能发生不同程度的局部T-2毒素中毒性炎症反应。T-2毒素对动物局部皮肤污染中毒，能引起全身效应，乃至发生中毒致死。

6）单端孢霉烯类毒素气溶胶呼吸道吸入中毒

T-2毒素气溶胶首先是经呼吸道吸入；其次是皮肤穿透而引起全身性中毒。这是由于呼吸道黏膜对T-2毒素的吸收率较高，毒素直接破坏呼吸道黏膜的毛细血管，使其通透性增加，导致大量的T-2毒素经血流而迅速遍布于全身各脏器。

2. 传播途径

单端孢霉烯类毒素的传播方式可分为食入、吸入以及皮肤中毒等途径。大多数属于多途径中毒，以经口的中毒途径为主，其次是呼吸道吸入中毒和皮肤中毒。

3. 主要症状

人、畜TS中毒症的病情发展和临床表现，可分为4个病期。

第一期为误食一定剂量的染毒粮食及其制品，或呼吸道吸入大量含有T-2毒素气溶胶之后，数分钟到数小时，出现原发性病变；以口腔和胃肠道局部症状为主，如口、舌、喉、腭、食道和胃部等发生灼热，此为毒素对这些器官黏膜组织的毒性作用所产生的反应：病人感觉舌肿胀而僵硬，说话不流利。随之，病情进一步加重。口腔黏膜充血，流淌大量唾涎。胃肠黏膜出现炎症，呕吐、腹泻和腹痛。全身乏力，头痛、晕眩，心动过速，体温一般不波动，出虚汗。此时，白细胞开始暂时性上升，红细胞沉降率可能加快。病程持续8～9天。

第二期为潜伏期，又称为白细胞减少期。主要是 TS 对骨髓及其造血系统的损伤而发生障碍，呈进行性白细胞减少，尤其是粒细胞的减少极为明显。淋巴细胞增多，红细胞、血红蛋白和血小板均减少。此时，出现中枢神经系和自律神经系障碍，全身无力、晕眩加重，头痛、心悸、轻度气喘。皮肤开始见到血点（疲点），病程即将转入第三期的预兆，持续3～4周。

第三期为病情突然转入期，症状发展较快。面部、两臂、两腿以及躯干等的皮肤血点增多，血点的直径从 1 mm 很快扩展到数厘米的瘀斑成块。毛细血管脆弱，任何小创伤都可以引起出血难止。口、舌、软腭和扁桃体黏膜出血加重。该期病人往往因发生严重的鼻出血，胃肠道出血，甚至口唇、手指、鼻、眼、口腔内均出现坏死灶。淋巴结肿大，其附近结缔组织有严重水肿，以致病人不能张口，血液异常，形成弥漫性血管内凝血，病情垂危。

第四期为恢复期。由于中毒剂量未达死亡临界剂量，病人起死回生，但其全身性坏死灶和出血的治疗需要 4 周以上，骨髓造血功能的恢复也需 3 个月以上。

上述中毒症状是"食物中毒性白细胞缺乏症"的临床记载。而在实际生活中，TS 急性中毒，发病急剧，病期界限并不十分清晰。临床观察应和实验室分析相结合，进行综合判断。

4. 防治措施

TS 污染粮食，引起人、畜中毒和毁坏大量粮食事件，世界各地时有发生。为了应对未来的突然事变，加强科研工作，尽早搞出一套有针对性的防护 TS 的技术措施。在紧急事变中，应充分利用防生、防化的技术措施和装备。

1）战时的单兵防护和群体防护

在遭受 TS 袭击时，凡是执行战斗任务或侦察、巡逻以及守卫任务或必须通过毒素污染地带，或者因特殊任务不能撤离污染区等的人员必须佩戴防毒面具或简易防毒面罩、过滤口罩，以防止呼吸道吸入中毒。身穿防护服、雨披、雨衣、白大衣，或身披床单，炎热气候也不得裸身，以防皮肤接触 TS。野外采样作业人员应戴手套。室外无重要工作的人群应迅速进入掩体、坑道或房屋等临时防护设施。然后将所有可能接触毒素的衣服、面具、口罩、手套、鞋袜等更换消毒处理。

2）医学防护

抗 T-2 毒素特异抗体对 TS 的免疫预防，目前仍然处于实验室研究阶段，可以口服去铁铵类特异结合剂和活性碳非特异结合剂。由于机体脏器黏膜对 TS 吸收很快，在中毒的人畜向安全地带转移过程中，应不失时机地进行应急处理，给予服用去铁铵之类的特异性结合剂或活性碳非特异结合剂。一方面可以减少经口的摄入毒素的吸收，并且能阻止 TS 与细胞核糖核蛋白体的受体部位相结合，干扰 TS 毒性作用机制；另一方面，这些特异的或非特异的结合剂兼有促进已吸收的毒素及早排出体外的作用。

3）其他救治方法

重症中毒病人的急救适当给与静脉输液或输血，以防因腹泻、便血而脱水和大量失血所引起的低溶血性休克，可以降低死亡率。皮肤治疗皮肤 TS 中毒引起的类似三度烧伤时的皮肤症状和体征，可以按治疗烧伤同样的临床措施予以处理。TS 呼吸道中毒病人的紧急措施是紧急输氧和监测动脉血流状况。TS 中枢神经系统中毒病人出现中枢神经系统功能障碍和肾衰竭，需要对症施治，适当给与镇静药。TS 中毒病人可能发生心血管系统合并症状，应当按心血管系统的支持疗法处理。肺和皮肤的继发感染 TS 中毒病人出现肺和皮肤继发感染时，应注射抗菌素，进行抗感染治疗。皮肤严重 TS 中毒而发生刺激性皮炎时，应当保持皮肤清洁、湿敷，涂以皮质类固醇外用药，如果皮肤发生继发感染，应当先控制感染。

4）毒素污染区的环境洗消处理

生化袭击时所喷洒的 TS 浓度，一般超过平均天然浓度几个数量级。因此，对污染区应及时予以临时封锁，并组织人力，按防化洗消操作规范及时进行环境表面洗消除毒。洗消范围应根据人员活动需要通过的地区范围，重点洗消，由点及面，以样品快速检测结果为依据，逐步扩大范围，直至全面洗消除毒。

地面和物体表面洗消，需要充分利用防化表面消毒剂，如次氯酸钠、氯胺、漂白粉、洗涤剂等。其中，消除 T-2 毒素较为有效的是次氯酸钠，在碱性条件下作用更强。某些催化剂、超亲核物质、超酸类物质（如三氟甲基 - 磺酸 CF_3SO_3H，比硫酸、盐酸的作用强 10 倍）以及三苯磷等，能选择性地攻击 TS，破坏其环氧键使 TS 失去细胞毒性。人员直接接触 TS 的衣服，应当迅速在消毒站或防疫队监督下更换处理，用肥皂水洗澡，严防皮肤中毒。

经样品检测证明并已划为 TS 污染区的，对该地区的池塘、河流、水渠、果园、菜地等，应暂时加以封锁，用标志标明，禁止饮用污染区的水。对已有加盖保护措施的井水，要加强管理，严格检查。

第三章
生物武器的使用

第一节　生物武器的使用方式

生物战剂的施放方法是根据生物战剂侵入人、畜体的途径而确定的，不同的侵入途径采用不同的施放方法。通常，生物战剂通过消化道、皮肤和呼吸道三条途径侵入人和畜体内。

一、生物战剂侵入人体的途径

（1）呼吸道途径。微生物气溶胶通过呼吸道途径使人、畜感染，这是当代生物战中广泛使用的一种生物战剂施放方法。

（2）消化道途径。人或动物通过食用战剂污染的水或食品而感染发病，只能造成局部的点状或线状伤害区。敌人可能利用特务放毒，污染食物或水源，或者由飞机投洒战剂污染水源。

（3）皮肤途径。使战剂通过皮肤侵入的方法有两种：一种是直接穿透皮肤进入人体，这类侵入方式的武器是表面染有战剂的小弹丸、细针、弹片及各种特殊的注射器等，在某种程度上是一种暗杀武器，这样的皮肤侵袭只能造成个别人员的伤害；另一种是通过媒介昆虫的叮咬将战剂输入人和畜体的方法。此方法是先使昆虫感染战剂，当人、畜被该昆虫叮咬后则被感染。

根据军事需要和战场目的，生物武器的袭击可以分为公开和隐蔽两种，既可以单独使用某种生物战剂，也可以多种生物战剂混合使用，甚至可以和放射性物质、化学战剂同时使用。

二、生物武器的投放方式

（一）施放生物战剂气溶胶

生物战剂使用的基本方法是呈气溶胶状态施放。生物战剂气溶胶即固体或液体的生物战剂在空中形成的悬浮体，具有杀伤范围大、危害时间长等特点。可以利用飞机、火箭、导弹发射生物弹等，用爆炸分散的方法施放；也可以用布洒器或机械发生器喷洒呈单点源、多点源和线源施放。

1. 单点源施放

单点源施放是从单一点施放生物战剂，如引爆一枚生物战剂小航弹。小航弹分散生物战剂时，如果是爆炸型生物航弹，生物战剂先受爆炸力量的作用向各个方向分散，结果一部分战剂残留在弹坑及弹坑附近，另一部分形成生物战剂气溶胶，并且随风飘移到下风方向；如果是喷雾型或喷粉型生物小航弹，弹坑及其周围地面的损耗较少，大部分战剂形成气溶胶随风飘移到下风方向。

点源生物战剂气溶胶云团一般在下风向距离的中部达到最大宽度（横截风向）。生物战剂云团向下风方向飘移时，因湍流扩散的作用（水平及垂直扩散同时进行）而使其杀伤效果逐渐降低。图 3-1 所示为点源爆炸小航弹的杀伤率分布图。不同伤亡曲线是由一系列对称的椭圆形构成的，一个套一个，最里面的圈表示最高杀伤范围。杀伤程度根据生物战剂的种类、弹药的作用原理和生物战剂施放源的强度而确定。生物战剂气溶胶云团在向下风方向飘移时，液滴或粉颗粒逐渐沉降，沉积在地面。大粒子先沉积，小粒子后沉积。一般在 1 km 范围内 5 μm 以上的粒子基本都沉积在地面上。

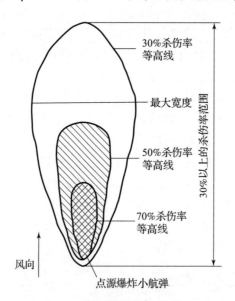

图 3-1　生物战剂点源施放分布情况

在大规模施放生物战剂时，点源施放不能达到大面积覆盖的目的，一般采用多点源和线源施放。但是，点源施放是多点源和线源施放的基础。

2. 多点源施放

多点源施放是将点源弹药（如小航弹）随机投掷在目标区内，各个点源形成的生物战剂气溶胶相互交混。因此，各个点源生物战剂气溶胶及其相互间的补充形成了整个目标区的战剂分布，目标区中的战剂浓度采用平均剂量。由于各个点源分散的生物战剂气溶胶是在下风方向上汇合在一起的，所以并不是整个目标区都能造成杀伤剂量。因为弹着点的散布、气象及地形等条件的影响，生物战剂气溶胶云团在相互交混过程中留下了间隙。

图 3 - 2 所示为生物战剂的多点源施放分布情况，图中显示的生物战剂气溶胶相互交混过程，说明造成杀伤间隙的情况。

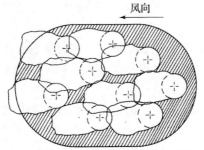

图 3 - 2　生物战剂多点源施放分布情况

3. 线源施放

线源施放是从运动的点源上（如飞机、舰艇上的喷雾器）施放生物战剂，图 3 - 3 所示为用飞机喷雾器或喷粉器施放生物战剂的效应分布图。为了使战剂到达地面，战剂气溶胶必须向下施放，飞机的高度尽可能低。生物战剂气溶胶按飞机的飞行方向随风呈水平及垂直扩散，并在向下风方向飘移一段距离后接触地面，最高剂量是在施放线的下风方向。

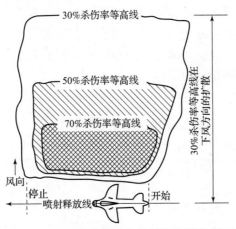

图 3 - 3　用飞机施放生物战剂的效应分布图

4. 施放生物战剂气溶胶的方法

施放生物战剂的方法一般包括直接喷洒、投掷生物弹或气溶胶发生器、在海平面向陆地喷洒、火炮发射等。

（1）直接喷洒。利用飞机、导弹等直接在接近地面层处喷洒固体或液体微生物气溶胶。

（2）投掷生物弹或气溶胶发生器。利用飞机投掷低空或地面爆炸的生物弹。每个生物弹中间有一根爆管，装着炸药，生物战剂装在爆管周围的弹腔内，由触发引信或定时引信使生物弹爆炸，形成微生物气溶胶。也可以利用飞机投掷气溶胶发生器，这种借助于液化气体压力的发生器材所产生的气溶胶粒子较小，对生物战剂的破坏少，而且没有爆炸声，美军已正式装备部队。

（3）在海面向陆地喷洒。据报道，一艘潜艇沿海岸航行 8 km，在微风条件下，向陆地施放微生物气溶胶，在下风方向，流向陆地的污染面积可高达 7 500 ~ 20 000 km²。

（4）火炮发射。利用火炮发射装有生物战剂的炮弹，炮弹爆炸后形成微生物气溶胶。

（二）施放带生物战剂的昆虫或其他媒介生物

可以携带致病的生物战剂的媒介生物有蚊、蝇、蚤类小昆虫，老鼠、青蛙、蛤蜊等小动物和树叶、羽毛、食品、玩具等。将带菌的媒介生物装在特制的容器里，由飞机等投放。虽然使用飞机或其他运载工具撒播生物战剂或带菌媒介物时，容易被雷达发现，但是却难以发现布撒的生物战剂或带菌媒介物。例如，在日本侵华战争期间，1941 年 11 月 4 日，日军利用雾天及凌晨能见度差的"有利"天候对我国常德地区实施了细菌战袭击。尽管中国军队已经发现日军飞机投下了非爆炸类不明物质，并怀疑日军可能使用了生物武器，但是，由于战场情况复杂，结果到空袭警报解除时，已经无法在现场找到带有病菌的跳蚤和老鼠。随后，在湖南常德地区爆发了鼠疫。

施放生物战剂的特制的容器主要有以下几种。

1. 施放四格弹

四格弹是美军在朝鲜战争和中国东北地区曾应用最多的一种生物武器，大小和形状类似 200 kg 的炸弹，容积 72 L，分为四格，装有定时引信，大约在离地面 30 m 高处纵向裂开，将装在其中的昆虫等散布在 100 m 直径范围内。

2. 施放带降落伞的硬纸筒

硬纸筒的外形与照明弹相似，一个直径 13 cm、长 36 cm 的硬纸筒系在小降落伞下投放，在一定高度底盖脱开放出昆虫。这种容器适用于撒布比较脆弱的蚊类。

3. 施放石灰质薄壳细菌弹

薄壳细菌弹是由 2 mm 厚的以碳酸钙为主要成分构成的相当于 2 倍足球大小的球形容器，落地后即砸得粉碎，带菌昆虫撒出。这种容器可装带有炭疽杆菌的家蝇、蜘蛛及羽毛等，也可装带鼠疫杆菌的跳蚤。

4. 特务直接施放

特务可将携带生物战剂的媒介昆虫直接撒布在农作物上。

（三）施放生物战剂污染食品、水源等

袭击方利用特务将带有生物战剂的食品或日用品遗弃路旁，使对方人员或动物感染发病，或将生物战剂秘密地投入到对方饮用水源、食品工厂、车站、电影院，或者其他人口稠密的公共场所、马场、畜牧场等处，使人群或牲畜直接受到传染。

（四）施放生物战剂的其他方法

在施放生物战剂的人员和设备撤离时，遗留感染生物战剂的伤病员和战俘等，用于传播生物战剂。

三、生物战剂的攻击方案

生物战剂对目标区的施放方案有两种，即间接攻击和直接攻击。

（一）间接攻击

间接攻击又称为"飘移云团"施放，它是在目标区的上风横截风向施放生物战剂，生物战剂气溶胶顺风飘移至下风方向的目标区。间接攻击是依靠风力将生物战剂气溶胶飘移至目标区的。如果施放后风向改变，就会将生物战剂气溶胶吹至转变风向后的下风方向。如果风向逆转，就有可能吹到施放者的地区，所以施放生物战剂时，对风向的预测应有充分的把握。由于生物武器经常用作战略武器，攻击目标常与计划和组织施放者的距离很远，他们常常不可能精确预测目标区上空的风向、风速和各种气象条件。所以，如果采用间接攻击时，可以采取下面两种形式施放生物战剂：一种是绕目标区呈 O 形施放；另一种是在目标区上空呈 X 形施放。采用这种形式施放不管是什么风向，生物战剂气溶胶云团都能到达和覆盖目标区上空。但是，采

用这些方式施放时，生物战剂的消耗量要增加 2 ~ 3 倍。而 X 形施放时还会有生物战剂气溶胶空白区。

通常间接攻击采用飞机或舰艇喷雾器（或喷粉器）呈线状施放。生物战剂气溶胶的粒子很小（1 ~ 5 μm），所以适用于间接攻击。但是，用间接攻击时，必须选用生物战剂气溶胶衰亡率低的战剂。如果选用气溶胶衰亡率高的生物战剂，由于飘移过程需要一定时间，生物战剂气溶胶到达目标区时，会因为战剂大量衰亡、低于预期浓度而不能达到杀伤的目的。

虽然间接攻击受气象条件、生物战剂特性的限制，不如直接攻击方案灵活可靠，但是，间接攻击具有突然性与偷袭性的特点，因为随风飘移的生物战剂气溶胶不易被发现，这是直接攻击所不能替代的。另外，间接攻击还能够造成大面积覆盖，达到大面积危害的目的。

（二）直接攻击

直接攻击是将生物战剂装在小航弹内，通过飞机或导弹将小航弹投掷至目标区，在目标区直接施放。因为生物战剂小航弹能够比较均匀地分布在目标区，而各个小航弹的气溶胶混合成一个大云团，增加了同一质量的战剂的有效覆盖面积。此外，直接攻击施放方案不完全依赖风运送云团至下风方向目标区，攻击效果受当地气象条件、地形和植被的影响较小。所以，直接攻击的效应较间接攻击可靠。

直接攻击可根据需要选用各种生物战剂，既可以选用气溶胶衰亡率高的生物战剂，在局部地区达到生物武器攻击的目的，也可以选用气溶胶衰亡率低的生物战剂，在局部地区造成生物武器袭击的同时，对下风方向的地区也可以产生间接效应，造成大面积覆盖。

当目标区的地形复杂、气象多变时，一般采用直接攻击的效果比较可靠。在直接攻击时，生物弹药在目标区造成多点源，由多点源形成污染面。弹药的投掷量是根据攻击的目的、投掷弹药时的弹药分布规律和每发弹的源强来确定的。

目前，生物战剂气溶胶技术已比较成熟，以气溶胶方式发动生物武器袭击具有危害范围大、传播速度快、造成的心理恐慌严重等特点，因此可能成为敌方进行生物武器袭击的选择手段。生物战剂污染有空气污染和表面污染两种污染形式，其污染过程与生物战剂气溶胶的物理学及生物学特性、施放源的性质及气象条件、地表特征、地形、植被等环境因子密切相关。生物战剂气溶胶扩散、污染过程极为复杂，大致经历生物战剂气溶胶衰亡、水平输送、扩散稀释、干沉积或湿沉积和再扬起等 5 个过程。

第二节　生物战剂气溶胶的扩散与沉积

一、生物气溶胶概述

(一) 生物气溶胶的基本概念

气溶胶 (aerosol) 是固态或液态微粒悬浮在气体介质中的分散体系。广义地讲，气溶胶是胶体体系的一种，其微粒物质称为分散相，分散介质称为连续相。20 世纪 80 年代末，科学家们提出了生物气溶胶的概念。生物气溶胶是指气溶胶中有生命活性的部分，包括空气中的细菌、真菌、病毒、尘螨、花粉、孢子、动植物碎裂分解体等具有生命活性的微小粒子，而空气微生物气溶胶是生物气溶胶中的重要组成部分。

空气微生物气溶胶依其生物学种类可划分为细菌气溶胶、真菌气溶胶、病毒气溶胶等。由于空气中缺少微生物直接可利用的养料，不能繁殖生长，均由暂时悬浮于空气中的尘埃携带着的微生物所构成。空气微生物气溶胶粒径通常为 $0.1 \sim 100\ \mu m$，其中具有较大意义的空气微生物气溶胶的粒径范围是 $0.1 \sim 20.0\ \mu m$，这部分气溶胶分子可直接沉积于人体肺部，造成的危害较大 (表 3-1)。

表 3-1　空气微生物气溶胶粒子的大小和作用

种类	粒径/μm	作用
病毒	0.015 ~ 0.450	传染病
细菌	0.3 ~ 15.0	传染病
真菌孢子	1 ~ 100	过敏性疾病

(二) 生物气溶胶的基本特点

1. 种类繁多

生物气溶胶种类繁多，分布广泛，已知存在空气中的细菌有 1 200 种，真菌有 4 万种，仅病菌就有 700 多种。Wright 等研究表明，空气中各种球菌占 66%，芽孢菌占 25%，还有病毒、霉菌和少量厌氧芽孢菌。在一些特殊区域如医院，空气微生物气溶胶中含有各种病原菌，其中细菌主要包括葡萄球菌、结核杆菌、白喉杆菌、肺炎双球菌和绿脓杆菌等约 160 种；真菌有青霉、曲霉、球孢子菌和组织胞浆菌等 600 多种；病毒有鼻病毒、腺病毒等几百种，此外还有支原体、衣原体等。

2. 活性易变

生物气溶胶的活性从它形成的瞬间开始就处于一直变化的状态。影响微生物气溶胶衰减和总量的因素很多，主要有微生物的种类、气溶胶化前的悬浮机制以及各种环境因素。空气微生物的含量是其输入和衰减动态平衡的结果。

3. 三维播散

生物气溶胶可以借助大气的各种运动进行输送，并按照一定的三维空间规律播散到环境中。研究表明，有些生物孢子、真菌、细菌芽孢和立克次体、病毒都可由大气输送很远的距离。

4. 沉积后可再生

沉积在物体表面的微生物气溶胶粒子由于各种机械作用，都可以使它再扬起，产生再生气溶胶。微生物气溶胶的再生性使感染具有了长久性。

5. 具有普遍感染性

生物气溶胶在大气中的扩散、传播会引发人类的急慢性疾病以及动植物疾病，其中有关空气微生物气溶胶的生物毒理学研究得到广泛的关注。目前，世界上41种主要传染病中经空气传播的就有14种，占各种传播疾病的首位。空气微生物气溶胶污染对儿童呼吸系统健康影响的研究表明，鼻黏膜充血、鼻甲肿大、咽充血、过敏性鼻炎等儿童呼吸系统症状的检出率或患病率与空气微生物气溶胶污染显著相关。

二、生物战剂气溶胶的特性

（一）生物战剂气溶胶的物理学特性

1. 界面现象

气溶胶粒子悬浮于空气中，其周围皆为气体分子所包围，因而在粒子的表面呈现复杂的界面现象。当粒子为液体粒子时，粒子表面不断有液体（通常为水）蒸气分子逸出和进入。当进入粒子表面的水汽分子数多于逸出的分子数时，则使粒子直径不断增大，即凝结（condensation）现象。当逸出的分子数多于进入的分子数时，粒子直径不断变小，则为蒸发（evaporation）现象。液滴由于凝结或蒸发，其粒径的变化速率主要取决于环境大气中蒸气压和粒子表面蒸气压的压差及环境温度。若气溶胶粒子是固体微粒，则空气中过饱和的水汽可以此粒子为凝结核而在其表面凝结，称为成核凝结（nucleated condensation）。成核凝结是大气中云滴形成的初始机制。

作为大气中的凝结核：不溶性核、离子和可溶性核有三种。在给定饱和度条件下，一个不溶性核必须大于阈值直径 d 才能出现凝结现象。例如，在 20 ℃大气中，水汽饱和度为 5%，在核大于 0.05 μm 时才出现凝结并不断增长成为一个液滴。正常大气条件下，每立方厘米空气中约有 1 000 个离子，这些离子也可以作为凝结核而使水汽在其表面凝结，不过需要很高的过饱和度。大气中最普遍存在的可溶性核是盐核，在海洋上由于海浪形成浪花而产生大量的盐核，并且由于大气环流而遍布全球大气中。由于盐溶于水后降低了离子表面的平衡蒸气压，所以盐核形成的液滴可在较低的过饱和度条件下出现凝结。吸湿性盐类粒子在环境湿度达临界湿度时急剧地吸收空气中的水分而使粒径迅速增大。

凝结的反过程即蒸发，蒸发不同于凝结，是没有阈值的。对于纯物质构成的液滴可以完全蒸发干，即粒径 $dp = 0$。对于由成核作用形成的液滴，水分全蒸发掉以后会剩下凝结核，即 $dp \neq 0$。dp 随时间的变化率即蒸发率，粒径从 dp 变为 0 所需的时间即液滴的寿命时间（droplet lifetime）。

对于由可溶性核形成的液滴，由于蒸发液滴大小接近凝结核直径时，蒸发率要变慢，这是因为粒子表面溶液浓度增加蒸气压降低所致。大气中的液滴可吸附多种污染物，污染物在液滴的表面形成一层膜，这也大大降低了液滴的蒸发率。液体微生物气溶胶粒子由于在大气中的蒸发，粒径不断变小，最后只剩下微生物组成的核，很不利于微生物的存活。干粉状微生物气溶胶粒子在潮湿的大气中可由于水汽在其表面的凝结而粒径变大，促进了气溶胶粒子的凝并和沉降。

2. 动力学特性

气溶胶粒子由于受到重力的作用而产生沉降运动，沉降速度可用斯托克斯公式表示。气溶胶粒子由于相对运动而发生碰撞结果形成较大的粒子，从而使气溶胶浓度减小，粒径增大，这种现象称为凝并（coagulation）；由于气体分子的布朗运动，气溶胶粒子产生相对运动而造成的凝并叫热凝并（thermal coagulation）；由于外力造成的相对运动产生的凝并叫动力凝并（kinematic coagulation）。外力包括重力、电力或空气动力学作用。热凝并是自然发生而且始终存在的现象。凝并是气溶胶粒子间一种重要的现象。液体粒子碰撞凝并成较大的粒子，固体粒子碰撞则形成凝聚体。

气溶胶云团在大气中随风飘移，同时体积不断增大浓度不断减少；气溶胶粒子在运行过程中由于沉降作用而不断落到沿途的物体表面或地面从而被清除。运行中的云团遇到障碍物时，较小的粒子能随气流绕过障碍物，而较大的粒子由于有较大的惯性而不能随着气流改变方向，于是撞击到障碍物上而被截获，这种现象称为惯性撞击（inertial impaction）。云团向下风向飘移的过程称为输送（transport），体积不断增大、浓度不断减小的过程称为扩散（diffusion），气溶胶粒子被清除的过程称为沉积（deposition）。从污染的角度来看，输送和扩散造成了空气污染，沉积造成了表面污染（surface contamination）。生物战剂气溶胶从弹药系统中施放出来后，正是借助于扩散和沉积而造成大面积的污染，从而达到大面积杀伤的目的。例如，一颗装有 10^{14} 个微生物的生物弹在合适的气象条件下，所产生的生物战剂云团可造成下风向几十千米远、上百平方千米范围的严重污染。

大气中污染物的输送、扩散和沉积是空气污染气象学的主要研究内容，也是生物武器医学防护学中的重要内容。了解生物战剂气溶胶的输送、扩散和沉积规律对于确定污染浓度、估算污染范围和制定控制污染的措施都有重要意义。生物战剂气溶胶的扩散、沉积规律与一般气溶胶的扩散和沉积规律是基本相同的，所不同的只有两点：一是有效的生物战剂气溶胶粒谱较窄；二是生物战剂气溶胶除了各种物理衰减以外还有生物衰减，即由于各种环境因素造成战剂的失活。

（二）生物战剂气溶胶的生物特性

生物战剂气溶胶有别于通常的尘、烟、雾等天然气溶胶，是以人工的方法将生物战剂分散在大气中所形成的致病性微生物气溶胶。它从形成气溶胶到造成人群的感染，存在着微生物的存活、气溶胶粒子在人体呼吸道的沉积、滞留和廓清及人体对微生物及其产物的反应，及至发病的一系列过程。

1. 生物战剂气溶胶存活

生物战剂气溶胶的存活是微生物气溶胶衰亡的反义词。就其整体而言，微生物气溶胶是由活的和死的微生物气溶胶两部分组成。

按 Gregory（1961）的论点，微生物衰亡过程分为 5 个步骤：①毒力与感染力的消失；②使噬菌体繁殖能力消失；③生长中发生变异（小菌落）；④丧失繁殖能力；⑤失去抗原性。

因此，作为生物战剂气溶胶的存活标准，不仅以在培养基上能否繁殖为准，而且应以包括能否感染发病为前提。

微生物气溶胶的存活对生物武器的杀伤效应影响很大。因为生物战剂被分散成气溶胶后，能否使人群感染，造成大面积杀伤，除气象因素外，还取决于生物战剂的感染性和气溶胶的存活力。所以，对生物战剂的选择、性能改进和施放效应预测中，生物战剂气溶胶存活率是一个重要因素。

2. 生物战剂存活率

在研究微生物气溶胶存活过程中，建立了各种表达方法，如微生物气溶胶回收率、百分存活率、衰亡率、半衰期等。

微生物气溶胶回收率是指分散成气溶胶后的活微生物总数与被分散材料中的活微生物总数的百分比：

$$微生物气溶胶回收率(\%) = (微生物气溶胶中活微生物总数/$$
$$被气溶胶化后中活微生物总数) \times 100\%$$

微生物气溶胶的存活率是指形成气溶胶后，瞬时（0）的活微生物气溶胶浓度 N_0 在 t 时间后，活微生物气溶胶总浓度 N_t 的百分率：

$$t 时的微生物气溶胶存活率(\%) = (N_t/N_0) \times 100\%$$

所以，微生物气溶胶回收率与微生物气溶胶存活率是有差别的。回收率是用分散前的悬液（干粉）总活菌数作分母；存活率是分散后 0 时的微生物气溶胶总活菌数作分母。因此，微生物气溶胶回收率是指生物战剂经过分散过程的衰亡率加上形成气溶胶后的衰亡率；微生物气溶胶存活率仅反映形成气溶胶后的存活情况，不包括形成气溶胶过程中所造成的衰亡情况。

三、生物战剂气溶胶的扩散

（一）扩散尺度

大气气溶胶粒子的扩散，一般可以分为三种尺度：扩散范围在几千米到几十千米的，属于小尺度扩散；扩散到几十千米到上百千米的，属于中尺度扩散；火山爆发产生的火山灰和核弹空中爆炸产生的放射性灰尘可扩散到几百千米甚至全球，属于大尺度扩散（或全球尺度扩散）。

生物战剂气溶胶在空气中的扩散一般属于小尺度到中尺度扩散。不同尺度的扩散，其主要影响因素也不同，小尺度扩散主要受当地微气象条件和地表状况的影响；中尺度扩散则为该地区天气条件和地形条件所左右；大尺度扩散主要取决于大气环流状况。

（二）扩散与气象条件的关系

1. 风与湍流

风的第一个作用是整体输送作用，所以污染区总是在污染源的下风方向。风的另一个作用是对污染云团的冲淡稀释作用。风速越大，单位时间内与云团混合的清洁空气越多，云团增大，污染物浓度下降，所以污染物浓度与风速成反比。在近地层，风速随高度的变化还与湍流的强度及性质有关，对扩散产生间接作用。

2. 温度层结

温度层结是指大气在垂直方向的温度梯度，是大气垂直运动稳定程度的标志。当温度梯度属稳定型时，湍流受到抑制，扩散稀释减缓。

3. 风廓线和地面粗糙度

大气中风矢量随高度的变化称为风廓线。由于两层流体速度不同而形成剪切力，使两层流体相互混合，这种剪切现象在大气运动中称为风速切变，可以加速不同气层空气的混合，有利于污染物的稀释。

粗糙的地面会促进湍涡的形成，因此气流流过不平坦的地面时，扩散速率增大。

四、生物战剂气溶胶的沉积

虽然生物战剂气溶胶造成的污染过程很复杂，但是在大气中的扩散、沉积与输送规律与一般气溶胶基本相同，所不同的是除了考虑各种物理衰减作用外，还应该考虑生物粒子存活条件与生物衰减。

悬浮于大气中的气溶胶粒子，绝大多数最终都要沉积到物体表面和地面上来，只是在空气中滞留的时间有长有短而已。气溶胶的沉积过程是个复杂的物理过程，包括重力沉降、惯性撞击、布朗运动、湍流沉积、静电沉积、水汽凝结和雨滴捕获等多种机制。

（一）沉积原理

1. 重力沉降

悬浮于空气中的气溶胶粒子由于受到重力的作用而产生沉降运动。在静止的空气中，一个光滑的球形粒子受到重力作用沉降的同时，由于与周围空气摩擦产生方向向上的阻力，阻力随下落速度的加大而增大，当阻力和重力相等时粒子将不再加速而以此时所达到的速度匀速下落。然而，在室外大气几乎从无静止状态，所以除重力作用外还要考虑大气湍流和其他作用的影响。但是，重力沉降在较大粒子的沉积中仍然起重要作用，其重要性随粒径的减小而减小。

2. 惯性撞击

气溶胶粒子随风运动，当遇到障碍物时空气产生绕流，气溶胶粒子由于惯性而撞击到障碍物上。惯性撞击的效率取决于粒径、风速和障碍物的迎风截面积的大小。风洞试验表明，对于小的粒子，较大的障碍物和低风速情况下惯性撞击是无效的。相反，对于较大的粒子，小障碍物和高风速情况下惯性撞击则非常有效。例如，在 2 m/s 风速下直径 4~5 μm 的孢子完全不撞击到叶面上；只有风速达到 25 m/s 时才有 10% 可以撞击到叶面上。对于直径 7~9 μm 的小麦黑穗病孢子不能有效地撞击到植物的枝叶上，但是对很窄的表面如植物的颖片和柱头，则撞击效率可高达 50%~75%。

3. 湍流沉积

近地气层由于风的切变和热的不均一性而造成的热力的湍流运动。这种湍流运动表现为不同大小尺度和不同寿命时间的湍涡。污染物气溶胶由于大气湍流运动而向四周扩散，同时气溶胶粒子由于湍流运动而沉积在障碍物各个方向的表面上。例如，障碍物的背风向和下表面所沉积的气溶胶粒子既不是重力沉降也不是惯性撞击所能造成的，而主要是湍流沉积作用所造成。Durham（1944）用花粉在风洞试验中发现水平放置于气流中的玻片上下表面皆有花粉沉积，下表面沉积量可达上表面沉积量的 50%。湍流沉积随风速的增加而加大，在风速为 5 ~ 10 m/s 时，上下表面的沉积量可达同样多。在外界大气中，湍流作用至少比作用在粒子上的重力要大 100 倍，因此湍流沉积是野外气溶胶沉积的主要因素。

4. 静电沉积

气溶胶粒子有时会带有少量电荷。Rang（1952）指出，直径 0.5 μm 的气溶胶粒子很容易带电，这对沉积的影响要比重力大得多。晴天地表平地上带负电荷的电场强度为 1 V/cm，这就对靠近地面的带电气溶胶粒子产生吸引或排斥，其力超过重力可达 10 倍。对于直径小于 0.1 μm 的带电粒子，随着粒径的减小静电沉积作用迅速加大；直径大于 0.5 μm 的粒子，静电沉积作用就减小了。对于直径较大的粒子，则需要非常强的电场和带较多的电荷才能产生有效的静电沉积。

5. 布朗运动

气溶胶粒子在空气中不断受到气体分子的碰撞而产生不规则的布朗运动。

直径大于 0.01 μm 的粒子，布朗运动对沉积的影响很小。但是，在贴近障碍物表面的片流亚层内，布朗运动则对粒子的沉积起重要作用。

6. 其他作用

温度梯度对气溶胶粒子可以产生热泳动（thermophoresis）。这是因为粒子的热侧和冷侧的分子运动速度不一样，这种速度差就使得粒子从热侧向冷侧移动，称为热泳动。热泳动增加了粒子在冷表面的沉积，尤其对亚微米粒子的沉积热泳动是重要机制。

若气溶胶粒子是个热绝缘体，粒子受到光的照射后受光侧就被加热，同时也加热了邻近的气体分子，这就在粒子的两侧形成了温度梯度，和热泳动机制一样就造成向离开光源方向的移动，称为光泳动（photophoresis）。这种力虽然很小但是却是连续作用的，宇宙尘输送到对流层日光所致的光泳动是一种可能的机制。

（二）影响沉积的因素

从沉积机制可以看出，影响沉积的因素有很多，但是一般情况下可以分为：粒子性状、表面性状和气象条件三类。

影响沉积的粒子性状中最重要的是粒径。气溶胶粒子在大气中同时受到重力、湍流、布朗运动等作用，各种作用的相对重要性随粒径的不同而异。直径大于 1 μm 粒子的沉积，重力和湍流起重要作用。直径小于 0.1 μm 粒子则布朗运动起重要作用，布朗扩散系数随粒径的减小而增大。在离沉积表面 1 mm 范围内布朗运动是导致最后沉积的主要原因，比惯性或重力都重要。吸湿性粒子在温度梯度内沉积，粒子的质量、密度和形状都将由于吸水而改变，从而增加了沉积速度。

各种表面性状对气溶胶粒子的沉积有明显的影响。有植被的地面沉积速度显著大于光秃的地面，在植被上的沉积量与风速及植被总表面积成比例；在粗糙有毛的叶面上的沉积量是光滑有蜡质的叶面的 10 倍。城市绿化地带是污染物气溶胶的有效过滤器，气溶胶云团通过绿化地带（或树林）后大部分气溶胶粒子由于沉积作用而被阻留。从生物战剂气溶胶云团所造成的污染来看，绿化地带（或树林）可以大大减少空气污染的程度，但是树木枝叶上则造成严重的表面污染，需要清洗消毒。

气象条件中风和湍流的影响最为重要。大气稳定对沉积速度亦有明显影响，不稳定状态下可为稳定状态下的 3 倍或更多。在陆地上，在中午时由于垂直湍流的增强，沉积速度可大于日平均值的 2 倍。

第三节　生物武器的使用及其影响

在 20 世纪百年的时间里，禁止和限制生物武器的发展与使用的国际条约一再签订，但生物武器仍屡禁不止，并没有如人们所愿从地球上消失，生物武器的阴影一直笼罩在人们头上不能散去。目前，世界各主要大国将核、化、生大规模杀伤性武器作为重要战略威慑工具的思想没变，一些国家为谋求同大国抗衡或获取地区霸权而热衷于发展生物武器的势头日益严重。究其原因，就是因为生物武器作为一种暴力手段，仍然具有重要的军事价值和吸引力。

进入 21 世纪，在大国的军事战略观点中，将核、化、生大规模杀伤性武器视作主要战略威慑手段的概念并无基本变化，对核武器、化学武器和生物武器的发展与控制仍属国家最高安全决策，保持既有优势，竭力控制扩散，已成为其当前主要关切目标。随着生物武器及其相关技术扩散形势日趋严重，越来越多的国家正在发展或谋求拥有生物武器。由于生物武器具有杀伤力大、生产成本低廉、高心理威慑等特点，又称为"穷国的原子弹"或"力量的倍增器"。在未来高技术局部战争中，由于战争双方科学技术及装备水平的差异，弱势一方可能采取各种非对称手段与强国相抗衡，包括使用生物武器或采取生物恐怖手段。美国国会技术评估办公室 1997 年的《大规模杀伤性武器扩散：危险评估》报告称："由于新军事技术革命的不均衡性，生物武器可能被一些不发达国家看成最经济有效的大规模杀伤性武器，甚至可用以与核武器抗衡。"除了存在战争中使用生物武器的威胁外，随着国际恐怖主义活动愈演愈烈，生物恐怖已初见端倪。一些事件证明，现代社会条件下，极端主义集团或恐怖分子获取生物武器材料及技术并不存在特殊困难，生物恐怖活动正日益成为一类新的生物武器威胁源。由于生物武器的大规模杀伤性和巨大社会危害性，一旦使用，将造成严重的后果，并产生深远的影响。因此，世界各国纷纷展开了对生物防护的研究。

一、生物武器在作战中的使用

过去，由于生物武器存在潜伏期长，伤害对象不加选择，受温度、阳光等外界因素影响较大等弊端，导致了战争中对使用生物武器的限制。但是，随着科学技术的不断发展，生物武器的"可控性"、生物战剂的环境适应力和耐受力都得到提高，生物武器的上述弊端逐渐得到克服，生物武器的实战性增强。生物武器在作战中一旦使用，对组织指挥、对作战人员的战斗力、对部队机动和后勤保障都会造成较大的影响。

（一）生物武器的攻击目标

根据军事上的需要和战场上想要达到的目的，生物武器的使用可分为公开与隐蔽两种。在战场上主要作为战略武器使用，也可以作为战役战术武器使用；既可以单独使用某种生物战剂，也可以多种生物战剂混合使用，甚至可以与放射性物质、化学战剂同时使用。这不仅使发现和侦察增大了难度，还提高了生物战剂的感染力，给防护和救治工作带来了复杂性。

1. 攻击战略后方目标

生物武器通常作为战略武器使用，即突袭对方政治经济中心、工矿企业、交通枢纽、军事指挥中心、战略部队集结地域、重要水源以及食品、工厂、仓库设施等，多用致死性、传染性大的战剂，易造成大量疾病流行，使人心惶恐，社会动乱，削弱国家工业生产和生活保障能力。美军认为，生物武器主要作为一种战略性武器使用，其主要突击目标通常是城市市区、工业中心、部队集结地区、交通枢纽、导弹基地等。

2. 攻击战役战术目标

随着科学技术的发展，生物武器的实战性增强，从而增加了在战役战术范围内使用的可能性。在攻击战役目标时，主要是利用有利的气象、地形条件，对防护水平低或没有准备的战役部队，如前线坚守的主力部队、炮兵、火箭和导弹发射阵地、海军舰队、空军基地等进行袭击，以牵制和消耗对方部队的人力、物力。在攻击战术目标时，主要是对对方前沿防御阵地袭击，使对方在短期内造成战斗减员，或迫使对方穿戴防护器材而降低战斗力。战术袭击多采用非传染性、短潜伏期的失能性生物战剂，如委内瑞拉马脑炎病毒、葡萄球菌肠毒素等。在未来战争中，战役和战术攻击目标在前方和后方往往是不易区分的。美军认为，作为战术武器使用时，可以使用潜伏期短、传染性小的战剂。

(二) 生物武器对作战行动的影响

生物武器在作战中使用，将对作战的组织指挥、部队战斗力、部队机动、后勤保障造成重要影响，甚至会影响作战进程和成败。

1. 对组织指挥的影响

在生物武器威胁的条件下，战前对生物武器的使用判断和防护决策及计划组织要求高。一旦遭袭，防护协调控制又相当复杂，不仅要组织人员防护，也要对武器装备、物资器材、粮秣、水源进行防护。由于生物武器具有扩散传染性，防护的范围相当广泛。部队一旦受其伤害，伤情多种多样，治疗上又有很多差异，急救、隔离、处置都比较复杂，往往需要在大范围内动用军民的力量来实施。上述种种情况，都给组织指挥带来很大的难度和复杂性。

2. 对部队战斗力的影响

生物武器虽然不像核武器、化学武器那样，有瞬时杀伤作用，但是它毒性大，致病力强，流行范围广，常常大面积使用。在使用后，有可能使人们看不见、摸不着，在不知不觉中受到伤害。由于它的流行性，人员在污染区，对粮食、饮水、武器、物资器材的使用都将受到一定的限制。这些问题都会使作战人员背负沉重的心理负担，对部队的战斗力会产生直接的影响。

3. 对部队机动的影响

生物战剂传染性和致病力强、检疫困难，难以及时、彻底地消毒灭菌。为了控制病源，防止疾病流行，通常采用疫区封锁的方法。对于必须进出疫区的人员，通常要按规定的路线和检疫消毒的程序实施，因而会妨碍部队的机动、延误战机。

4. 对后勤保障的影响

生物战剂的种类繁多，限于当前没有准确、灵敏、快速发现和检测生物战剂的侦察仪器可供使用，生物武器一旦在作战中使用，很难及时发现并进行防护。大量的疾病救治、隔离区消毒、指导军民进行疫情控制等工作，将不得不依靠后勤保障部队，特别是卫生勤务部门来完成。然而，由于生物武器还具有伤害途径多、传染性强、潜伏期长等特点，生物武器的作战使用对后勤保障增加的负担无疑是巨大的。

二、生物武器在生物恐怖活动中的使用

生物武器的最大威胁是作为恐怖活动使用。1960—2000 年，国际社会发生的有据可查的生物恐怖事件有 121 起，其中 66 起是利用生物战剂直接进行有预谋的暗杀，另外 55 起是利用生物武器进行恐吓。随着科学技术的发展，传统的国家安全观念受到空前挑战，恐怖主义分子可以通过多种途径获得生物战剂及其散布方法，进行隐蔽突然的恐怖活动。由于生物战剂容易获取、容易生产及使用后能造成巨大的影响力和社会危害性，利用生物武器进行恐怖活动是恐怖分子十分钟情的手段。

从目前世界上一些恐怖势力的活动行径来看，未来将面临多样化的生物恐怖威胁。

（一）生物恐怖活动的攻击目标

从美国及世界各国近几年发生的生物恐怖事件来看，生物恐怖袭击的目标主要有以下三类。

1. 政府首脑和国家重要部门

在"9·11"事件后的一个月内就有近 10 个国家的总统、总理等高级领导人及议院、外交机构的办公室（办公楼）遭受生物恐怖袭扰。恐怖势力为了报复国家、扰乱和破坏国家的政治秩序，在国际上造成不良影响，选择这类目标将成为重点。

2. 公众场所和特殊群体

恐怖主义从事恐怖活动的目的之一就是制造社会影响力，从而引起政府和社会的关注，以达成其企图。而公众场所和特殊群体，一般是人口密集和有重要影响力的目标，一旦遭受恐怖袭击，后果不堪设想。因此，选择这类目标作为袭击对象自然不会被恐怖组织或个人"错过"。据不完全统计，1991—1998 年，"东突"恐怖势力在中国新疆地区就制造了 14 余起以商场、公共交通工具等公众场所为目标的恶性暴力事件。在未来，恐怖势力为达成

制造社会混乱或对我国政府施加压力的目的，选择公众场所和具有国际意义的特殊群体作为袭扰对象也有很大的可能性。

3. 具有影响力的个人

恐怖组织或个人为报复国家和发泄个人私愤，选择具有影响力的个人采取生物恐怖也成为可能。一是对具有政治影响力的个人，如国家领导人或具有特殊政治意义的代表人物；二是对积极投身于反恐怖斗争，并且让恐怖势力感到威胁的个人也将成为他们报复的重点。

（二）生物恐怖活动的形式

1. 以破坏、报复等为目的的生物恐怖活动将是主要的生物恐怖活动形式

在生物恐怖活动的形式中，这一类属最多。20 世纪 60 年代以来，国际社会发生利用生物战剂进行谋杀、报复的事件就达 60 余起。据统计，1995—2000 年，中国西部就发生了 300 余起以破坏、报复为目的的暴力和武装对抗事件，并且不断升级。

在和平时期，恐怖组织或个人为达到破坏或报复目的，可能采取投放有毒有害生物制剂、爆炸简易生物装置等制造生物恐怖活动。例如，2002 年 9 月 13 日发生在中国南京汤山的特大投毒案就属此类。犯罪分子因为竞争不过对手，竟然以投毒的方式实施报复，致使 300 余人中毒，其中死亡 42 人，造成了恶劣的社会影响。

在未来反恐怖作战行动中，恐怖组织为了达成扰乱作战部署、破坏社会稳定、动摇作战决心的目的，可能会对作战地域内生物设施构成威胁。随着生物工业技术的发展，各国都相继加大对生物产业的投资力度，许多城市都建有为数众多的生物设施。而在战时，这些生物设施则往往成为恐怖分子袭击的首要目标：①恐怖组织可能占据作战地区的重要生物设施，使其安全面临威胁。"反恐"作战中，恐怖组织可能会依托一些生物设施进行负隅顽抗，使我投鼠忌器，作战行动受到制约。恐怖组织占据生物设施后，设施中的有害病菌、病毒等可能会为其所用，一方面会破坏生物设施的功能或正常运行，另一方面也会加大战场生物威胁程度。②恐怖组织可能破坏军事集结或部署地域的生物设施。在军事集结或部署地域进行恐怖袭击，扰乱社会秩序，迫使军队调整部署已成为当前恐怖组织对抗攻击的重要手段。车臣恐怖组织为了对抗俄罗斯的反恐怖行动，曾多次在俄军后方制造恐怖事件，致使俄罗斯数度暂停攻击或调整部署。

2. 以扰乱、恐吓为目的的生物恐怖活动将是不容忽视的生物恐怖活动形式

这种类型将是未来生物恐怖活动形式的重点。据有关资料表明，1960—

2000 年，全世界发生有据可查的生物恐怖事件 121 起，而其中以扰乱、恐吓为目的的生物恐怖事件则有 55 起，几乎占到生物恐怖事件总量的 1/2。随着恐怖组织和个人暴力行为的蔓延和发展，以生物战剂袭扰（但事实并不一定有生物战剂）作为恐吓手段来制造恐怖事件，以达到对政府制造社会压力，引起人心混乱，或勒索他人及单位钱财等目的。例如，1984 年美国俄亥俄州一名为 RAJNEESH 的宗教组织为破坏该州的地方选举，利用沙门氏菌对俄亥俄州的一个饭店发动了攻击。虽然没有人死亡，但是使几百人受到影响，严重干扰了选举活动的进行。

在未来的反恐怖作战行动中，为了干扰部队的行动，恐怖组织可能会对作战地区军民生活用水、食物散播生物战剂或带菌媒介物，造成作战地区疾病流行，引起社会混乱。使用或威胁使用生物武器或物质等恐吓行为也是恐怖组织的重要手段。当时，本·拉登曾叫嚣要以核、化、生恐怖对抗美国的"反恐"军事行动。美国专家及政府官员称："由于传播像口蹄疫等动物类疾病相对来说比较简单，美国的农业产业已经成为'基地'分子发动恐怖袭击的'理想目标'"。车臣恐怖组织更是将核、化、生恐怖活动作为对抗俄罗斯军队"反恐"作战的有效武器和惯用伎俩。

3. 生物恐怖与正规战相结合将是未来战争面临的新威胁

其实，在美军阿富汗"反恐"作战中，这种作战形式已初见端倪。"基地"组织在战争中扬言要在美军后院发动生化恐怖袭击就着实使美军出了一身冷汗。事实上，恐怖组织袭击军事目标的例子已不鲜见。1984 年 11 月 30 日，美军大西洋一个海军基地发生了肉霉毒素中毒的恐怖事件，导致 50 人死亡。后经查实，是由于食用了被恐怖组织沾染了肉霉毒素的罐装橘汁。可以想象，一旦这些拥有生物战剂或有能力制造它们的非政府组织被某些别有用心的政府机构所利用，其后果相当可怕。在未来高技术局部战争中，某些国家为了达到战争目的，可能通过收买恐怖组织的形式在他国境内制造大规模的生物恐怖事件，形成"里应外合"之势，从而乘虚而入。

（三）生物恐怖活动中使用生物武器的影响

生物恐怖活动的影响主要包括三个方面：破坏世界和平与安全，危及国际局势的稳定；影响受害国的安全稳定；造成重大的人员伤亡和财产损失。

1. 破坏世界和平与安全，危及国际局势的稳定

生物恐怖活动是带有特定政治目的的暴力行动，涉及一国或多国的政治集团或政府。生物恐怖活动能引起一国国内局势的动荡，进而影响到地区乃至国际局势的稳定。大规模的生物恐怖活动基本还会对国际战略格局造成严重冲击。美国"9·11"恐怖袭击事件后欧盟部分国家内暴发的炭疽恐怖事

件，不仅影响到欧盟各成员国国内的安全局势，还对全球安全形势造成了严重影响。

2. 影响受害国的安全稳定

生物活动将使社会处于一种无序的状态，扰乱政府部门和公共场所的正常运行，破坏受害国的社会稳定。由于生物病菌具有极强的传染性且可以进行繁殖，因此不但能在直接遭受生物恐怖袭击的区域形成污染区，在其周围地区也会由于传染源流动扩散的缘故形成大面积新的疫区。为了避免对人员构成伤害，受染区在一段时间内不得不停止使用，在这些地区原有的设施也将被迫暂时失去功能。例如，美国"9·11"恐怖袭击事件后，美国国内发生炭疽生物恐怖事件使美国的机场和其他公共场所因担心生物恐怖袭击而暂停使用，美国国会参众两院也因炭疽事件而部分关闭，美国为了防止其驻外领（使）馆遭受恐怖袭击还曾撤出部分人员或关闭领（使）馆。

生物恐怖活动将破坏正常的生活秩序，造成严重的心理危害。生物恐怖活动由于隐蔽性强，难以发现，而且其袭击往往发生在人们的日常生活中，民众担心受袭，会被迫改变一些生活习惯。因为害怕遭受炭疽袭击，许多国家的民众停止使用邮件。生物恐怖袭击一旦形成传染病蔓延、流行，为了控制势态的进一步扩大，政府必将实行封闭式控制管理，不但严重影响日常生活和工作，还需要全社会各方面的协调、配合和努力，甚至严重影响到正常的国际经济贸易和日常交往。对于人口集中的城市、工业区、军营，可能出现的人人自危、精神恐惧的潜在性心理危害更是难以估计。

生物恐怖活动将增加某些政府职能部门的工作量和负担，使其正常的运行受到影响。生物恐怖的应急体制会改变和打乱正常的工作和社会秩序。生物恐怖活动对检验、检疫等部门提出了很高的要求，为了及时发现生物恐怖袭击和防止疫情的扩散，这些机构必须增加检验、检疫范围，增设设备，现有人员和机构的压力增加。由于生物恐怖袭击突然性强，一旦人群中出现感染情况，由于人口的流动性，实际上疫情已经扩散开来，从而给救治增加困难。由于受感染人员本身又成为传染源，在治疗时要实施绝对的隔离式治疗，将对医疗基础设施构成严峻考验。

3. 造成重大的人员伤亡和财产损失

生物恐怖活动将造成大量的人员伤亡。作为生物战剂多数是烈性传染性致病微生物，其毒性大，感染剂量小，少量病源侵入机体就可感染发病。1998年，时任美国国防部长科恩在电视上手拿一袋2.25 kg重的白糖说："要袭击一个大城市，需要同等质量的炭疽杆菌即可。"美国专家指出，用炭疽杆菌布撒在城市上空，其杀伤力不逊于氢弹的威力。据世界卫生组织估计，只要用0.015~0.240 kg的肉毒杆菌毒素或5~80 kg的麦角酸二乙基酰胺污染城市水源，数小时内将有上万居民中毒致死或失能。生物恐怖活动会导致巨额财产损失。当出现生物恐怖袭击事件后，为了防止疫情的扩散，对污染区的隔离和消毒灭菌，对染病人员的医疗救护，对人员的检验、检疫，都需要消耗大量的人力、物力和财力资源，造成资源的大量浪费和巨额经济损失。例如，美国为了消除国会大厦遭受炭疽恐怖袭击的后果就耗资达 6 000 万美元。由于担心受生物恐怖袭击或害怕被感染，民众不敢外出，从而使市场购买力下降，影响经济运行。由于担心疫情的传播，正常的国家间的经贸往来可能会暂停。例如，1994 年 9 月 19 日，印度苏拉特发生的鼠疫大流行，在短短几周内就造成印度首都和 7 个邦鼠疫大爆发。为此，许多国家终止了与印度的经贸往来，使印度的经济损失难以估量。

第四章
生物武器侦察

第一节　概述

一、基本概念

（一）生物侦察与生物侦察技术

1. 生物侦察

生物侦察即查明地面、水域、空气、物体的生物污染情况而进行的侦察。主要是初步检验生物战剂种类及其传播媒介，监测疫情，采集并后送受染样品等。生物侦察是获取战场生物信息的主要手段。生物侦察的主要目的在于及时获得准确的敌人生物战准备情况以及战场地形、地理、气象等资料，保障指挥员正确地定下决心，指挥各级各兵种部队迅速、准确、突然、猛烈地实施火力突击，适时、迅速地实施机动突击，并能够隐蔽地调动部队，不间断地采取各种战斗行动。

2. 生物侦察技术

生物侦察技术是指使用生物侦察器材通过侦测、报警、采样鉴定等手段，发现空气、水源、地面和物体表面上的生物战剂，并对其进行定性检验，概略测定生物战剂污染浓度和密度，监测生物战剂云团传播的一门专业技术。它是执行生物侦察任务的主要技术基础。

生物侦察技术的产生与生物武器的使用紧密相关。自第一次世界大战德军将真正意义上的生物武器用于战场，生物侦察技术随之出现，并随着现代科学技术的发展而发展，已经由单一的病理学和微生物学检测方法，发展到生物学、医学、化学、物理学等技术相结合的侦察判断方法；技术性能已从侦检点源发展到对大面积和远距离的遥测；在使用上已从手动操作发展到自动化或微机控制，从而使生物侦察成为现代战争中对付生物武器的重要手段之一。因此，熟悉生物侦察器材性能，研究生物侦察方法，掌握生物侦察技术，对从事防化的人员十分必要，必须掌握生物侦察专业技能。

（二）生物战剂采样与生物战剂采样技术

1. 生物战剂采样

生物战剂采样是指生物战剂标本的采集、保存和运送，是生物防护的一个主要环节。它直接关系到生物战剂能否检出，从而影响对生物武器攻击的正确判断和医学防护措施及时、有效的开展。

生物战剂标本的采样，虽然与平时致病微生物标本的采样有某些相同之处，但是在许多方面有着明显的差异：①生物战剂种类繁多，事先又无法预测，因而采样技术要能适应各类战剂的要求；②采样主要在野外环境中进行，采样技术要能在不同地区不同气象，如严寒、酷暑、干旱、潮湿等条件下使用；③施放到大气中和污染水源的战剂，由于飘流和扩散很快，采样必须及时，采样技术需要简便快速；④生物战剂污染的范围广，要采集的标本数量多，采样任务紧迫，必须动员和组织有关方面的大量技术力量共同进行。

2. 生物战剂采样技术

生物战剂采样技术是运用生物采样装备器材，对受袭区域的气溶胶、水源、土壤、植被、粮秣、物体表面上和媒介生物等标本进行采集的技术。生物战剂采样技术伴随科学技术的发展而不断更新，目前主要包括惯性撞击采样技术、静电吸附采样技术、过滤阻留采样技术、重力沉着采样技术和温差迫降采样技术等。

（三）生物检验与生物检验技术

1. 生物检验

生物检验是为了查明生物战剂种类及特征，对获取的生物战剂样品进行的检验，包括样品处理、初步检验、分离培养和系统生物学鉴定等。及时、快速地检验生物袭击的病原体，对生物袭击尽快做出预警，确定生物袭击生物战剂种类，是生物袭击危害后果控制和消除的关键。明确生物战剂种类是正确隔离治疗，对污染区进行管理的必要前提。明确生物战剂种类有利于指导处置对策、资源筹措与使用，可以集中有限的资源尽可能减少潜在的灾难性损失。明确生物战剂种类，分析其生物特性，也是追溯生物战剂来源，证明生物战、生物恐怖等行为发生的重要依据。因此，生物检验鉴定在应对生物战和生物恐怖活动中具有重要意义。

2. 生物检验技术

生物检验技术是利用生物检验类装备器材，对样品中生物战剂的种类和浓度等进行技术分析和检定。生物检验技术是伴随着科学技术的发展而发展的。目前，生物检验技术主要包括微生物形态学检验技术、生理生化特征检验技术、免疫血清学检验技术和分子生物学检验技术等，能够分别从生物战剂的群体（菌落）水平、个体（细胞）水平和分子水平进行准确的定性和定量分析。

生物检验技术包括生物样品处理技术、现场快速检验技术和实验室检验分析技术。生物样品处理是指利用现场生物战剂样品处理器材，对采集的可疑生物战剂样品包括沾染物和媒介生物等进行样品的分离、纯化和浓缩。样品处理过程中需要避免生物战剂的死亡或丧失活性；同时还要对样品进行合理的抗杂菌干扰处理，根据检验装备器材的具体要求制备检验用样品，并尽可能迅速实施检验。

二、生物侦检的任务与要求

（一）生物侦检的任务

生物侦检是防化保障中不可缺少的重要组成部分，是指挥员定下决心的依据，也是我军民正确实施防护、洗消、急救等行动的前提。生物侦检的基本任务包括以下几种：

（1）迅速查明是否遭到敌人生物袭击及所使用生物战剂的种类、污染范围和危害程度，了解和掌握生物袭击后对我方影响的有关信息，监测报知生物战剂的到达和通过，使被保障地域人员及时、正确地进行防护，为首长的指挥及部（分）队的防护、洗消、急救行动提供依据。

（2）对重要的污染地区或目标进行标识，监测生物战剂的变化，为部（分）队的作战行动提供保障。

（3）对消毒后生物战剂的情况进行验查。

（4）平时，在生物应急救援中实施生物战剂（毒剂）监测并报警。

（二）生物侦检的要求

现代战争对生物侦检提出了很高要求，在完成生物侦检任务时，必须做到准确、快速、灵敏、简便。

1. 准确

准确是生物侦检总要求中的核心内容，包括准确地查明敌人进行生物袭击的事实；准确地判断敌人使用生物战剂的种类、污染程度和范围；准确地监测生物战剂的变化情况。若敌人使用生物战剂而未被查明，被保障人员不能采取相应的防护措施，则会引起人员大量伤亡。若因侦检方法不当，技术水平不高，干扰未能排除，对袭击情况造成误判，则会引起人力、物力不必要的浪费，影响指挥员定下决心，不能采取适当的防护、消毒、急救措施；若敌人未使用生物战剂而判定为使用，则会使部队采取不必要的行动，削弱战斗力，引起混乱。

2. 快速

快速是完成生物侦检任务的基本要求。在生物战中，高致病性、高传染性、高毒性战剂在瞬间可以迅速造成大面积、高浓度的污染区域，会很快对人员造成感染和伤害。防化兵必须快速发现、快速侦检、快速上报、快速采取相应的措施。所以，提高生物侦检的速度是防化兵训练的中心问题。

3. 灵敏

灵敏是指所采用的方法能侦检出或报知生物战剂引起感染和中毒的最低浓度或密度。在确定解除防护时机、判断水源能否饮用时，均要求侦检方法有一定的灵敏度，否则会造成人、畜伤亡。这不仅要求选用灵敏度较高的侦检分析方法，而且对装备的操作要准确，侦检分析技术要熟练。

4. 简便

简便是对生物侦检、报警器材而言，要求结构简单、操作方便、便于维修、成本低廉。部分国家装备的简易的生物战剂侦检器材，如生物战剂快速侦检片、侦检卡、试纸条等都可以达到该要求。

未来战争是信息化战争，就防化兵而言，顺利完成防化保障任务的前提是实现生物侦检的信息化，从而对生物侦检提出了更高的要求。除了做到上述基本要求外，还必须满足生物预警的需求，并且能够把战场生物信息通过通信和数传直接传输到联合作战指挥系统。

第二节　生物武器的侦察原理与技术

及时准确地判定敌人是否使用了生物武器，是防生物战的重要环节，这就要求必须做好侦察工作。侦察的任务是利用各种方法和手段，对敌人进行生物战的阴谋进行经常性的监视，以及时发现敌人使用生物武器的可疑迹象，立即发出警报信号，便于及时采取防护措施。

在侦察时，必须实行群众性侦察与专业队伍侦察相结合，平时建立有组织的对空监视哨，战时更应加强。随时发现可疑迹象，立即上报，并采集标本上送，及时进行检验。将侦察得来的材料加以归纳整理，做出初步判断。

一、调查敌人的有关动态

平时通过有关部门，经常了解敌人进行生物战的准备情况，如研究机构、研究动向以及发展趋势，特种部队的编制、职责、装备情况，有关生物武器的试验及其效果，生物战剂的种类，武器类型等。临战前，应着重了解敌人特种部队的活动情况，生物弹的调发、运送、聚集地点，以及敌人广泛进行预防接种疫苗的种类。敌方派遣特务搜集我国各战略地区的流行情况都应加以注意，提高警惕。

二、侦察敌人进行生物战的可疑迹象

受生物武器攻击的侦察，可分为迹象侦察和生物战剂侦察。迹象侦察是根据受到生物武器攻击时的特征，凭看到的一些现象做出判断，发出报警信号。生物战剂侦察是指依靠战剂本身的特点进行分析的方法。例如，使用仪器对大气进行经常的监视，分析大气中有无生物战剂特征的物质存在，并能在短时间（数分钟）内得出结论，发出报警信号。

迹象侦察和发出报警信号的方法，只可作为受生物武器袭击时现场人员进行紧急防护的信号，最后确定敌人使用了何种生物战剂，必须等待对生物战剂检验结果的报告，并采取进一步消除生物武器后果的一系列防疫措施。

（一）空情

敌人使用飞机直接喷洒生物战剂气溶剂时，飞机一般飞得较低，其后有烟雾带；或投放不炸，或炸声小而低沉的炸弹或容器；或见到闪光小，嗅到与火药味不同的焦臭味。使用的时机以阴天、晴朗的夜间或凌晨，而且风速较小（小于 8 m/s）时可能性较大。

发现可疑迹象后，应记录当时的时间和气象条件（如晴、阴、温度、湿度、风向、风速等），同时应向防空指挥部门了解敌机活动的情况及飞机机型、航向、高度等。

（二）地情

生物航弹的弹坑浅小，弹片特殊（不一定是金属的，如果是金属弹片，也较大而薄），在弹坑附近可能遗留有粉末、液滴、昆虫、老鼠、羽毛、玩具及宣传品等。例如，用气溶胶发生器施放生物战剂，有时可见到特殊的容器。

（三）虫情

敌人投放带菌媒介物时，可在地面上发现昆虫及小动物，并且在出现的季节、场所、种类、密度、体态、虫龄等方面常与平时不同。判断敌人投放媒介昆虫和动物最有力的证据是发现有投放昆虫和动物的同时，发现容器的残留物。

（四）疫情

敌人进行生物战的目的，是企图人为地造成传染病，因此在疫情调查时需要注意以下特点。

1. 疾病的种类异常

在同一个地区从事不同劳动的人员、马匹，突然发生大批症状相同，当地从来未发生过的传染病，如委内瑞拉马脑炎，东、西方马脑炎等。

2. 感染的途径异常

敌人撒布微生物气溶胶大多经呼吸道感染，使人、畜致病。例如，发现平时是经胃肠道或虫媒传染的传染病，而排除胃肠道或昆虫媒介时，就要提高警惕。例如，肉毒毒素中毒，通常是公认的胃肠道传染病，而病人和患畜却无共同食物或采食感染的原因，怀疑是经呼吸道感染时，则需要引起注意。

3. 传染病发生的季节异常

平时传染病的发生大多有一定的季节性，如鼠疫的流行与啮齿动物、蚤类的繁殖密切相关，发病高峰往往在啮齿动物、蚤类的繁殖高峰之后。我国南方鼠疫发病最高峰在 6 月份，北方是 8、9 月份，如果不是在此期间大量发现鼠疫患者，可以结合其他因素进行综合判断。

4. 发生混合感染的传染病

在同一个地区，大批人员和马匹同时发生多种病原体混合感染的传染病。

5. 其他方面的异常

发现动物死亡，在数量、场所、季节等方面存在着异常。

敌人使用生物武器往往是以隐蔽的手段进行，所用容器自动销毁，加之施放生物战剂气溶胶一般不容易发现，所以很难收集比较完整的敌情资料。因此，必须把得到的材料逐项核实，不放弃任何对判断有意义的线索，加以连贯考虑，找出各种迹象的相互关系，对敌人是否使用了生物武器进行初步判断。

三、现场调查

在得到敌人使用生物武器可疑迹象的报告后，一面上报有关部门；另一面立即进行调查。

（一）污染区调查

（1）仔细观察并记录现场的有关情况，鉴定可疑敌人投放物及其迹象，有条件时应拍照。

（2）初步判定污染区的范围。

（3）询问目击者及附近军民，了解敌人使用生物武器的经过，以及当地的医学昆虫、动物分布和卫生、气象等情况。

（4）了解可能受感染的人数、去向以及目前健康状况等。

（5）采集检验标本。

（二）疫情调查

（1）迅速做出临床初步诊断，分析在病种、传播途径、发病季节、职业特点等方面有无异常现象。

（2）调查患者的发病与空情、地情有无关联。

（3）了解疫情发展趋势，调查疫情可能扩散的有关因素，如传染源是否已经控制，是否继续污染外环境等，以便及时采取控制疫情的有效措施。

（三）初步判断

调查中收集的资料，应从实际出发，认真加以整理分析，及时写出报告。对空情、地情、疫情材料应逐项核实，既不要放弃任何有意义的线索，也不要被一些现象所迷惑。对全部资料应连贯起来分析，找出各种迹象间的相互联系，再加上检验结果，综合分析，以对敌人是否使用了生物武器做出初步判定。

四、生物气溶胶的侦察

（一）激光激发生物荧光分析技术

基于光学测量的生物气溶胶检测技术具有快速、无损和灵敏等优点，是当前生物气溶胶检测技术的研究主流与热点。该技术一般基于光学原理对气溶胶粒子的形状、尺寸和本征荧光三个方面进行检测与分析，从而对其生物属性进行预判别。本征荧光是指生物物质中含有的氨基酸（酪氨酸、色氨酸等）、烟酰胺腺嘌呤二核苷酸（NADH）和核黄素等有机分子在特定波长光激发下发出的特有荧光，本征荧光是生物属性判别的重要依据之一。同时，由于不同微生物体中各种有机分子的比例不同，表现出的吸收光谱与发射光谱也有较大差异。通过对不同本征荧光波段的光谱强度的检测，利用标定与分析的手段得到各种有机分子的相对含量，可实现对生物气溶胶种类的预分类。

生物气溶胶检测装置包括气溶胶粒子富集单元与荧光检测单元两个部分。粒子富集单元将被采样气溶胶中一定粒径范围内的粒子富集到粒子采集板上；荧光检测单元对富集到粒子采集板上的粒子进行紫外光诱导下的荧光检测，通过探测荧光强度分析计算相应生物物质的含量。这种利用富集粒子作为被检物的设计方案提高了荧光检测单元的检测灵敏度，降低了对激发光光源功率的要求。

在生物粒子的细胞中含有的核黄素、烟酰胺腺嘌呤二核苷酸磷酸和色氨酸等荧光分子，在光子能量很高的320～360 nm波长段紫外激光的照射下，将产生生物荧光，其波长范围为390～600 nm。使用激光激发空气中气溶胶粒子的自发荧光，通过比较其荧光光谱就可以对生物气溶胶和非生物气溶胶进行识别研究。使用激光激发生物荧光分析技术的设备分为在线分析型和远距离探测型两种。

1. 在线分析技术

该技术的主要原理是采集并加速空气中的微粒，使之以单微粒的形式快速通过紫外激光照射激发区，同时使用光电探测器收集生物荧光及粒子散射信息，从而获得单位体积空气中生物粒子粒径及浓度信息。

该技术能够实时区分和测定大气本底中微生物粒子和非微生物粒子，但是不能分辨微生物种类，是可靠检测低浓度人工气溶胶（如生物战剂云团）的侦察仪器。工作原理是自然状态下，空气中微生物的浓度变化较为规律，不会呈现大幅变化。只有在人为活动作用的情况下，才可能出现空气中微生物浓度瞬间大幅升高的情况。

该类技术装备是通过测定空气中活的生物粒子的内在荧光和利用空气动力学粒子计数器实现对气溶胶中粒子粒径和数量进行测量。粒子计数器以特定（如1 L/min）的流量采集空气，记录气溶胶中特定粒径（如0.5～15 μm）的粒子总数。粒子直径的测定是通过加速粒子使之通过一个小孔，并且测量穿过红色二极管激光束双峰之间距离的时间实现的。生物粒子与非生物粒子的区分是通过粒子计数器增加了测量活生物细胞内内源荧光物质（如辅酶或维生素分子）产生的固有荧光来实现的。其检测过程为：当一个粒子打断红外激光束被计数时，首先触发第二个脉冲紫外激光束来激发粒子，然后第二个光电倍增管测量来自粒子的荧光。微生物粒子会因特定波长和强度的荧光而被记录，而非生物粒子由于产生的荧光强度和波长不同而不被记录。该类装备还配有用来自动记录所有粒子和荧光性数据的分析软件，经过数据处理后能够显示关于粒子大小、数量、荧光性的三维图像，当环境空气采样过程中产生不正常粒子荧光特性时自动报警。

2. 远距离探测技术

远距离探测技术的代表是激光生物气溶胶雷达技术。该技术将高能量紫外激光投射到远方的气溶胶云团，如果云团中生物粒子含量较高，就会在激光的激发下发出生物荧光，为气溶胶雷达上的大口径荧光收集器所探测，从而达到判定生物战剂气溶胶云团目标的形状范围及相关信息。激光雷达探测系统是以激光器为辐射源、光电探测器为接收器件，以光电望远镜为天线的一种新型雷达系统。

（二）生物发光技术

生物发光技术是指包括生物战剂在内的所有活的生物细胞都含有一定量的三磷酸腺苷（ATP，所有生物的储能物质），当加入含有荧光素及荧光素酶的混合液中后，由于溶液中已溶解有足够的氧气，便能立即发光。发光强度在 1 s 内达到峰值，光衰减时间持续 1 s 或更长。此方法比较灵敏，仪器能检出的 ATP 量为 $10^4 \sim 10^5$ μg/mL，一个细菌约含 10^9 μg ATP，因此每毫升中存在 $10^5 \sim 10^6$ 个细菌即可被检出。其中，检测液光信号的强度与 ATP 量成正比。该技术仅对样品中活的细菌进行检测，当细菌死亡后 30 min 内 ATP 被消耗掉，则无法再检出荧光。

（三）化学发光技术

许多天然的和合成的化学物质都具有辐射冷光现象，如荧光素及人工合成的 Luminol（5 - 氨基 - 2，3 - 二氢 - 1，4 - 呔嗪二酮）。Luminol 在碱性溶液中，经氧化可辐射冷光。当存在过氧化氢时，过氧化氢酶催化反应，释放氧，Luminol 被氧化即辐射可见光。大多数细菌和立克次体含有过氧化氢酶和卟啉，而病毒本身虽无该酶，但是其组织培养液或其感染的细胞含有该酶，均可以使 Luminol 发光，其灵敏度为 $10^3 \sim 10^4$ 个菌/mL。该探测体系中从样品引入到记录结果需时约 2 min。由于 Fe^{3+}、Ni^{2+}、Cu^{2+} 等金属离子也是可使 Luminol 发光的触酶，因而会干扰这一探测方法，但是可以根据金属离子与不同细菌对 Luminol 作用后发光反应速度的不同加以区别。发光反应达到峰值及光衰减的速度均以金属离子最快，革兰氏阳性菌次之，革兰氏阴性菌最慢。据此可以排除大气中金属离子的干扰，还可以对生物气溶胶粒子作粗略分类。

（四）蛋白质粒子染色技术

利用蛋白质粒子染色技术制成的粒子颜色报警器（partichrom alarm）是一种能自动检出蛋白质粒子的生物气溶胶报警器。它可以将空气中的气溶胶粒子自动采集于一条移动的透明带上。通过乙基紫染色液染色后，蛋白质粒子染成蓝色，其他尘埃粒子则染成绿色。用特别设计的光电扫描器，可以在这两种粒子同时存在时单独对蓝色粒子进行计数。从采样、染色到完成计数的时间为 7 min。

经过现场试验，该仪器的误报（把非蓝色粒子计数成蓝色粒子）率为 2%；此外，由于粒子大于扫描光点所造成的同一粒子重复计数，也导致一定程度的误差。为了提高其性能，曾用荧光染料取代乙基紫进行染色，并附加记忆系统的办法来解决重复计数的问题，但结构过于复杂。

（五）生物学特性侦察技术

这是利用一些灵敏、快速的方法检测采样液中是否存在微生物的新陈代谢活动，以作为判定大气有无致病菌存在的一类监测仪，如 Wolf 捕获器、Gulliver 检测器等。

（1）Wolf 捕获器（Wolf trap）利用灵敏的检测装置，测定采集于培养液中的样品经一定温度培养后浊度是否逐步升高、pH 值是否逐渐改变，以判定有无活菌存在。这种方法只要样品中有 10 个活菌，便可以在 2 ~ 3 h 内得出结果。

（2）Gulliver 检测器（Gulliver detector）则在培养液中加有用 ^{14}C 标记的葡萄糖，当采样中有活菌时，能在生长繁殖过程中产生放射性的 $^{14}CO_2$，逸出的 $^{14}CO_2$ 气体可用灵敏的放射性检测器测出。样品中含有 10^3 个活菌时，此法可在 1 ~ 2 h 内检出。

这些方法的突出优点是：特异性强，非常灵敏，可以遥测，但是速度较慢，而且由于大气中本身存在着浓度变化较大的各种微生物，会受到严重干扰。此外，它们不适于检测病毒与毒素。由于这些方法能实行遥测，曾用于宇航方面，作为外层空间及其他星球是否存在微生物的检测。

以上技术只能对环境中的生物气溶胶和非生物气溶胶在浓度的改变上进行分辨，均无法对生物战剂的种类进行区分。

第三节　生物战剂样本的采集原理与技术

一、样本的选择

（一）环境标本

（1）气溶胶标本。通过气溶胶采样器采集的空气微生物标本，植被、表层土壤、水、物体表面擦拭的棉拭子、现场工作人员的口罩外层小片等。

（2）媒介物标本。包括蚊虫、蚤、蝉及鼠类、水生动物、杂物等可疑投放物品等。

（3）水及食品标本。水源标本采集 500 ~ 1 000 mL，以静置水面采样为宜，如井水、河水等。食品标本，选择可疑部分，或制作、盛装使用的容器等。

（4）动物标本。包括野外动物及家畜，如病马、犬等。马等体积大的动物，根据发病情况采集脏器、组织等，鼠等体积小的整体采集。

（二）病人及病畜尸检标本

尸检标本包括病人、病畜和野生动物。采样时根据临床表现和初步判断选择采集血液、体液或组织标本。

（三）标本采集注意事项

应尽快在现场采取消毒措施前采集标本，特别要注意以下问题。

（1）应采集未经过化学消毒药物处置的标本或在消毒处置之前采集。

（2）用于分离病原体的血、尿、便及脑脊液等标本应是未用药者或给药前。

（3）送检标本必须按登记表细致填写，基本信息不漏项，至少包括标本种类、数量、采集地点和时间、采集人姓名等。临床或尸检标本应包括症状、体征、临床诊断、尸体解剖所见等。

（4）采样后应将标本放置在密封容器内，做好标志。采样过程中要注意人员防护。

（5）做好标本采集的现场证据保全。

二、样本采集技术

（一）微生物气溶胶采样

由于生物战剂大多易于在空中撒布，空气采样是生物战剂采样中最重要的一个方面。能够有效采集生物气溶胶或空气中生物微粒的采样器，对随后进行的检测与鉴别非常重要。

空气中生物战剂的采样方法，通常按其工作原理可以分为5类，即惯性撞击采样、旋风采样、过滤阻留采样、静电吸附采样和温差迫降采样。其中，前三种在平时已经广泛应用，比较适合于战时现场条件下生物战剂的采集。

1. 惯性撞击式采样器

惯性撞击式采样器是空气微生物采样器中应用最广泛的一类。根据阻挡面上介质情况的不同，这类惯性撞击式采集器又分为液体撞击式（冲击式）采样器（impinger）和固体撞击式采样器（impactor）。前者覆盖的介质为液体；后者为固体或薄层黏性液。

惯性撞击式采样器的工作原理如图 4-1 所示。利用抽气泵抽气，空气通过小孔时形成高速喷射气流，遇到挡板时，气流转弯而去，气流中的粒子因惯性作用而撞击到挡板上，挡板上放置装有培养基的平皿。惯性不够大的粒子其惯性不足以克服阻挡面气垫阻力，则会随气流继续前行。

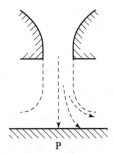

图 4 - 1　惯性撞击式采样器工作原理示意图

P—阻挡面；虚线代表气流方向；箭头代表粒子轨迹

1）固体撞击式采样器

该类采样器的阻挡面一般使用倾注有营养琼脂或特殊培养基的平皿。采样后，将平皿盖盖好，即可放在恒温箱培养。主要代表有美国 Anderson 采样器和英国的 Casella 裂隙式采样器。

Anderson 采样器的喷嘴为均匀密布于一个圆碟上的许多（一般为 400 个）小圆孔，形似筛盘，则称为筛盘式采样器（图 4 - 2）。这种筛盘通常共有 6 个（6 级），从上至下叠放。各筛盘上的孔径，从上至下一盘比一盘的小，从而喷嘴出口的气流速度则一层比一层加大。因此，可以把不同大小粒径范围的含菌粒子采集于不同层上的营养琼脂平皿上。它既可测定空气中含菌量，也可大体测定空气中含菌粒子的大小分布状况以及选择性吸附指定大小的微粒。但是，该采样器在工作时需要使用交流电源，还需要另配抽气泵。另外，所用的玻璃平皿携带运输也很不方便，容易破碎和受污染，因此多适用于地下工事、掩蔽部和室内的定点采样。

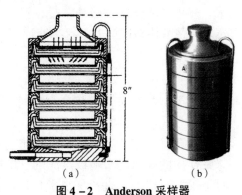

（a）　　　　　　　（b）

图 4 - 2　Anderson 采样器

（a）结构剖面图；（b）采样装置

2）液体撞击式（冲击式）采样器

这类采样器也采用撞击式原理，所不同的是其内部采样阻挡界面由固体介质改换为液体缓冲介质。工作原理如图4-3所示，在采样瓶底部之上，正对喷嘴下面一定距离，装有一定量采样介质。空气中的微生物进入抽气管，通过喷嘴加速，采集于采样液体中，然后供进一步做微生物检验分析。可以取其中一部分作倾注平板或画线分离，也可将其大部或全部用灭菌微孔滤膜过滤，再将滤膜贴于培养皿上。如果需要检查是否有病毒或毒素，则可将滤液做动物接种、组织培养或其他检验。

通常，液体撞击式采样器需要另外配备气泵，而且在野外条件使用时容易受到气温的影响。一般在10 ℃以下的气温中，由于高速气流使采样液蒸发致冷，喷嘴出口处常易结冰封堵。因此，其不如固体撞击式采样器使用广泛。

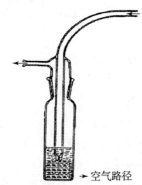

➡空气路径

图4-3　液体撞击式（冲击式）采样器工作原理示意图

2. 旋风式采样器

旋风分离是利用气态非均匀体系在作高速旋转时所产生的离心力，将空气中的可吸入微粒从气流中分离出来的一种干式气固分离技术。其工作原理是：由外部吸入的含微生物微粒气流在旋风采样器（cyclone collector/samplers）中形成螺旋气流，并且逐渐往旋风底部运行，较大的颗粒在离心力的作用下被收集到附有水或其他液体的内壁上，较小的颗粒在螺旋气流的内部，由底部出口排出。

3. 过滤阻留采样器

该采样器主要利用各种类型的滤材，将通过的空气过滤而把气溶胶粒子采集下来。其工作机理不仅仅是由于滤材的拦截作用，还由于惯性撞击、布朗运动、静电吸附和重力沉降等作用，其中以惯性撞击、拦截和布朗运动所起的作用较大。以上三种作用的强弱，又随被过滤的气溶胶粒子大小和滤材性质而不同。其中，对于较大的粒子（直径不小于0.5 μm），起主要作用的为惯性撞击和拦截；对于小粒子（直径不大于0.03 μm），起主要作用的是布朗运动；而大小介于两者之间的粒子，则惯性撞击、拦截和布朗运动三者的作用兼而有之，但是都很弱，因此这部分粒子不容易被滤除。当滤材为化学纤维或纤维表面涂覆有树脂时，静电吸附的作用就明显加强。

有多种类型的滤材可以用来阻留空气中的微生物，但是适于做微生物气溶胶采样检验的主要有以下几种。

1）微孔滤膜（分子滤膜）

微孔滤膜是由硝酸纤维素酯，或醋酸纤维素酯，或这两者按一定比例混合制成的一种很薄（0.1~0.15 mm）的多孔性膜式滤材，孔数可达 $10^6 \sim 10^8/cm^2$，一般为 $5 \times 10^6 \sim 5 \times 10^7/cm^2$。孔的大小可根据需要分别制成 25 nm ~ 14 μm，孔径较一致。其通气量较大，气溶胶（AA）滤膜孔径为（0.8 ± 0.05）μm，在压差为 93.1 kPa（70 cmHg）时，空气流量可达 9.8 L/（min·cm²）。

微孔滤膜具有较强的静电作用，可以把小于孔径一定程度的粒子阻留于滤膜之中。但是，对小于 0.1 μm 粒子的阻留率则较小，其中以 0.02 μm 者穿透率最大。大于孔径的粒子均被拦截于滤膜比较平整的表面之上，因而便于观察和检验。采样后的滤膜可以贴于培养基上进行直接培养，以检查长出的菌落，也可以直接对滤膜上的细菌进行染色供镜检。微孔滤膜还适于在不同气象条件下使用，规格一致，使用方便，经环氧乙烷气体灭菌后可以长期保存备用。

微孔滤膜过滤阻留采样器作为生物战剂气溶胶采样工具还存在一些明显的缺点，包括：采样时阻力较大，需要有真空度较高的抽气装置；容尘量较低，滤膜孔易被堵塞，特别是在含尘量较大的空气中，难以作较长时间的采样；对细菌繁殖体的采样效率，与其他过滤式采样器一样，由于采样过程中阻留在滤膜上的细菌不断受到通过空气的风干作用，使繁殖体细菌死亡，因而回收率较低。不过，可以在用液体撞击式采样器采样后，再用微孔滤膜浓集采样液中的细菌，以解决此问题。另一个缺点是，阻留于微孔滤膜上的病毒、立克次体，难以洗下供接种和培养。

2）可溶性滤材

人们后来使用可溶性微孔材料作为滤膜，其特点是采样后的滤材可以放在水中或溶液中溶解，使被采集的微生物直接释放到溶液中，无须冲洗。因此，适用于细菌、病毒和毒素气溶胶的采样，并且可以在严寒条件下使用。目前，在现场使用过的可溶性滤膜有泡沫明胶滤膜、谷氨酸钠（味精）粉末烧结滤膜和藻酸钠滤膜等。但是，这类采样器的共同缺点是：结构不均匀，难以规格化；采样时对气流阻力过大；易碎裂泄漏；对繁殖体的回收低，大致为1%。

4. 静电吸附采样器（electrostatic adsorption collector）

前面提到的惯性撞击采样器和过滤阻留采样器，由于空气气流要通过狭小的孔道，阻力较大，因此较难实现大流量的空气采样。这对于在空气中带菌粒子很稀少的情况下，如施放后的生物战剂在野外大气中被快速稀释，以及在室内空气中作感染剂量极低的致病微生物的采样时，上述两类采样器就难以达到要求。静电吸附采样器在这方面则具有优势。

静电吸附采样器采用正负电相吸引的原理采集粒子，空气通道相对地可以加大，阻力显著降低，通气量大大增加。以最简单的管式静电吸附采样器为例，其工作原理为：当含有带菌粒子的空气由进气口进入，到达高压电极周围的电晕放电区时，粒子便吸收电荷，而向带相反电荷的采集管壁移动并被吸附于其上。另外由进水管输入的液体，沿管壁形成一层水膜下流，不断将采集的粒子洗下，经收集后，供作微生物学分析。还有一种形式是，管壁上不是流动的水膜，而是覆盖一薄层营养琼脂，带菌粒子吸附于琼脂上后，经过培养即可生长出可供观察计数的菌落。

目前，已经设计和制造了 1 000 ~ 10 000 L/min 采气量的大型静电吸附采样器，气体的浓缩比例可达 100 万倍，即能把 1 000 ~ 10 000 L 空气中的带菌粒子浓集于 5 mL、10 mL 和 40 mL 的采样液中。对于 0.1 ~ 5.0 μm 及以上直径的粒子均能得到有效采集，回收率约为 10%。静电吸附采样器的缺点是在电晕放电过程中会产生臭氧，对微生物有一定的杀害作用。但是，改用直流电源后，所生臭氧仅为交流电源的 1/10。其他缺点是设备笨重，结构较复杂，操作烦琐，消毒不便。因此，只适于在固定场所使用。

5. 温差迫降采样器

这种采样器是靠加热板的热辐射力，迫使通过加热板与冷却板之间空隙的气溶胶粒子沉降于冷却板上。加热板用电池加热，冷却板用自来水冷却，中间缝隙仅 0.038 cm。冷、热两板之间温度相差，在检查微生物气溶胶时不应超过 100 ℃（热板 125 ℃，冷板 25 ℃）。在冷却面上放浸有液体培养基的滤纸，采样后将此滤纸放于密封培养皿中孵育，以观察计数生长的菌落。

这种采样器由于不存在惯性撞击采样的机械打击和静电采样产生的臭氧，对微生物气溶胶的损伤较小。但是，由于允许的采气量很小，每分钟不超过 300 mL；采样时间也较短，超过 5 min 后，采样介质干燥，不长菌；冷却面需要用流动自来水冷却，操作不方便。

（二）物体表面采样

物体表面微生物的采样技术主要有棉拭子法、真空探头吸引法、物体表面营养琼脂覆盖法和营养琼脂压印法。

1. 棉拭子法

棉拭子法一般用灭菌棉拭子投于含有少量无菌 0.2% 明胶磷酸盐缓冲液或

生理盐水的试管中浸湿，塞紧试管，以防干燥。使用时，将棉拭子取出，尽量挤去液体，在物体迎风的光洁面涂擦 15～20 次，而后将棉拭子装入细胞冻存管并置于冰桶中保存。如果用藻酸钙取代棉花作为拭子，对微生物有更高的回收率。由于要采集的物体如武器装备和交通工具等的表面形状的多样化，棉拭子法最为适用和方便，使用比较普遍。

2. 真空探头吸引法

真空探头吸引法利用一种特制的探头，贴面扫过要采样的物体表面，通过真空吸气，使气体通过探头尖端前沿的几处浅凹与物体表面所形成的缝隙，产生急速气流，卷扬起接触面上的带菌粒子，并将其过滤于探头的滤膜上。

3. 物体表面营养琼脂覆盖法

该方法在被污染的物体表面直接倾注或喷涂一薄层营养琼脂，然后连同物体一道放恒温箱培养。

4. 营养琼脂压印法

用营养琼脂压印法将营养琼脂注满于特制的软塑料平皿中，用时将琼脂表面压印于要采样的表面，将带菌粒子黏着于琼脂面上，然后加盖，供培养。

（三）土壤采样

用洁净钢铲及刷子取出可疑污染区无植物覆盖的地表土壤至少 50 g，装入塑料采样袋中，密闭后放入保存袋中。

（四）植物叶片采样

植物叶片采样是从植物的迎风面或低矮植物的上部采集。选择叶汁黏性小，不因折断后有渗出乳浆的种类，从叶柄处剪断，收集叶片。每个点采样 10～15 g，装入塑料采样袋中，密闭后放入冰桶中保存。

（五）可疑投放物采样

可疑投放物包括可疑容器的残体、羽毛、食品、传单及粉末、液滴等。按照物品表面、植物叶片的方法采样。但要注意：对可疑物品要保持其完整性，不要随便拆开，保护现场并立即上报，照相或录像取证。

（六）媒介昆虫及小动物采集

媒介昆虫标本包括蚊虫、蚤、蜱及水生动物等。采样后分类鉴定，放在塑料袋中常温保存。

（1）蚤：密集的蚤类，可以用纱布覆盖后，从一边翻开，用镊子夹住棉球粘取，并连同棉球放入样品收集管中，盖紧塞子。

（2）蜱：将 $1\ m^2$ 的白色纱布平放在草上拖行，走一段距离，用镊子夹下附着的蜱，装入收集管中。寄生蜱多在家畜或野生动物的软组织部位，可用镊子夹住虫体拔出采集。

（3）蚊：用捕虫网捕捉或用涂有肥皂的脸盆粘捕。

（4）蝇：用捕虫网或诱捕法捕捉。

将可疑或自毙小动物夹入塑料袋内，洞居啮齿类动物捕捉后装入塑料袋中送检。

（七）水体采样

生物战剂的采样技术与水中致病微生物的采样技术基本相同。水样的采集原则是使水样具有代表性，也就是收集体积尽量小而有代表性的样品，因此要确定合理的采样点、采样时间与频率，对采样的方法、容器以及水样的保存都必须严格要求。

采集的水样包括污染区暴露水样、井水、自来水，如污染区内有多个水点，以及水库、河流等，应按有小不采大、有静不采动的原则采取表面水，每点至少采 100 mL，以采集 500 ~ 1 000 mL 为宜，以便于浓缩。使用同一个容器连续采集水样时，要注意每次采样后都要实施有效的消毒，避免标本受到污染。采集具有抽水设备的井水时应首先抽水约 5 min，除去管线中滞留的水，以保证水样能代表地下水水源；然后将水样收集于瓶中。采集自来水水样时，应先点燃酒精棉球灼烧消毒水龙头出水口部位，打开水龙头放水 5 ~ 10 min 后再采集样本。取江河湖及水库等地面水水样时，不要靠近岸边，应取表面水送检。所有采集的水样都应迅速置于冰桶中保存，若 2 h 内能对样品进行检验，可在常温条件下存放。

（八）临床标本采集

（1）血。血样标本应在用药前早期采取血液，分装于 5 mL 与盛有 0.5 mL 的 0.2% 肝素溶液的小试管中，尽快用磷酸缓冲盐水作 10 倍稀释，以消除血中抗体对病原体分离的影响。抗体检查要采取发病 5 天内和恢复期双份血清。全血在分离血清前不要冷冻。

（2）排泄物。包括尿液、粪便、痰等。

①尿液。一般采取中段尿，最好先用清水清洗尿道口及其局部，排尿 20 ~ 30 mL 后，接中间部分 30 ~ 50 mL 送检。

②粪便。用火柴棒或竹签挑取脓血、黏液或稀软的部分，置于 2 mL 冻存管中冷藏保存。

③痰。在漱口后，将痰咳出并置于含 1 mL 生理盐水的冻存管中冷藏保存。

（3）分泌物。咽喉分泌物、溃疡创面的脓汁或渗出液等，用灭菌棉棒涂擦局部采取，根据容量不同选择适当容积的保存管。

从采集到标本至初步处理的时间应尽量短，如 1 h 之内即可送到实验室，可在室温条件下直接运送。

（九）尸解标本采集

尸解标本包括死亡患者及发病的动物，尸体解剖由专业人员在适当防护条件下进行，选择病变重的组织、器官等部位采样，放入无菌容器，冷藏送至实验室。尸体解剖不方便时可用穿刺器具采集脑、心、肝、肾、肺、脾、骨髓等组织标本。

三、样本的保存及运送

（一）保存与包装

采集到的标本装入清洁无菌容器中密封，容器外面必须有不易脱落的标记，加防震外套保护，双层包装。为了防止漏洒和从包装中脱出，标本应置于冷藏运送容器中，外表消毒后加封。

（二）运送

标本应尽快送至有标本处理能力的指定实验室。运送标本必须有专人负责，两个人同行专程运送。途中注意避免日光照射和高温，专车、专用车厢或专机护送，以防止标本微生物死亡及运送标本丢失，避免途中污染扩散和受到污染。

（三）相关信息的记录与登记

标本采集时要注意收集相关信息，填写标本登记表（表 4 - 1）。登记表中的项目应尽量填写详细，字迹应清楚，表述应准确无误。

表 4 - 1　标本登记表

送检标本种类		数量				
收到标本状态		种类		数量		保存
收到标本日期时间						
运送标本人姓名						
接收标本人姓名						
接收标本单位公章						

第四节 生物战剂的检测原理与技术

及时、快速检测生物武器袭击的病原微生物，对生物武器袭击尽快做出预警，确定生物战剂种类，是生物武器袭击危害后果控制和消除的关键。明确生物战剂种类是正确隔离治疗，对受袭地进行管控的必要前提。明确生物战剂种类有利于指导部队防护、资源筹措与使用，可以集中有限的资源尽可能减少潜在的灾难性损失。明确生物战剂种类，分析其生物特性，也是追溯生物战剂来源，证明敌人使用生物武器的重要证据。因此，生物战剂的检验与鉴定在生物武器防护中具有重要意义。

一、生物战剂检测的基本要求

生物战剂的检测在技术、方法和程序方面与平时致病微生物的检验鉴定基本相同。然而，由于生物武器袭击的突发性和事态发展的不确定性，检验鉴定有其自身特点和要求。

（一）快速、准确

在生物武器袭击时，要求检验鉴定工作更加快速、准确，尽快得到结果，为决策者提供迅速做出反应的技术依据，以便较早采取措施，防止危害或影响进一步扩大。检验鉴定技术包括三个方面：①尽快定性，筛查可疑样品中是否含有生物战剂，通常称为快速检验；②查明生物战剂种类，即查明是活的微生物还是毒素，其毒力与致病性如何；③对生物战剂进行详细、系统的生物学鉴定。快速检验能够提供充足的生物武器袭击信息，发出警报，争取时间，使受影响区域和人群能够快速采取适当的防护措施从而避免损伤或减少伤亡。对于参与处置和可能暴露的人员给予及时、有效的医学预防与控制措施，对于伤员选择正确的治疗方法。

（二）敏感

造成受袭人员损伤往往不需要很大量的病原体。如果环境受到污染，人员反复暴露可能因接触量的积累而受到损伤。因此，要求检验鉴定技术具有较高的敏感性，能够准确检验出样品中存在的少量，甚至微量的病原微生物和毒素。

（三）安全

检验鉴定程序合理、操作过程安全是生物战剂检验鉴定最起码的要求。

生物武器袭击的检验鉴定工作，要求无论是现场检测还是实验室检验鉴定，对于操作人员、环境和设施都是安全的，既不造成操作人员感染，也不造成扩散才行。因此，现场快速检验要在生物安全一级或二级条件下完成，实验室检验通常应当在高等级生物安全实验室中严密组织，严格按照操作规程和标准进行。

二、生物战剂检测的基本程序

目前，常用的检验鉴定策略主要依据致病微生物的生物学特性、生化特性、抗原性、蛋白组和核酸序列。根据标本的性质、现场调研、疫情、临床诊断标本初检结果及情报部门提供的信息确定检验、鉴定程序，依据对标本性质掌握的程度对鉴定程序进行增减。生物战剂总体检验与鉴定程序如图4-4所示。

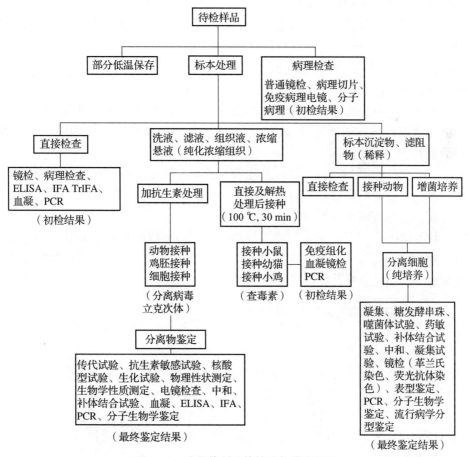

图4-4 生物战剂总体检验与鉴定程序

三、生物战剂样本的处理

（一）媒介昆虫及小动物样本的处理

1. 分类鉴定

分类送检的蚤、蜱、蚊、蝇等昆虫及啮齿类、鸟类等小动物应首先进行分类鉴定，至少要初步鉴定昆虫的目、科、属及种，查明是否为当地品种、类别，是否有反季节出现等特征；然后按昆虫的种类分组进行病原体检测、分离。

2. 病原体检查

初步鉴定昆虫种类后取有关组织进行病原体检查、分离。

（1）蚤：分类后的蚤放于含 1/20 万甲紫的 2% 盐水中，3 天内检查。

• 用前胃挤压物涂片染色；

• 按蚤捕获地区及种类分组，30～50 只为一组，洗 2～3 次后加少量生理盐水在研磨器中研碎，研磨悬液接种培养基或动物。

（2）蜱：分类后的蜱先用水洗净。

• 剪断蜱肢作血淋巴涂片，染色检查立克次体；

• 分组后首先洗去体表杂菌，然后用无菌生理盐水研磨，研磨悬液接种培养基分离细菌；研磨悬液离心，加抗生素处理后接种动物和细胞、鸡胚，分离病毒、立克次体。

（3）蚊：分类后，冷冻切片荧光染色检查，检查肠管细胞内有无可见病原特异荧光；分离病毒时，20～30 只为一组，研磨、离心、加抗生素处理之后，接种动物或细胞培养。

（4）蝇：分类后，首先用培养液清洗体表，清洗液接种培养基，分离培养；吸血蝇，无菌生理盐水清洗体表；然后用加含 100 U/mL 青霉素的生理盐水研磨，研磨悬液接种动物或培养基。

（二）临床样本的采集与处理

1. 血液标本

所有患者在发病时或住院首日皆应采取第一份血、血浆或血清。尸体没有明显腐败的情况下，可采集心血。

采集时应注意避免溶血和杂菌污染等。条件许可时现场分离血清、血浆，进行检测或后送。急性期血液或分离血液后的血凝块用于病原体分离。

2. 组织标本

患者的组织及体液，根据疾病进程进行采集检查。尸体标本应采集未明显腐烂的组织和体液。

（1）涂片。组织涂片、压印片及脑脊液沉渣、尿沉渣、含漱液沉渣、咽拭子、肛门拭子涂片等，用丙酮或乙醇固定后，供荧光免疫检查或低温保存。

（2）组织液（胸腹水、心包液、脑脊液等）。尿、含漱液、各种拭子洗液可以直接或浓缩处理后用酶联免疫吸附试验（ELISA）、时间分辨免疫荧光、血细胞凝集或血细胞凝集抑制试验等方法检查抗原。

（3）病理组织：选择病原体所在部位或病变部位。冷冻切片用的组织能在1~2 h内送至实验室时不必固定。4 ℃运送，不要低温冻存，如果需要较长时间才能送至实验室时必须放液氮中保存，在冷冻状态下进行切片。还可以用10%甲醛液（中性）或95%乙醇固定，固定后室温存放备查。这种标本可以长期保存。

（三）样本的浓缩纯化

浓缩纯化处理的目的是除去标本中的杂质，浓集病原体，提高标本的检出率。最可靠、最常用的办法是离心沉淀法或絮凝沉淀法。

（1）离心沉淀法。一般用差速离心法，首先以 800 r/min 的转速离心5 min，去除粗大颗粒后以 3 000~4 000 r/min 的转速离心 30 min，沉淀物用于细菌检查。上清液用超离心处理，以 20 000~40 000 r/min 的转速离心 60 min，沉淀物用于分离病毒或立克次体。

（2）絮凝沉淀法。多用于水中的毒素、细菌等的检验。取样品 500 mL水，用普通滤纸过滤之后加 5% 明矾水溶液 2.5 mL，按一个方向轻轻搅动5 min，静置至絮状物出现，用薄层脱脂棉过滤，再用 10~15 mL 缓冲液洗脱脂棉上的絮状物，以 1 000 r/min 的转速离心 1~2 min，去上清，沉淀物与2.5~5.0 mL 液体混匀，接种动物或细菌培养。

（3）滤膜过滤法。常用 0.5 nm、0.3 nm、0.25 nm 等不同孔径的无菌硝酸纤维素膜，过滤之后取膜，洗下滤阻物接种动物或在培养基中增菌培养，或直接将膜置于培养基上培养分离病原体。

（4）浸泡法。土壤、食品及气溶胶采样中的可溶性滤膜用浸泡法（多采用 4 ℃浸泡过夜法），然后离心去沉渣，上清再处理后培养病原体。

（四）样本的抑菌

根据预检的病原体种类，可在标本处理过程中加适量抗生素抑制杂菌。

（1）拟查病毒的标本：可加青、链霉素各 1 000 U/mL 或加卡那霉素500 U/mL、制霉菌素 20 U/mL 等。

（2）拟查衣原体的标本：可加少量链霉素，约 200 U/mL。

（3）拟查立克次体的标本：可加青、链霉素各 100~500 U/mL。

（4）拟查肉毒毒素的标本：土壤标本浸泡液离心，上清液加青、链霉素各 500 U/mL。

（5）拟查细菌的标本：根据对抗生素的敏感性不同加抗生素处理，如分离类鼻疽伯克霍尔德菌可加 1 000 U/mL 青霉素和 200 U/mL 链霉素。

加抗生素后，在 4 ℃下放置 1~2 h 或过夜，也可在室温 30 min 后接种动物，或者采用其他方法进行病原体分离培养。

（五）分离病毒样本对细胞毒性的处理

由于传代细胞长期适应某些固定的营养成分，因此加入新的标本经常不能很快适应，便产生所谓标本对细胞的毒性。严重者可能造成细胞脱落，使分离病毒工作无法进行，因此必须采取下列措施加以处理。

（1）标本稀释法。在某些标本中病毒的含量比较高，最简单的处理方法是将标本稀释后再接种，一般稀释 2~10 倍，可以明显减少毒性。

（2）标本洗除法。标本接种细胞后吸附不超过 1 h（减少吸收时间），吸去标本液，然后再用培养液洗细胞表面两次，之后加维持液培养。

（3）带毒细胞传代法。细胞因标本毒性可在 24 h 脱落，此时首先将细胞消化分散；然后加入少量正常细胞进行传代，促使脱落细胞在正常细胞辅助下生长，不再出现标本毒性。

四、主要生物的检验技术

随着技术的发展和现场生物检测需求的日趋迫切，许多生物病原体检测装备和技术纷纷涌现。但是，需要对其加以分析与分类，从总体上可以概括为分离培养、显微形态、免疫血清学、分子生物学、质谱以及综合检测技术（如生物传感技术）等。对生物战剂主要检验技术简介如下。

（一）传统分离的培养技术

病原体分离技术包括动物接种技术、鸡胚接种技术、细胞分离培养技术和人工培养基分离培养技术。

1. 动物接种技术

动物接种在病原微生物检验中是基本试验技术。各种微生物都有各自敏感的动物模型，可用于微生物的接种培养。常用的试验动物有小鼠、大鼠、豚鼠、地鼠、兔、猫、羊等。小白鼠来源方便、容易管理，对很多微生物敏感，是分离病原体最常用的动物。动物接种除用于富集增殖、分离培养病原体之外，还可以用于抗原、免疫血清的制备，以及病原体致病性、免疫性、发病机制、药物治疗效果的研究等。

2. 鸡胚接种技术

许多动物病毒、立克次体和衣原体都能在鸡胚上繁殖。鸡胚组织分化程度低，感染后病毒和立克次体可在胚体、尿囊膜及卵黄囊等部位大量繁殖。鸡胚来源方便，操作简单，通常无菌。但是，鸡胚感染病毒后通常缺乏特异性感染指征，则用另外的方法检验确认病毒、立克次体的存在。

通常选用 5 ~ 10 日龄鸡胚（也可用鸭胚），最好为白皮卵，便于观察。主要接种器材包括孵卵箱（39 ℃和 35 ℃各一台）、检卵灯、卵盘、注射器、镊子、封蜡等。鸡胚接种的途径有卵黄囊接种、尿囊腔接种、绒毛尿囊膜接种、羊膜腔接种、胚体接种、胚体脑内接种等。

3. 细胞分离培养技术

组织细胞培养分离主要用于病毒、立克次体的分离，常用原代人胚肾细胞、鸡胚成纤维细胞、人胚肺二倍体细胞及各种传代细胞。原代细胞培养，是从供体获取组织或器官后的首次培养。原代细胞刚刚离体，生物性状未发生大的改变，仍具有二倍体遗传性状。传代细胞是人或动物的组织特别是肿瘤组织经过多次传代而建立的稳定细胞系，有些传代细胞对病毒敏感范围较广。

4. 人工培养基分离培养技术

培养基是一种人工配制的、适合微生物生长繁殖或产生代谢产物用的混合养料。不同微生物的生长营养要求不同，在培养基上生长代谢的表现也各异。如细菌在培养基上可以形成菌落，是细菌肉眼可见的群体形态，某些细菌也有可供鉴别的特征。例如，炭疽杆菌有毒力的菌株，在普通营养琼脂上，置于大气中培养，形成粗糙型菌落；若接种在含特殊成分的培养基上，置于含 5% ~ 10% 的 CO_2 的气体环境中培养，则形成半球形、表面光滑的黏液型菌落。根据这种表型随环境变化的特征，可以和无此变化的无毒株以及其他需氧芽孢杆菌相鉴别。大多数细菌可在实验室一般的培养条件下生长，但是有些细菌，如军团病杆菌、土拉杆菌等在普通琼脂培养基上则不能生长或难以生长，这些特征具有鉴定的意义。

（二）显微（超微）形态的检测技术

不同的生物战剂在形态上具有各自的特征，如细菌的大小、形状、排列，细菌有无菌毛、鞭毛、芽孢、荚膜等特殊构造，以及这些特殊构造的位置或数量，对鉴定细菌的种类非常重要。由于微生物个体细小，因此必须借助显微镜来研究它们的个体形态和细胞结构。现代显微镜一般可以分为两大类，即光学显微镜和非光学显微镜。

普通光学显微镜主要由机械装置和光学系统两大部分组成。显微镜的分辨力是指能够辨别两点之间最小距离的能力，光学显微镜的分辨力可达 0.22 μm。近年来，由于电子显微镜技术的改善，有关细菌超微结构、病毒等超微生物的形态结构被深入了解，在病原体检验鉴定中发挥着重要作用。电子显微镜的分辨力极高，可达 0.2 nm 左右，比光学显微镜提高了近 1 000 倍。

电子显微镜是利用电子流代替光学显微镜的光束使物体放大成像而得名。任何物体都是由原子组成的，原子则是由原子核和核外电子组成。当电子束照射在待测样品上时，一部分电子能够从原子与原子之间的空隙穿透过去，其余的电子有一部分会与原子和原子的轨道电子发生碰撞而散射开来；另一部分电子从样品表面被反射出来；还有一部分电子被样品吸收以后，样品激化而又被样品反射出来等。如果将所有这些不同类型的电子收集起来，按照一定的规律使其成像，便可以构成不同类型的电子显微镜，其中透射电子显微镜和扫描电子显微镜使用较广泛。

扫描电镜主要用来观察样品的表面结构，分辨力可达 10 nm，放大范围很广，可从 20 倍到几十万倍；透射电镜分辨力可达 1 nm，一般用于观察切成薄片后样品的二维图像。图 4 - 5 所示为出血热大肠杆菌超微结构和痘病毒基本结构。

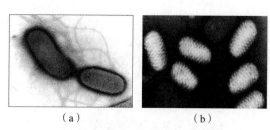

（a）　　　　　　　　　（b）

图 4 - 5　致病微生物扫描电镜照片

（a）出血热大肠杆菌超微结构；（b）痘病毒基本结构

（三）常用免疫血清学的检测技术

无论是在生物体内还是在生物体外，抗原与抗体的结合都是特异性的，并且在一定的条件下形成可见或可测的结合物。因此，可以利用已知抗原鉴定未知抗体或利用已知抗体检测未知抗原，既可定性也可定量。由于抗体大多存在于血清中，试验时通常应用血清，因此体外进行的抗原抗体反应称为血清学反应或血清学技术，它是微生物检验鉴定、疾病诊断及其他研究的重要工具。

1. 中和试验

中和试验是病原学研究中应用最广泛的血清学方法之一。所谓"中和"，是指特异性抗病原微生物的免疫血清与病原体作用后使其失去感染能力。一般认为，可能是病原体表面抗原和其他结构蛋白被抗体作用后改变原来的结构，影响病毒等病原体对敏感细胞的吸附、穿入和脱壳，从而阻止病毒等的增殖。中和试验是一种特异性较高的血清学方法，可用于检查中和抗体，或采用已知抗体鉴定新分离的病原体，或测定病原体感染力等。常用于回顾性诊断、流行病学调查和免疫学研究。

中和试验通常是先将病原体与血清混合，放入恒温水浴中，作用 1～2 h；再将混合物注入敏感动物、鸡胚或组织培养细胞内，过一定时间后观察其反应。中和试验包括动物中和试验、鸡胚中和试验、组织培养中和试验和蚀斑减数中和试验，其中蚀斑减数中和试验测定病毒及抗体的水平有较高的准确性，应用较广泛。

2. 血凝与血凝抑制试验

血凝与血凝抑制是病毒血清学诊断中一种重要的方法。因为许多病毒有血凝抗原（血凝素），能特异地与某些动物红细胞表面的黏蛋白受体作用，形成红细胞—病毒—红细胞复合体，引起红细胞发生肉眼可见的凝集反应，称为血凝反应；当加入某类特异性的抗体后，抗体与病毒血凝抗原发生特异结合，使红细胞凝集反应产生抑制，称为血凝抑制。血凝与血凝抑制试验可用于发现与鉴定病毒、诊断病毒病、病毒分型、免疫机体后抗体效价的测定、浓缩病毒、病毒抗原分析（某些病毒可用交叉血凝抑制试验分析抗原成分）和病毒株变异相的测定等。

3. 免疫标记技术

免疫标记测定技术是用酶、荧光素或放射性同位素等标记物，标记抗体或抗原后进行的抗原抗体反应。该技术将标记物的高灵敏性与抗原抗体反应的特异性有效结合，检测方法具有高灵敏度、快速，可定性、定量、定位等优点。免疫标记技术已成为目前应用最广泛的免疫学检测技术。

1）免疫荧光技术

荧光素（异硫氰酸或罗明丹等）可以与某些特异的免疫球蛋白（或抗原蛋白质）以化学的方式结合，而不影响抗体球蛋白的免疫学特性；然后用此荧光标记抗体与样品中的对应抗原特异性结合，未结合的荧光抗体可用水洗去；最后在荧光显微镜下观察荧光的有无、强弱、有荧光结合的抗原部位等，起到定性、定量、定位检测抗原（或抗体）的作用。免疫荧光法可以分为直接法和间接法两大类；前者方法简单，特异性高，可以直接鉴定未知抗原；后者由抗原—抗体—抗抗体荧光结合物组成，特异性强，敏感性高，可以用于未知抗原和抗体的检测。病毒微量免疫荧光技术是免疫荧光法的改进技术，微量免疫荧光法用一套特殊的器材和方法制备抗原样品，进行染色，简化手续，节省试剂，更具实用性。

2）酶联免疫标记技术

免疫酶标染色法的原理与荧光抗体染色法的原理相同，只是利用辣根过氧化物酶取代荧光素标记抗体。标记抗体和对应抗原结合后不是通过激发荧光诊断，而是依靠标记酶催化发生的组织化学反应使底物呈色进行判断。其优点是呈色的样品可长期保存，只用普通光学显微镜或酶标仪即可检查。可以用直接染色法，也可以用间接染色法。其中酶联免疫吸附试验（enzyme linked immunosorbent assay，ELISA）法使用较普遍。ELISA 是在以共价键方式与酶偶联的抗体（或抗原）与固定在固相载体上的相应抗原（或抗体）作用后，用特异底物测定抗原—抗体—酶复合物中的酶活性，或者通过酶与底物作用产生的有色产物判定结果。

3）胶体金标记技术

胶体金标记技术是以胶体金作为示踪标志物或显色剂，应用于抗原抗体反应的一种新型免疫标记技术。由于它不存在内源酶干扰及放射性同位素污染等问题，并且利用不同颗粒大小的胶体金还可以作双重甚至多重标记，使定位更加精确。因此，已成为继荧光素、酶、同位素及乳胶标记技术之后的一种新型标记技术。目前，已广泛应用于电镜、流式细胞仪、免疫印迹、蛋白染色、体外诊断试剂的制造等领域。胶体金标记，实质上是特异性抗体等蛋白质高分子被吸附到胶体金颗粒表面的包被过程。吸附的机制可能是胶体金颗粒表面负电荷与蛋白质的正电荷基团因静电吸附而形成牢固结合。胶体金具有很高的动力学稳定性，在正常环境下自身凝聚极慢，可放置数年。

（四）常用的分子生物学技术

1. 聚合酶链反应（polymerase chain reaction，PCR）

PCR 是一种对特定的 DNA 片段在体外进行快速扩增的方法。PCR 最突出的优点在于特异性强，灵敏度高，操作简便，反应迅速，DNA 扩增收率高，应用广泛。该方法主要由高温变性、低温退火和适温延伸三个步骤反复热循环完成，即高温（不小于94 ℃）条件下，待扩增的靶 DNA 双链受热变性成为两条单链 DNA 模板，而后在低温（37～55 ℃）条件下，两条人工合成的寡核苷酸引物与互补的单链 DNA 模板结合，形成部分双链；在 TaqDNA 的最适温度（72 ℃）下，以引物 3′端为合成的起点，以单核苷酸为原料，沿模板以 5′端→3′端方向延伸，合成 DNA 新链。如此反复，每一次循环产生的 DNA 均能成为下一次循环的模板，使两个引物间的 DNA 区段复制数扩增 1 倍，PCR 产物以 $2n$ 指数形式迅速增长。经过 25～30 个循环后，理论上可使 DNA 扩增 10^9 倍以上。

因此，根据生物战剂核酸 DNA 的结构特点设计特定引物后，通过 PCR 技术可以实现对病原微生物 DNA 的扩增以及对特异 DNA 片段的检测。

2. 核酸序列分析技术

DNA 序列分析的基础是在变性聚丙烯酰胺凝胶（又称测序胶）上进行的高分离度的电泳过程，它能在长达 500 bp 的单链寡核苷酸片段中准确分辨出一个碱基的差异，对病毒的精确分类、鉴定及新病毒的发现有十分重要的意义。目前，广泛应用的 DNA 测序技术有酶学的双脱氧法（Sanger 法）、化学降解法（Maxam – Gilbert 法）以及在酶学法基础上发展起来的 DNA 自动测序技术。

3. 分子杂交技术

将已知核苷酸序列 DNA 片段用同位素或其他方法标记，加入已变性的被检 DNA 样品中，在一定条件下即可与该样品中有同源序列的 DNA 区段形成杂交双链，从而达到鉴定样品中 DNA 的目的，这种能识别特异性核苷酸序列有标记的单链叫 DNA 分子核酸探针或基因探针。根据核酸探针中核苷酸成分的不同，可以将其分为 DNA 探针或 RNA 探针，一般选用 DNA 探针。根据选用基因的不同又可分为两种：一种探针能同微生物中全部 DNA 分子中的一部分发生反应，它对某些菌属、菌种、菌株有特异性；另一种探针只能限制性同微生物中某一种基因组 DNA 发生杂交反应，如编码致病性的基因组，它对某种微生物中的一种菌株或仅对微生物中某一种菌属有特异性。

核酸探针的应用：①用于检测无法培养，不能用作生化鉴定、不可以观察的微生物产物以及缺乏诊断抗原等方面的检测，如肠毒素；②用于检测病毒病，如检测肝炎病毒，流行病学调查研究，区分有毒和无毒菌株；③检测细菌内抗药基因；④分析食品是否会被某些耐药菌株污染，判定食品污染的特性；⑤细菌分型，包括 RNA 分型。

4. 实时 PCR 技术

实时 PCR 技术即病原体核酸扩增快速检测技术，可以用于检测细菌和病毒的 DNA，通过反转录也可检测 RNA 病毒。随着各种探针（如 taqman、beacon）及新型荧光报告染料（如 SYBR Green I 等）的应用，实时 PCR 检测技术特异性更好，操作更为简便，同时速度更快，配合特殊设计的仪器在不到 30 min 内便可完成整个过程，得到检测结果。PCR 无论是用于检测培养分离的病原体、感染个体的体液，还是直接检测高浓度的生物战剂都比较成熟。但是，检测环境样本中的病原体却复杂得多，因为环境中本身都有许多自然存在的细菌和其他微生物，在这样的背景下要准确检测需要有极高分辨力的方法。另外，环境样本中含有一些 PCR 反应的抑制物，此时常需要自动化的分离系统来分离纯化核酸以供 PCR 检测。

（五）药物敏感性检测技术

按测试样品，药物敏感性测定（简称药敏测定）可分为间接法与直接法两类，以分离纯种菌为试验对象的称间接法，以送检样品为试验对象的称直接法。按试验方法则可分为扩散法（纸片法）和稀释法两类，其中以间接纸片法最为简单易行，广泛用于治疗药物的选择。稀释法又分为琼脂平板稀释法和液体稀释法，常用于大量菌株药敏测定以及药物最小抑制浓度（MIC）和最小杀菌浓度（MBC）的测定。MIC法操作程序比较复杂，因此近年来已经用自动化仪器测定。

（六）生物传感技术

生物传感器是一种独立的、一体化的装置，其生物识别元件（生物感受器）与换能器紧密结合在一起，能够对样品信息进行定量或半定量的检测。生物传感器通常包括可以特异识别目标物的生物敏感材料和用于固定该敏感材料的换能器件，而生物传感器的检测性能也主要是由换能器件的灵敏度和生物活性材料的固定效率决定的。生物传感器的换能器件有许多类型，根据检测的信号分类，有光学生物传感器（如渐逝波）、电化学生物传感器、热生物传感器和压电生物传感器等。

1. 检测对象和敏感材料

生物战剂可供检测的对象是比较丰富的，其中有全芽孢、营养体，或特异性蛋白，主要采用免疫学的方法检测，相应的敏感材料主要为抗体。此外，也有利用能与目标物特异性结合的配体检测的情况，这些配体有多肽、适配子、改造的细胞、表面表达单链抗体的噬菌体和用于检测抗体的对应抗原等。

2. 换能器件

目前，传感器领域所用到的换能器主要有以下几类：流式细胞仪（FCM）是一种可以实现高通量检测的技术；表面等离子共振（SPR）是一种非标记的检测技术；荧光共振能量转移（FRET）技术很好地利用了信息的转导技术；悬臂梁（cantilever）和石英晶体微天平（QCM）均属于压电传感器，可以实现对传染病病原的非标记检测；电致化学发光技术（ECL）具有很高的检测灵敏度；渐逝波传感器（EWFB）是一种光学传感器；抗体或DNA芯片可以实现对目标物的超高通量检测；实时PCR（RT-PCR）是用于DNA快速检测的最为成熟的技术之一；层析试纸条（LFA）技术可以实现对目标物的现场快速检测。

随着纳米技术、微流体技术和微机电技术的发展，生物传感技术日见成熟，在生物战剂的侦检中发挥着越来越重要的作用。免疫层析技术通过生物反应后引发的荧光、电化学发光、电位变化或胶乳颗粒凝集后的光散射变化等实现样本的检测，所形成的传感器将会更适于小型化，而且灵敏度更高，检测速度更快。

第五节 外军生物侦检装备体系的现状

国外的生物侦检装备经过多年发展，已经形成门类齐全、系统配套、功能完善的装备体系。

一、生物战剂的监测预警装备

用于流行病学监测和生物气溶胶监测预警，实时对生物袭击进行预警和报警，为及时准确的检测和防治提供依据。

(一) 美军生物战剂的监测预警装备

1. 生物气溶胶报警系统

生物气溶胶报警系统（Biological Aerosol Warning System，BAWS）是一种用于固定地点监测的生物传感器（图4–8），主要用于军事基地、港口设施、公共建筑和设施、集会中心、体育馆外围等重要目标区域的生物袭击预警预报。BAWS为重要目标提供的早期生物预警信息主要包括生物种类、风速、风向、危险位置等数据。一个BAWS由多个传感器和基站构成，遥测传感器站将信息传输到基站；基站分析比较数据，自动生成报告并报警。利用基站软件，操作员可以部署在网络阵列上遥测传感器站的状态，或者监视任何一个遥测传感器站的状态。

图4–8 生物气溶胶报警系统（BAWS）

（1）BAWS的设计特点。生物探测经验算法（继续升级中）；在网络配置中有多个探测器界面；多系列界面；记录2~10 μm范围气溶胶粒子数量；建立商业化超高频或特高频遥感勘测连接无线通信数据；风速、风向和湿度的测定与显示；建立GPS接收器；能够监测和控制超过50个远程站点；自动产生物和化学报告；绘图显示远程站点的特定区域和实时状态；其他选项：其他传感器（化学、放射等）；电话调制解调器通信；选择性电源；国际互联网连接；离散人员警报系统。

（2）可能应用。军事基地；港口设施；公共建筑和设施；会议中心和体育场馆。

2. 空气哨兵 1 000 B 设备空气监测器（Air Sentinel 1 000 B Facility Air Monitor）

空气哨兵 1 000 B 设备空气监测器（图 4 - 9）通过探测空气中生物粒子（如炭疽、病毒和毒素）浓度的改变来实现与烟雾探测器连续性原理相似的功能。AirSentinel 的附加配置包括化学蒸气传感器、入口离子预过滤器、操作界面。响应时间根据灵敏度要求的不同可以为 30 s ~ 2 min。系统自动收集待测样品并进入下一步分析。利用连续泵实现样品采集，分析方法则使用 UV 荧光法。AirSentinel © 1 000 B 可以独立使用，也可以配置于某个网络，形成构建空中安全系统的生物防御第一线。

该仪器的技术性能指标：

外形大小：28 cm × 35 cm × 11 cm；

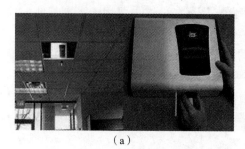

（a）　　　　　　　　　　　　　（b）

图 4 - 9　空气哨兵 1 000 B 设备空气监测器

质量：2.3 kg；

采样方法：连续泵；

分析方法：紫外荧光法；

阈值：根据威胁等级可调；

响应时间：30 s ~ 2 min；

工作温度：15 ~ 35 ℃；

相对湿度：5% ~ 95%（非冷凝）；

维护：泵更换（每年）；

输出：服务和报警；

界面选项：RS - 232，RS - 485，无线电，以太网；

电源：24 V 直流电，110 V 交流电；

耗能：20 W；

安装：墙壁或天花板。

3. BioFlash© 生物探测器（The BioFlash© Biological Detector）

该设备利用先进的气溶胶收集技术和 MIT Lincon Lab 开发的 CANARY©技术，提供了完整的、独立的生物探测结果。CANARY©技术已在杜威试验基地得到验证。BioFlash©生物探测器（图 4–10）具有以下特点：高效率样品收集的综合气溶胶采样能力；能够收集 1～10 μm 大小的颗粒物；关键技术已得到验证；低工作和维护消耗；压缩式和轻体重设计；易于使用和清洁；PCR 级的灵敏度和特异性；低误报率。

图 4–10 BioFlash©
生物探测器

该仪器的技术性能指标：

电源：外部电源 110～220 V 交流电，50～60 Hz；

耗能：采样时最高达 350 W；

流速：480 LPM，具有综合气流调节；

外形大小：12 in① （长）×12 in（宽）×12 in（高）；

质量：25 lb②；

工作温度：10～40 ℃；

采样时间：用户可选择，通常为 1 min，50% 采集效率（1～10 μm 大小的颗粒物）；

灵敏度：100ACPLA（每升空气中生物战剂粒子数）；

误报率：<0.05%；

识别率：>98%（每分钟采集样品不小于 100ACPLA）；

响应时间：<2 min；

测定模式：包含了所有必需反应试剂和消耗品的 21 个信道光盘；

操作界面：密封触摸式控制，配有大 LCD 显示便于使用和观察；

配有个人防护装备；

清洁：BioFlash 表面光滑，难清洁区域极小；表面可用乙醇或漂白剂进行喷射和冲洗；

通信：以太网–SecureTeq FUSION（INC）智能网络系统控制器。

4. 全自动生物探测器（Bio–Detector，BD）

全自动生物探测器是作为美军 CBDCOM 的 M31 生物综合探测系统（BIDS）核心部分进行开发的。Bio–Detector（BD）主要通过全自动免疫定量分析来探测和鉴定生物战剂的存在。Bio–Detector 能够连续运行 14 h，可

---

① 1 in = 25.4 mm。

② 1 lb = 0.453 6 kg。

以产生声音和视频警报，并提供特异战剂的识别和浓度数据。BD 采用了基于稳定的自动化免疫定量分析技术的光寻址电位传感器（Light Addressable Potentiometric Sensor，LAPS）。LAPS 技术提供在 15 min 之内自发探测和识别 8 种生物战剂（包括细菌、病毒和毒素）的能力。

BD 包括样品入口、流动系统、传感器模块以及单机中的电子元件和消耗元件。通过特异性抗体可以捕获液体样品中的生物物质，并利用光寻址电位硅传感器进行识别。8 种分析物质的监测可以在一张硅芯片上同时进行。已经利用细菌模拟剂 Bacillus subtilus varniger 对该生物探测系统进行了广泛的实验室验证，试验结果表明其检测限低于 20 000 cfu/mL。另外，试验表明毒素（如肉毒毒素 A、葡萄球菌肠毒素 B）的检测限低于 10 ng/mL。同时，还新增了一些受到关注生物战剂的监测，包括炭疽杆菌、耶尔森鼠疫杆菌、蓖麻毒素、布鲁氏菌和弗朗西斯土拉菌。Smiths Detection 公司还开发和生产了在 BD 完成全自动生物战剂识别过程中必需的试剂和耗费品。

该仪器的优点：高度自动化，使用简单；最多可对 8 种生物战剂（细菌、滤过性病原体和毒素）同时进行探测；在 15 min 或更短的时间内给出检测结果；低检测限：检测概率大于 95%，误报率小于 0.1%；对新的威胁进行快速一体化测试；Barcode 设计可以迅速引入新反应试剂。

Smiths Detection 公司发展了一系列光学生物传感器，能够提供样品中生物战剂的实时探测，属于低花费的传感器平台，能够对如细菌、细菌芽孢、毒素和病毒这些生物战剂进行探测和分类。为了快速探测和确定空降生物战剂，该公司正在开发新的传感器并整合一些仪器，如将生物传感器系列整合到表面等离子体共振和光分散的识别仪器上，在提供分子识别和荧光光谱实时探测与分类的同时，这种装置能够连续监测多达 20 种生物战剂并在 15 min 内进行识别。

该仪器的技术性能指标：

工作时间：14 h 连续工作，40 次探测请求；

外形大小（$H \times W \times D$）：55.9 cm × 60.7 cm × 45.7 cm；

质量：61.2 kg；

电源：110 V 交流（50~60 Hz）或 28 V 直流；

可信度检测：操作者选项，每次命令最多完成两个测试；

自检：内置检测，用于克服 170 种破坏条件；

就绪状态：约 32 min；

工作环境范围：–19~63 ℃（初始启动，利用外箱温度控制）；10~27 ℃（保持的工作温度）；

装置储存温度：–46~71 ℃；

装置储存寿命：5年；

试剂储存寿命：两年半（4~8 ℃）。

5. 远程生物检测系统

美军配备的远程生物检测系统（Long Range Biological Standoff Detection Sys－tem，LR－BSDS）搭载在 UH－60"黑鹰"直升机上，是军级生物侦察装备。该系统所采用的轻型探测和激光测距技术（Light Detection and Ranging，LIDAR）是一种与雷达功能相似的激光识别与搜索技术，通过激光生成红外、紫外以及可见光电磁波照射云雾，分析反射光获取相关信息。该系统用于探测、跟踪和描绘大气范围空气云团，提供早期生物预警信息，并结合战场其他生物侦察信息，进行综合分析，决定合适的防护措施。

LR－BSDS 系统包括三个主要组件（图4－11），即 100 Hz 可操作的护眼激光发射器、24 in 接收望远镜、带有信息处理的光电转换探测器；使用 UH－60"黑鹰"直升机提供电源，能在 30 min 内从机上安装和卸下。该系统包括中间型和目标型两大系统。其中，目标型系统可由一个人操作完成，最大探测距离可达 30 km；中间型系统需由两个人操作，最大探测距离可达 50 km。两种系统都能提供关于云团的构成（大小、形状和相关密度）和位置（距离、宽度、地面高度和漂移速率）的相关信息；目标型的计算机还能够区分人为和自然形成的空气云团，进一步提高了远程生物检测的预警能力。

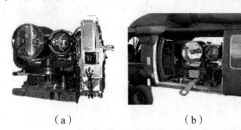

（a）　　　　　　（b）

图4－11　远程生物检测系统（LR－BSDS）

美国还在研制 WindTrace 生物气溶胶远程监测系统，该系统包括一台多普勒雷达、信号处理软件和一套通信设备，可安装在轻型单轴拖车上使用，在高浓度下，检测范围超过 15 km。

6. IDEX 1000 系列拉曼生物探测系统（ID Detection IDEX 1000 Series Raman Biodetection System）

IDEX 1000（图4－12）是第一代商业化的利用拉曼光谱技术进行化学战剂和生物战剂探测的系统。在该技术中，密封在瓶中或其他容器中的目标物质利用一种单色激光对其进行图解。本仪器可以探测反射光，并与数字库中的数据相比较，每种物质的散射光谱是唯一的。与目前其他方法不同的是，拉曼光谱技术比其他技术更具潜在的选择性，它能够成功区分在化学或生物特性上极其相近的物质，能够大大降低事件的误报率。该系统能够穿透玻璃对物质进行检测，避免了检测中可疑容器的开启，因而能够有效保护操作者的安全。另外，反应几乎是瞬间完成的。

该仪器的技术性能指标及详细说明如下：

光谱范围：1 200 nm；

光谱分辨力：在 900 nm 处 7.5 cm；

激发器：频率稳定在高能 830 nm 二极管激光 500 mW；

探测器：热电冷却光子计数 APD（雪崩光电二极管）；

大小：20 cm；

质量：17 kg；

电源：直流电 9 V 镍氢电池；110 V

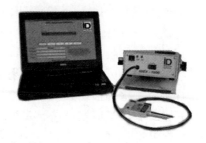

图 4 – 12 　 IDEX 1000 系列拉曼生物探测系统

或 220 V 交流电（50 Hz）。

光学设计：基于固态的声学或光学可调谐滤波器技术（AOTF）。AOTF 是一个压缩的、电子控制的高通量带通滤波器，能够在从紫外到远红外的较大波长范围内工作。

近年来，美军基于该技术研制了一系列新型的生物探测/传感器，主要包括 IDEXField 1000（图 4 – 13），IDEX Field 1000 是 ID 探测系统的最新型探测器，是一种真正的手持式装置。包含的可充电型电池能够支持 2 h 的连续工作。

有三个关键特征增强该过程：回转扫描机制允许在光谱富集目标区域实施聚焦扫描，而在其他非富集区域实施快速扫描；相控分辨力调节激

图 4 – 13 　 IDEX Field 1000

光以消除容器中的有色或半透明玻璃以及周围环境照明引起的干扰；峰值存取（波谱峰的快速搜索）。

RAMiTS 是一种新开发的拉曼综合可调谐传感器，其组成如图 4 – 14 所示，能够在几秒钟内分析样品，并立即通报用户样品的身份。另外，鉴定通过透明的容器进行，并且只需将一个光纤探针指向样品。ORNL 的高级生物医药科技团队开发了一种质量轻、便携的传感器，可用于化学、生物物种的鉴定。该仪器以拉曼光谱学为基础，是一种能够测定大多数化学物质（固态或液态）振动信号的光学技术。为了获得这些化学信号，利用激光光源对样品进行集中照射，并对获得的散射光进行收集和探测。

使用该仪器鉴定化学和生物样品，与传统的分析相比有以下优点：

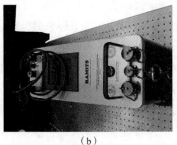

（a）　　　　　　　　　（b）

图 4 - 14　RAMiTS 拉曼综合可调谐探测系统

（1）用户不需要与样品直接接触。

（2）分析迅速，大多不会超过 11 s。

（3）嵌入式计算机系统使样品鉴定自动完成。

（4）触摸式用户界面。

（5）电池寿命为 3 h，可充电。

（6）防水，在毒剂中暴露后能够进行洗消。

（7）有透镜的光纤光学探针，用于远程的和非侵入式分析。

（8）通过声光调谐滤波器（AOTF）选择波长，分辨力为 7.5 cm^{-1}。

（9）具有用于电池充电、交流电源供电和数据下载的外部连接。

（10）外形大小：8.0 in × 9.0 in × 21.0 in；

（11）质量约为 39 lb。

（二）英国生物监测预警装备

1. Biral 气溶胶的大小与形状分析系统

Biral 气溶胶大小与形状分析系统（ASAS）的核心是 Biral 的生物探测传感器（图 4 - 15）。Biral 的生物探测传感器基于气溶胶大小与形状的分析（ASAS）技术，ASAS 技术被英国综合生物探测系统（Integrated Biological Detection System，IBDS）采纳，作为综合系统中的非特异、实时传感器，是英国综合生物探测系统（IBDS）的

**图 4 - 15　Biral 气溶胶的大小与
形状分析系统**

核心部分。该技术是由 DSTL Porton Down 公司和英国 Herfordshire 大学共同研发的。ASAS 实际上是一个传感器家族，1998 年成为英国生物战剂探测的核心器件，Biral 将其商业化并令其成为一个强有力的、具有可靠性的产品，通过激光散射可以对空气中的粒子进行光学实时分析。环境气溶胶的大小、形状

和浓度等物理特征可产生特征性的信号，利用多个这样的参数来表征环境中的气溶胶则能够探测到周围环境中与危险战剂相关的微小变化。一种基于软件的算法已经能够将样品从已知的本底环境中区分出来，并进行可疑样品鉴别。2004 年以后才将气溶胶大小、形状、浓度与荧光结合起来用于生物探测。

野外测试表明 ASAS 技术非常有效，特别是能够识别生物战剂模拟粒子和燃料油（柴油机和航空燃料），这是仅用荧光探测技术难以解决的问题。

ASAS 技术性能指标：

能量供应：90~264 V 交流电，47~63 Hz，5 A（最大值）；

通信连接：USB；

最大进出粒子量：20 000 粒子/s（=1 200 p/cc）；

粒子大小范围：0.5~20 μm；

大小频带的数量：40，0.5 μm 分辨率；

不对称因子 A_f：0~100；

不对称波长数量：20，5A_f单元分辨力；

样品流速：1.0 L/min（±10%）；

整个装置流速：约 6.5 L/min；

气溶胶进气口外径：25~28 mm；

装置排气口（过滤后的空气）：6.35 mm od 不锈钢管；

外形大小（$H \times W \times D$）：305 mm×487 mm×303 mm；

质量：20 kg。

ASAS 中使用了气溶胶荧光传感器（图 4-16）。该传感器中的荧光可用于鉴别气溶胶样品中的生物与非生物粒子。另外，它提供两个探测波长（UV 波长：330~650 nm；可见光波长：420~650 nm），荧光（UV）波长靶定特异氨基酸是色氨酸和酪氨酸，可见光波长靶定 NADH 和核黄素，实现对生物中种属的特有组分产生的不同荧光效应进行鉴别。

图 4-16　ASAS 中的
气溶胶荧光传感器

气溶胶荧光传感器技术性能指标：

紫外激发光源：280 nm（+20/-40 nm）；

荧光探测波长 1（紫外部分）：330~650 nm；

荧光探测波长 2（可见光部分）：420~650 nm；

探测体积：2.5 mL/cm^3；

外形大小（$L \times W \times H$）：30 cm×28 cm×24 cm；

质量：约 5.3 kg；

能量供应：90 ~ 260 V 交流电（47 ~ 63 Hz）；

电源连接类型：IEC950；

温度：5 ~ 30 ℃；

相对湿度：0 ~ 95% RH。

2. 海上生物探测系统 IBDS

该系统的生物分析核心是由 Smiths Detection 生产的 Smart Bio - sensor（SBS）。该传感器能够对空气中的生物战剂实时探测；易于携带；低能量需求；无流动性或附加化学试剂需求；可探测遗传修饰战剂；生物识别技术的"Smart Trigger"（灵敏触发器）。SBS 能够实现环境空气中生物战剂的实时探测。该系统可以将细菌、细菌孢子、毒素和病毒分类，并对普通环境中的生化干扰响应较低。SBS 对空气进行连续采样，并捕获生物战剂至半选择性光学传感器阵列上。来自阵列的荧光通过甲板上的计算机进行处理并产生生物战剂特征性的信号模式。生物战剂可以在传感器基质中继续保存用于确认分析或法医存档。

目前，SBS 原型系统采用了 8 个传感器阵列和一个综合空气粒子计数器，用以实时探测生物战剂云团。与固有的生物荧光技术相比，这一探测包提供了更多的选择性和对干扰的免疫力。SBS 传感器系统能够对非预期的或经过遗传修饰的生物产生回应，而这些往往会被那些为探测特异生物而设计的传感器所漏检。

SBS 的技术性能指标：

工作原理：连续采样多波长荧光和模式识别；

探测战剂类型：细菌、细菌孢子、毒素和病毒；

探测波长：8 个荧光化学传感器，2 个粒子计数波长；

响应时间：探测 < 2 min；分类 < 5 min；< 10 min 启动时间之后；

外形大小（$H \times W \times D$）：无电池状态：30.5 cm × 15.2 cm × 12.7 cm；有电池状态：37.6 cm × 15.2 cm × 12.7 cm；

质量：无电池状态：5.9 kg；有电池状态：7.3 kg；

电源：90 ~ 240 V 交流电；9 ~ 36 V 直流电；

电池：UBI - 2590 可充电型（约 12 h）；BA - 5390 非充电型（约 18 h）；

工作温度：0 ~ 50 ℃；

通信：利用 RS - 232、RS - 422 系列以及 2.4 GHz 无线通信；

网络硬件：IEEE 802.15.4 线收发器；12 频道 GPS 接收器；

使用界面：船载报警和状态显示器；附加信息的 SBS Viewer 计算机软件；

生产厂商：Smiths Detection。

（三）德国生物监测预警装备 VeroTect TM 生物战剂分析系统

布鲁克 VeroTect TM 是新一代实时的通用生物战剂分析系统（图 4 – 17），在 ASAS 技术（气溶胶尺寸和形状技术）中增加了荧光特征，检测以空气粒子为特征的功能增加，可以连续监测空气中有害生物气溶胶粒子的变化并具有报警功能。VeroTect 在军用和民用防护方面有广泛的应用，既可以单机进行点检测，又可以形成复杂的传感器网络，更可以在气溶胶研究和环境检测方面应用。

图 4 – 17 VeroTect TM 生物战剂分析系统

VeroTect 利用生物检测的最佳波长（280 nm）的紫外激光，激发并测量生物气溶胶的荧光强度，用以测定其浓度。仪器可区分潜在的威胁和良性干扰物（如花粉和柴油机燃料）。主要用于生物战剂的报警，用于判断是否存在生物战剂的威胁，能够实时监测气溶胶的粒径、形状和荧光，仪器软件自动分析测量结果，用于报警生物武器威胁是否存在。检测功能可以被 VeroWarn 软件加强，该软件可以对结果进一步分析。VeriTect 在几秒到几分钟内就可实时检测环境背景的气溶胶特征并监测存在的生物威胁有关的变化，对生物战剂发出预警，多个 VeriTect 设备可组成传感器预警网络，对大面积的环境背景进行检测，运营成本很低，不需要耗材，可靠性高，低维护，采样系统功能强大，采用虚拟撞击采样器，空气浓缩器中的气溶胶获得最佳的灵敏度，机构紧凑易携带。可以快速进行部署。

VeroTect 的特点如下：

（1）独有的气溶胶尺寸和形状技术（ASAS 技术）。对于生物战剂的检测来说，最大的干扰是背景干扰。主要包括两个背景干扰。第一个是粒子背景干扰，大气中包括自然产生的粒子，如花粉、雾气、灰尘等，每一种粒子特征的差别很小，同时粒子背景随时都可能发生变化。所以，一个生物探测器所面临的挑战是能否在所有自然发生的粒子和生物战剂之间进行区分。第二个是生物背景干扰。自然环境中有各种各样的生物，形成了一个庞大而复杂的生物环境，因此，必须从这些背景中识别出生物战剂。生物探测器所面临的挑战是能够识别出源自生物战剂的特定信号，同时排除出任何来自非病原性生物背景的信号或至少将这个背景信号降至最小。VeroTect 的气溶胶尺寸和形状技术是一种实时检测生物探测的光电技术，通过分析各种粒子的弹性散射激光，不但获得粒子的尺寸，而且通过散射光的三维分布表达粒子的形状，而尺寸、浓度尤其形状的特征是区别潜在的生物战剂威胁和良性干扰物（如花粉、柴油等）的最大因素。当粒子背景发生明显特征变化时，设备的算法识别系统就开始识别，预警信号和触发信号就被激发。这种技术可以在复杂的背景中发现微小但有意义的变化。

（2）荧光技术。VeriTect 使用荧光技术对粒子进行分析。荧光技术使用光来激发一种物质的分子组分，受激发组分会自发地跃迁回非激发态，并且伴随有不同波长光子的发射。由于发射光谱特异地对应于受激发的分子组成和激发光的波长，可以利用这种现象来检测生物物质（非荧光性）。基于生物荧光的技术只会使生物物质中某些特定的分子产生发射光谱数据。当对某一未知样品进行照射时，可以产生一种共有物质的发射光谱，从而使该技术成为一个非特异地检测生物战剂的工具。VeroTect 开发了一种创新的光源，波长280 nm，是一种检测生物的最佳激发波长。VeroTect 同时采用气溶胶尺寸和形状技术（ASAS 技术）以及荧光技术，可有效降低假阳性（没有生物战剂时报警）和假阴性（有生物战剂时不报警）。

（3）极高的灵敏度。由于生物战剂的有效剂量非常低，生物探测器必须对生物战剂具备较高的灵敏度。除了 VeroTect 采用 ASAS 技术和荧光技术之外，检测软件 VeroWarn 通过复杂的探测算法和多参数测量方法可以最大限度地提高灵敏度并降低误报率。

（4）实时检测，反应速度快。VeroTect 在几秒到几分钟内就可实时检测环境背景的气溶胶特征并监测存在的生物威胁有关的变化，对生物战剂发出预警。多个 VeroTect 设备可组成传感器预警网络，对大面积的环境背景进行检测。

（5）模块设计和检测软件使用。VeroTect 的模块设计可以灵活地集成到系统和多平台应用，内置计算机进行数据处理和仪器控制，提供 RS－422 接口。VeroWarn 提供功能强大的生物战剂检测方案。通过持续监测，VeroTect 可以测量所有的环境气溶胶参数，软件快速和可靠地检测生物战剂。通过结合复杂的算法和多参数测量应用，仪器提供最佳的灵敏度并最大降低误报率。VeroWarn 既可以安装在 VeroTect 上作为单机使用，又可以集成到客户的系统软件中进行监控。

（6）采样系统强。功能强大的采样系统，采用虚拟撞击采样器，包括空气浓缩器中的气溶胶以获得最佳的灵敏度。

（7）运营成本低，应用广泛。运营成本很低，不需要耗材，高可靠性，低维护。ASAS 技术已在英国、美国、日本等国军队中应用。VeroTect 通过独立的军用标准测试，作为通用生物传感器在英军 ISMS 系统中已经应用多年。ASAS 技术作为英军 PBDS 系统中的关键技术，并已经升级到 IBDS（Integrated Biological Detection System，英国军队生物检测系统标准）系统。该装置可以应用于固定和移动的核、生、化区域生物武器监测系统，监测生物气溶胶水平以及大气污染。

（四）加拿大生物监测预警装备

1. 4WARN Scout3000 和 4WARN Sentry3000 生物战剂探测系统

4WARN Scout3000（图 4 – 18）和 4WARN Sentry3000 是两类可携带的生物战剂探测系统，是加拿大通用动力公司设计的 4WARN 探测系统系列中的新产品。其目的是维护本土安全和供给先遣急救援机构使用。两种装置都为全自动型并且都使用了通用荧光粒子探测装置，属于生物战剂实时传感器。

4WARN Scout3000 是使用电池的实时生物战剂探测和采样系统。这种装置可以使操作者在 30 ～ 45 s 间评估出空气中潜在的或静态的生物威胁。该装置结合一个干燥过滤器采样，可以进行后期的核实。4WARN

图 4 – 18　4WARN Scout3000

Sentry3000 是第三代空气生物战剂实时探测系统和环境空气实时监测系统。这种装置既能网络连接，也能以一个独立点探测系统进行操作。它带有一个 GPS 用来上传数据。其内部的生物传感器类型为荧光粒子探测器，即生物战剂实时传感器（BARTS）。

4WARN Sentry3000 的技术参数如下：

灵敏度：20 ACPLA（每升空气中生物战剂粒子数）；

响应时间：20 s；

设立：空气采样器的安装约 5 min，没有工具要求；

浓缩器：33 L/min，305 mm^3/min；

干燥样品时间：10 min；

消耗品：高效微粒子过滤器的更换；

软件：Windows 2000 或 Windows XP

软件：全自动，无用户干扰，远程操作软件；

附件：高冲击多功能箱；

外形尺寸（长×宽×高）：53 cm×40 cm×22 cm；

质量：22 kg；

AC 能量：115/220 V，50/60 Hz，200 W；

DC 能量：可选择电池组；

4WARN Scout3000 已于 2004 年年底投入使用。

2. C – FLAPS 生物探测系统

加拿大国家安全部许可，由 TSI 公司生产的 C – FLAPS 生物探测系统，采用了荧光气溶胶粒子传感器（TSI's 3317 型 Fluorescence Aerosol Particle Sensor（FLAPS）TM Ⅲ System，图 4 – 19）所示为生物传感器。

图 4 – 19　FLAPSTM Ⅲ System，荧光气溶胶粒子传感器

该传感器的技术参数如下：

粒径范围：0.8 ~ 10 μm；

荧光强度：短可见带最高至 32 频道；长可见带最高至 32 频道；

发散光强度：最高至 32 频道；

粒子类型：空气中的固体和不挥发的液体；

最大离子浓度：1 000 个粒子/cm^3，小于 10% 的一致性；

气溶胶采样：1.0 L/min；

外壳空气：4.0 L/min；

总的气流速度：5.0 L/min。

从国外的监测预警装备来看，这类装备已经形成远、中、近程相配套、便携、车载、机载相结合，声光报警与专业侦检互补的功能齐全、系统配套的侦检体系。

二、生物战剂的采样装备

生物战剂的采样装备主要用于空气、水源、物体表面和昆虫标本的采集。主要军事强国单独针对生物战剂的采样装备报道较少，一般是集采样、探测、预警于一体的系统化智能化装备。下面介绍几种有代表性的独立采样装备。

（一）Bioward1 探测系统生物收集器

Bioward1 是法国生物武器探测系统的一个样机，隶属于 Euclid RTP13.7（一个欧洲计划，包括一些国家如 DGA – CEB/ Dutch Ministry of Defence 和工业组织如 TNO – PML 以及 Giat Industries（NBC – Sys））的一部分。该系统由一个双轮运输箱组成，内含样机系统的三个主要成分，即生物收集器、传感器系统和使用界面。

生物收集器：微型湿壁气旋式生物收集器，借助收集周围的空气以流速 225 L/min 浓缩气态样品中的粒子。进入漩涡管的粒子被吸入壁内，同时空气继续被吸至管顶部。气体粒子以流体介质的形式被吸到管壁上的桶里，从这里还可再被循环射入。这种再循环扩大粒子用以提高生物战剂的探测和鉴定。使用时展开生物收集器，连接电源和样品流管。生物采样器可储存 600 mL 缓冲液，满足 30 个测量周期。

技术性能指标：

类型：湿壁气旋式，有回流循环；

空气收集速率：225 L/min；

内含缓冲溶液：300 mL；

浓缩循环耗时：5 min；

外形大小（宽×高×长）：142 mm×200 mm×300 mm；

质量：2.8 kg。

（二）BioHAZTM 采样系统

BioHAZTM 是为生物事故应急救援人员设计的一种便携式野外采样系统（图 4 – 20），是生物样品采集和分析中所必需的。采样系统包含了现场生物分析中液/固样品采集必需的物质以及空气样品的采集介质。使用者可以在 BioHAZTM 采样系统中配备的项目中选择合适的采样装置。样品的扫描通过荧光、发光和比色分析完成，而样品特异性分析则通过使用敏感膜抗原快速检测进行。整个系统包装在防振、便携、防水箱体中，整个采样/处理包和其他单独组分可以任意选用和替换。

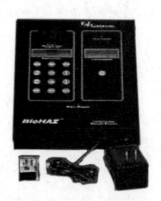

图 4 – 20　BioHAZTM 装置

每个 BioHAZTM 采样系统由以下部分组成：

（1）BioHAZTM 装置：

SWIPE - 1 大表面积样品采集包；

SWIPE - 2 粉末/表面样品采集包；

SWIPE - 3 液体样品采集包；

SWIPE - 4 空气采样器样品采集包。

（2）样品处理包。

（3）样品保存包（样品采集、处理和分析流程图）。

各包中均包含两个 SMART 免疫定量分析装置（类型因用户要求而异）。

生产商：New Horizons Diagnostics。

联系商：EAI Corporation。

三、生物战剂的检验装备

生物战剂检验装备主要对获取的生物战剂标本进行准确检验和定量分析，包括便携式、车载式以及功能齐全的生物检验中心实验室。国外先进的生物检验装备实现了车载与便携相结合、实验室和车载相配合的系统化，实现了数字化、智能化、广谱化，能快速、准确检验鉴别多种已知生物战剂。

（一）便携式生物战剂的检验装备

1. 美军野外生物化验箱（BioMAPPTM）

美军现役的野外生物化验箱，可以同时完成多项任务，包括核酸分析、免疫分析及样品处理。能够检测细菌、病毒和芽孢等。只需要 20 min 就可以进入工作状态，分析时间仅需要 10 s，可以存储 84 h 的分析数据。

2. 美军抗震型高级病原识别仪（Ruggedized Advanced Pathogen Identification Device，RAPID）

RAPID 是美国 Idaho Technology 公司的产品，是一种坚固耐用型的便携式野外用仪器，或者说是一种便携式 RAPID PCR 移动分析实验室。主要运用核酸检测技术，核酸检测技术是以病原的核酸为研究对象，通过鉴定病原的核酸分子证实病原的检测技术。它具有特异性强、危险性小、分析速度快等优点。该识别仪由 Idaho Technology 开发，是一种热循环仪，采用了一种独特的内置荧光检测系统，使用了专门研发的荧光染料和 TaqMan 技术，可用于在线定量和扩增产物。

RAPID 可在 30 s 以内运行一个反应周期并自动分析结果。专用的软件以按键的方式使用 RAPID，可以快速、安全和准确地在野外鉴别可能的危险病原体。目前，可以用于军队野战医院和执法方面。RAPID 一次可以进行 32 个样本的扩增和分析，能够对炭疽芽孢杆菌、土拉热弗朗西斯菌、蜡样芽孢杆菌、苏云金杆菌、鼠疫杆菌、沙门氏菌、肉毒杆菌、大肠杆菌 0 - 157、天花病毒、埃博拉病毒、霍乱弧菌、蓖麻毒素、猪布鲁氏菌等十几种生物战剂进行有效检测。该装置操作简单，采用应用模式软件，只要按一下"启动"按钮，就会自动进行 DNA 扩增和荧光分析，结果自动显示在计算机上。RAPID 集检验箱组、计算机分析和联网功能于一体，既可检验，又能进行结果分析。尺寸为 49.3 cm×36.6 cm×26.7 cm，质量为 22.3 kg，电源为 110 V/200 V，软件平台 Window 2000，通过 1 m 跌落试验检验。1998 年年底已装备美军部队，目前世界上已有 40 多个国家的军队配备了该装备。

3. "防御者"手持式生物战剂检测仪（Test – strip Reader, Alexeter Defender TSRTM）

"防御者"手持式生物战剂检测仪（"防御者"试纸条阅读器）是 Tetracore LLC 生产的由 Alexeter Technologies LLC 经销的探测用试纸条阅读器。试纸条采用化学技术（最新的流动式免疫色谱分析），采用与靶定底物特异性结合的单克隆抗体。当样品中出现的靶定底物水平高于某个特定值时，抗体与靶定底物在 BTA™ 检测条中结合，在视窗中可以呈现红色条带。如果有两条彩色条带出现，那么该测试反应为阳性。如果仅有一条彩色带在"C"窗出现，测试反应则为阴性（图 4 – 21）。该技术在环境样品检测中假阳性率非常低。

图 4 – 21　BTA™ 检测条测试过程

目前，在试纸条阅读器的研制方面又有新的进展。Alexeter Defender TSR（Test – strip Reader, 图 4 – 22）开发了 Guardian 阅读系统（Guardian Reader System）。Guardian 阅读系统是为野外生物战剂快速收集、检测和识别而设计的。为了便携和易于操作，特别设计了一种适合野外使用，并提供快速（能够 15 min 内）筛选生物战剂的反应。目前，提供的检测包括炭疽杆菌、蓖麻毒素、肉毒毒素、SEB、鼠疫杆菌、土拉菌、布鲁氏杆菌和 orthopox。现正开发其他可能的生物战剂的检测。Guardian 阅读系统的核心是 Tetracore Inc. 生产的 Biothreat Alert© 试纸条。该试纸条阅读器提供更高的准确性，其光学技术能够识别由于弱阳性或弱光条件下人眼错过的阳性结果。阅读器能够引导操作人员完成评价过程，并打印输出测试结果和日期。植入式射频识别技术能确保每次试剂条检测均有记录，该记录在后续调查中至关重要。

（a）　　　　　　　　　　（b）

图 4 - 22　Alexeter Defender TSR

目前，Alexeter Defender TSR 已经生产，并在 41 个国家得到应用。它是一个手持式便携系统，具有全色彩薄膜晶体管（Thin Film Transistor，TFT）和基于 Microsoft Windows Mobile™ 操作系统的用户界面。硬件平台是 Hewlett - Packard 袖珍设备，它与专为携带样品信息的 BTA™ Test Strip 设计的阅读舱相连接。该系统提供 8 种生物战剂的测试（包括炭疽、肉毒毒素 A 和 B、SEB、plague、土拉菌、布鲁氏菌、orthopox 如天花），比 Guardian 灵敏度更高。软件引导使用者逐步完成样品确认评价、蛋白质筛选和测试主菜单。通过两个无线接口和一个 USB 界面实现连接。另外，可以不断补充更大的内存和更多的危险物质数据。

4. Bio - Seeq™ 手持式生物战剂检测仪

该检测仪由 Smiths 公司生产，体小质轻，支持多达 6 种独立同步检测分析，可现场定量检测炭疽、鼠疫等 6 种生物战剂。

Bio - Seeq™ 生物战剂检测仪（Bio - Seeq™ Biological - agent Detector）是一种便携式抗震手持式生物战剂检测仪（图 4 - 23）。该检测仪利用 PCR 技术对细菌和病毒病原体进行快速准确的测定。Bio - Seeq™ 的核心是 6 个检测模块。在每次检测过程中，这 6 个模块要执行热循环、光阅读和警报检测等操作。单次检测时每个模块要使用两个光学通路。这些通路允许用户同时运行目标样品和阳性对照的定量分析，样品与干燥后的反应颗粒结合，因此消除了单独制备阳性对照的需要。

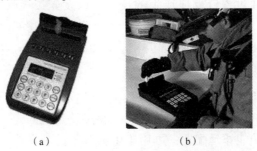

（a）　　　　　　　　　　（b）

图 4 - 23　Bio - Seeq™ 生物战剂检测仪

每个模块通过微处理器独立控制,因此每次测试都可以独立完成。一个模块测试失败并不影响整个仪器的操作。各模块均被配置成即插即用型,在发生故障时用户可以去除和更换。该仪器使用简便,用户选取一个测试,确认任意样品 ID,选择喜欢的模块之后将测试样品插入接口。一系列的 LED 引导用户进入正确的接口并显示一定距离测试的状态。背部发光的液晶显示屏在测试过程中为用户提供实时信息并且在有阳性结果输出时提供声音警报。仪器配备膜式键盘,有超大型按键,便于用户在佩戴厚重的防护手套时操作,目前处于样机生产阶段。

5. 美国 RAMP 生物快速检测系统

采用干式免疫荧光检测法,快速检测生物战剂,提供对生物威胁的检测结果,具备灵敏、精准、便携、大容量存储、高特异性的特点。粉末、液体、印痕均可使用试剂盒内置工具采样处理;独有内部质量控制带,准确消除系统误差;可以外接交流输入,内置充电电池,无外接电源可独立检测 100 次;设备可存储 500 条检测结果,液晶屏显示两行 20 个字符,内附打印机打印,亦可连接医学实验室信息(LIS)系统;符合美国官方分析化学师协会(AOAC)、美国国土安全部(DHS)标准。检测时间少于 15 min,检测精度为炭疽杆菌 4 ng(4 000 个孢子)、肉毒毒素 5 ng、蓖麻毒素 10 ng、天花病毒 3.6 ng。尺寸为 27 cm(宽)×25 cm(长)×15 cm(高)。

6. 德国 LightCycler System

高通量即时荧光定量 PCR 系统,是利用聚合酶链式反应进行实验室样品快速分析的仪器。将热空气作为热循环介质,比传统的热阻或水浴过程快得多。样品置于经过特殊处理的、具有良好光学特性的硼硅酸盐玻璃毛细管(20 mL)中,微量的样品(20 μL)提供最高的表面积/体积比,保证空气与反应成分间的快速平衡。这两个设计极大地缩短了 PCR 循环的时间(一个循环少于 30 s,温度改变速率为 20 ℃/s)。因此,一次包含 30~40 个 PCR 循环的运行仅需 20~30 min。三个多色探测器分别在 530 nm、640 nm 和 710 nm 波长处检测样品中通过探针反应产生的荧光,以发光二极管(LED)为光源,并进行实时监测。LightCycler System 广泛用于单核苷酸多态性检测、鉴别新发疾病靶点以及量化基因表达。生产厂商:Roche Diagnostics GmbH。

7. 芬兰 ChemProHT 生物检测器模块(HT B04)

该检测器模块基于抗原抗体特异性免疫学反应原理,是军民两用、快速而可靠的生物战剂检测系统(图 4-24)。该模块是 ChemProHT 手持式化学探测器的一个检测功能外延配置,可用于生物战剂的现场快速免疫学特异性测试。检测的生物战剂的种类有蓖麻毒素、葡萄球菌肠毒素、肉毒毒素、天花

病毒及炭疽菌。可检测的样品来源包括
可疑粉末物质、物体表面沾染、液体、
固体及空气。该生物检测器使用简单、
方便，使用者无须特殊培训，非常适合
于现场使用。与肉眼观察检测结果相比，
使用读卡器模块能提高分析方法的灵敏度
和可靠性；具有数据输出功能，读卡器能
与外部系统建立通信联系，使 ChemProHT

图 4-24　ChemProHT 生物检测器

同时具备生物与化学两种检测功能。可以检测蓖麻毒素 5 ng/mL，葡萄球菌肠毒
素 13 ng/mL，肉毒毒素 10 ng/mL，天花病毒 3.6 ng/mL，炭疽菌 5 ng/mL。尺
寸：116 mm（长）×62.8 mm（宽）×51.5 mm（高）。

（二）车载式生物战剂检验装备

1. 德国飞行时间生物战剂质谱仪（MALDI - TOF - MS Biotyper）

基质辅助的激光解吸附离子化—时间飞行—质谱（Matrix - As sisted Laser
Desorption I - onization - Time of Flight - Mass Spectrometry，MALDI - TOF - MS）
是质谱的一个变体，用比裂解更温和的方法离子化可疑的生物战剂，以便对
战剂进行鉴定，而不只是鉴定宽泛的特征。Bruker 公司的移动基质辅助激光
解吸电离飞行时间生物战剂质谱仪可在几分钟内识别微生物和生物毒素，包
括真菌孢子、细胞和毒素。其操作简单，高通量，既可在实验室使用，也可
配上移动车载支架，在野外现场检测微生物和生物战剂，广泛用于疾控中心、
应急救援、安全反恐、食品安全等领域，是世界上唯一既可在实验室使用，
也可车载移动野外使用的基质辅助激光解吸电离飞行时间生物质谱仪。

Bruker MALDI Biotyper 数据库中已经含有 3 000 多种微生物的特征指纹
谱，是全球唯一的用于生物质谱仪分析的生物毒剂数据库（Security Library），
属于 Bruker 核心技术之一，包括下列有毒生物物质：炭疽杆菌、鼠疫耶尔森
氏菌、布鲁氏杆菌、土拉热弗朗西斯氏菌、伤寒杆菌、甲型副伤寒沙门菌、
鼻疽单孢菌、鼻疽、肉毒杆菌、霍乱弧菌、白纹黄单胞菌。其中，还包括我
国 2009 年 3 月正式颁布实施的食品卫生微生物检验 2009 国家标准（GB/T
4789）中规定检验的细菌，如沙门氏菌、大肠埃希氏菌、单增细胞增生李斯
特氏菌、双歧杆菌、小肠结肠炎耶尔森氏菌、粪大肠菌、金黄色葡萄球菌、
空肠弯曲菌、乳酸菌以及来自海产品的副溶血性弧菌和婴幼儿配方食品、乳
品和乳制品及其原料中必检的阪崎肠杆菌等。2008 年 12 月 29 日发布、2009
年 4 月 1 日开始实施的 GB/T 8538—2008《饮用天然矿泉水检验方法》，要求
对饮用天然矿泉水及其灌装水进行粪链球菌、铜绿假单胞菌和产气荚膜梭菌

等三项微生物指标检验。而 Biotyper 数据库中已经有这些菌的标准图谱，可以很方便地进行这些菌的检测。

2. 英国 Autotrack ATP 检测仪

该检测仪由 Biotrace 公司生产，采用 ATP 生物发光检测技术，通过检测各种微生物的能量物质 ATP 来对其进行识别。标准的微生物学检测需要 5 天，而该技术则将时间缩短到 1 天。

3. 美军 M31 联合生物检测系统

美军 M31 联合生物检测系统（Biologic Integrated Detection System，BIDS）是搭载在"悍马"车上的一套集装箱单元系统（图 4 – 25）。由美国生物防护联合计划局研制的全机动车载式生物战剂气溶胶侦察检测系统，半自动操作，可安装于专业车辆或拖车上。BIDS 结合生物检测器与化学生物质谱仪（CBMS），具有监测、采集、检测和鉴定 4 种功能，可以检测和表征所有已知的化学、生物战剂，且检测灵敏度高。可检测、鉴别细菌、毒素和病毒等生物战剂，能在 15～30 min 检测出每升空气中含有 2～10 μm 的生物战剂微粒，可以同时检测炭疽、天花等 10 种生物战剂。对于无法检测到的生物战剂，也可以迅速取样，交给后方实验室检测。该系统的主要部分由检测设备、集体防护设备、环境控制设备和补给设备构成，其中检测设备包括取样器、粒子计数器、生物探测器和生化分光计。系统的主要部分安置在 S – 788 型掩体内，而该掩体可装载在 M1097 重型高机动多用途轮式车（HMMWV）上，车后有一个装在 FU – 801 型拖车上的 15 kW 发电机，每套 BIDS 系统约 340 万美元。目前，美军已为其第 7、第 13、第 100、第 310 化学连及化学兵学校装备了 124 套该系统。

图 4 – 25　美军生物检测系统（BIDS）

4. 美军联合生物点源检测系统

美军联合生物点源检测系统（JBPDS）是由美国 Battelle 公司研制的自动

定点空气采样和分析系统，能进行气象测量、气溶胶采集、化学报警、生物剂检测和卫星定位等，有触发（生物制剂出现时发出警报）、采样、检测（显示毒剂来临）和鉴定（分析具体毒剂）4 种功能，能探测并鉴别细菌、病毒与毒素，可以独立使用，也可以与其他装备组合使用，还可以在机动行进中工作。对生物战剂气溶胶检测的特异性和敏感性与实验室水平相当，完成检测只需要 15 min。该系统配有一个专为 JBPDS 设计的手持式分体采样器，也可以为实验室的进一步分析采集样品。具备为各军种平台提供普通生物战剂的点源生物探测能力，能自动完成检测和识别任务。

JBPDS 系统在灵敏度、反应速度和可靠性方面等于或优于现代装备的检测系统（包括 BIDS - P31）。JBPDS 可以在本地和远距离操作，可以自动检测、鉴别和报警生物、化学战剂气溶胶，实现了收集、侦测、判别、报警功能的自动化，能适用陆、海、空和海军陆战队 4 个军种指定平台的通用生物检测装备，能在移动中使用。每套 JBPDS 耗资约 330 000 美元，2005 年美军已装备 150 套 JBPDS，用于向海、空军提供定点生物侦检能力，并部分取代了海军的临时生物侦检器（IBAD）及陆军的生物战剂联合检测系统（BIDS）。美军计划利用 JBPDS 取代现有的生物检测系统，并给 4 个军种和整个作战空间提供生物检测能力。

5. 美国的 M93A1 型"狐"式核、化、生侦察车

美国的 M93A1 型"狐"式核、化、生侦察车（NBCRV）除了保留先进的MM - 1 质谱仪和与之配套的样品导入系统等先进装备以外，还加装了 M21 遥感毒剂报警器、AN/VDR - 2 型辐射仪、多功能一体化化学战剂报警器等先进的核、化、生侦察装备，使得"狐"式核、化、生侦察车的性能大幅提升。M93A1 型核、化、生侦察车具有核、化、生侦察的综合功能，是一个完全两栖的系统，既可在65 km/h 的速度下越野作战，也可以 6 km/h 的速度在水中行驶。M93Al 型核、化、生侦察车对核、化、生情况的报警和汇报完全自动化，能为指挥官提供核、化、生传感器、导航和通信系统的全部情况，还可以精确定位和报告染毒情况。此型核、化、生侦察车是"9·11"事件后，美军专门为其陆军过渡型旅战斗队（IBCT）的核化生侦察分队研制的核心装备。标准定员为 4 个人，即驾驶员、车长和两名侦察员。NBCRV 比陆军现有核、化、生侦察车有很大的改进。NBCRV 建立在经过战斗检验的 M93A1 型"狐"式侦察车的基础之上，吸取了"狐"式侦察车诸多经过战斗验证的优点，具有双轮取样系统、自动毒剂报警器、AN/UDR - 2 型辐射仪和用于固体取样的"狐尾"装置。该系统能够对环境空气进行连续检测；快速鉴定物质成分、空气/地面/水采样以及沾染物标本；还能够鉴别生物战剂的种类（如孢子、病毒、毒素等）。

该系统由化学生物质谱仪（CBMS）、联合生物点源检测系统（JBPDS）、联合军种轻型远距离毒剂探测器（JSLSCAD）、化学蒸气取样系统（CVSS）和 Metsman 气象系统以及核、化、生探头处理组（NBCSPG）组成。

6. 美军联合军种轻型核、化、生侦察系统（JSLNBCRS）

该侦察系统能提供准确、快速的核、化、生探测与鉴别功能，可采样、探测、鉴别和标记，其中污染标记范围可达一个排的配置地域。以车辆为平台，装配手提式、便携式和车载先进核、化、生探测与鉴别装置，并配备有集体防护系统、环境控制系统、辅助电力系统、导航定位系统、气象数据处理系统、内外通信系统和表面联器（图 4 - 26）。

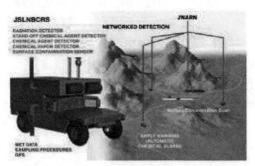

图 4 - 26　美军联合军种轻型核、化、生侦察系统

从外军生物侦察装备的发展看，这类装备正在向核、化、生侦察一体化，点源检测与远距离遥控检测相结合的方向发展。

第六节　生物战剂侦检装备系统的影响因素

由于很少剂量的生物战剂就可产生明显的杀伤效果，因而生物战剂检测系统需要具备较高的灵敏度（能够检测很少量的生物战剂）；同时，复杂、千变万化的背景环境也要求这些检测系统具备高度的选择性（能够将生物战剂同环境中的其他无害物质和非生物物质区分开来）；另外一个需要提及的挑战是响应速度。这几个要求一起构成了一个重大的技术挑战。但是，在商业化领域（手持式检测器研制方面），生物战剂检测设备的研发所取得的进展很有限。有几套正在由美国军方进行研制和测试的检测系统很有希望。不过，这些检测系统相当复杂，需要经过训练才能正常操作，也需要及时维护，同时采购费用和运转费用高。

一、周围环境

我们生活和工作的环境是极其复杂和不断变化的。一个"正常"大气环境的气象、物理、化学和生物构成都会影响我们检测生物战剂的能力。为了理解大气环境对生物战剂检测所能产生的复杂效应，本节分别讨论粒子背景、生物背景和光学背景。

（一）粒子背景

大气中的粒子有多种来源，如灰尘、泥土、花粉和雾气，它们都是空气中常见的自然产生的粒子。人为产生的粒子，如发动机尾气和工业排出物（烟窗）也大大加重了环境粒子背景。所以，粒子背景可以定义为大气中自然和人为粒子的总和，这些粒子本质上是非病原的（不致病）。生物战剂（不包括毒素）由病原性（致病的）细胞构成。粒子背景随时都可能发生变化，要视当时具体的气象条件而定。例如，根据马路上交通的繁忙情况，马路边的粒子背景可能会出现显著的变化。同样，如果没有风，就不会有多少粒子被携带进大气中。不过，当风开始刮起来时，就会从附近地区乃至更远的地方携带来更多的粒子。一个生物检测系统所面临的挑战是，能否在所有自然发生的粒子和生物战剂粒子之间进行区分。

（二）生物背景

我们所处的环境充满了各种各样的生物，形成了一个庞大而复杂的生物背景，必须从这些背景中识别出生物战剂。生物战剂检测系统所面临的一个挑战是能够"挑选"出源自生物战剂的特定信号，同时排除任何来自非病原性（无毒）生物背景的信号或至少将这个背景信号降至最小。鉴于环境中存在的生物粒子量之大，这的确构成了一个重大挑战。通过研究已证实一些潜在的生物气溶胶源（如施过粪肥的农田附近、垃圾焚烧炉、垃圾填埋场、工业区和奶牛场）。研究表明，生物气溶胶的浓度与进行测量的地理位置有关。在美国俄勒冈州进行的一个研究发现，城区内的气溶胶浓度比沿海地区要高6倍，比农村地区几乎要高3倍。

生物气溶胶不但随地理位置而变化，而且在一天之内还随时间不同而明显变化。早上的前几个小时内，空气中的细菌浓度较低，但是在天亮以后这个浓度上升很快，在上午8时达到一个最大值。然后，在一天的大部分时间内浓度开始回落到一个较低的水平，在一天快要结束时浓度又出现一个较大的升高。

（三）光学背景

像激光或被动红外（IR）这样的检测系统是依靠光学性质来检测生物战剂的。这些系统易受微米级粒子的影响，也同样受其他干扰视线的障碍物，如雨、雾、雪和尘土的影响。气溶胶和降水的作用就像镜子，可以将光能反射回检测器，也可以将光能从检测器漫射开。对于有些气溶胶，还会反射回错误的信号（例如，发动机尾气可发出荧光，而花粉则可以对一些基于紫外（UV）的检测系统造成混乱）。因此，不同的远距离检测系统受降水和气溶胶的影响程度是不同的。一般来说，基于红外的检测系统要比基于紫外的检测系统更少受大气透明度的影响。

二、检测系统的选择性

检测系统必须对生物战剂具备高度的选择性。一个检测系统的选择性可以定义为：在目标战剂和环境干扰物之间进行辨别的能力。一个检测系统的选择性受干扰物影响的程度取决于所采取的检测手段。例如，对于粒子计数器来说，尘土和花粉可视为干扰物；而对于远距离 IR 检测系统来说，水汽和雾气就成为干扰物。对于生物战剂的监测，最难对付的干扰物还是来自生物背景（如非病原性物质）。通常，选择性高的检测系统需要更多的样本处理和多重检测器。目前，用于外界环境下、具有高度选择性的检测生物战剂的单一检测系统尚未商业化；由军方研发的选择性检测系统还仅局限于检测少数的几种战剂，而且价格高得惊人。

三、检测系统的灵敏性

由于生物战剂的有效剂量非常低，所以检测系统必须对生物战剂具备较高的灵敏度。灵敏度可以定义为：一个检测器在系统噪声之上能产生一个可重复性响应的最小目标战剂剂量。检测系统的噪声可以定义为检测器响应的随机波动，并且通常与电子输出的微小变化相关联；其他降低灵敏度的噪声由环境中的干扰物所引起。在一个完美的检测系统中，系统的灵敏度（仅取决于电子噪声）说明了系统能够检测到多少量的目标战剂。干扰物可以引起灵敏度下降，这是因为检测系统需要更多的目标战剂才能将它从干扰物中区分开来。

四、采样

在暴露于气溶胶的情况下，主要的感染途径是通过吸入的方式，而且当紧急第一反应人到达一个事故现场时，最初的气溶胶很有可能已经沉降下来。这并未降低第一反应人因战剂的再次气溶胶化而受感染的可能性，而是要求紧急第一反应人不要局限于对空气采样进行分析。为了确证发生了一起生物袭击事件以及断定是否仍然有生物战剂存在，紧急第一反应人对环境（土壤和水）进行采样、对空气和揩拭物进行测试也许是至关重要的。紧急第一反应人也许只需要从事事故的后处理活动，而不需要具备早期的报警能力。

　　由于采样对于所有的分析仪器来说是一个关键问题，所以获取样品的方式以及样品的处理方式将对分析的结果产生影响。在一个点源收集/检测的情况下，由于这些战剂的有效剂量非常低，因此对于空气中生物战剂粒子的采样尤其困难。为了有效地采集生物战剂样品，需要使用采样器进行采样。这样可以将大量的空气通过采样器，从而使很大体积空气中所含有的微小量战剂分散于一个小体积的水中，在水中形成一个浓缩了的粒子混合物。通过浓缩生物战剂粒子，可以检测低剂量生物战剂。

第五章

生物战剂侦察装备系统

目前，生物检测系统还处于研究和早期开发阶段。现有的一些商业化检测设备的用途很有限（只对少数的战剂响应），而且通常价格昂贵。生物检测设备稀缺的另一个原因是，与化学战剂相比，生物战剂是非常复杂的分子体系，这使它们更难以被识别。例如，离子化/离子迁移谱（IMS），对化学战剂来说是一个极好的（尽管有些贵）采集、检测和鉴定系统，而以它现在的形式却不能检测或区分生物战剂。事实上，由于要求具备高效率的样品收集和浓缩、高灵敏度和高选择性，这使得所有化学检测器以它们目前的形式都不能用于生物战剂的检测。由于需要具备极高的选择性和灵敏度，生物检测系统势必要成为复杂的设备，并由不同的分部件构成，每一个分部件执行一个具体的采集、检测和鉴别任务。

第一节　生物战剂侦察装备系统的构成

由于环境的复杂性，在周围环境下有效检测生物战剂需要一个多部件的分析系统。其他影响生物战剂检测有效性的因素是检测过程本身和在野外条件下使用消耗品的效率。生物战剂侦察系统通常由 4 个部分构成：触发器/提示装置（Triggerl Cue）、采集器（Collector）、检测器（Detector）和鉴别器（Identifier）。

一、触发器/提示装置

触发器技术是第一层次的检测，它的传感器部分对粒子背景发生的任何变化进行测定，指示出可能出现的生物战剂。触发器检测到粒子背景的一个升高信号后，将启动检测系统的其余部分开始工作。触发器的主要功能是为连续监测空气提供一个手段，而不需要使用消耗品，因此大大降低了生物战剂检测的后勤负担。

为了降低假阳性（没有生物战剂时报警）和假阴性（存在生物战剂时不报警），许多检测系统将触发器技术与另外一个检测器技术（如可提供更高选择性的荧光）相结合，形成一个称为"提示"的单一技术。绝大多数有效的提示技术都可以接近实时地检测空气中的粒子，并对空气中的生物战剂粒子和其他粒子进行区分，避免了不必要的检测系统启动。例如，一个提示装置可以像任何其他触发器装置一样监测空气中的粒子，当粒子浓度升高时，提示装置将测定粒子是否为生物性质的。该提示装置通常使用一个荧光检测器来完成这个测定，如果发现粒子为生物性质的，提示装置将启动采样器进行样品的采集。

二、采集器

正如在其他章节中所讨论的，生物战剂的采样是识别系统的关键部分。由于一些战剂的有效剂量极其微小，所以必须采用高效的采集装置。一种类型的采集器可将大量的空气通过一个容器，并在这里将空气与水相混合。水将空气中的所有粒子都溶洗下来，从而在水中形成一个含有悬浮粒子的样品。一旦收集在水中，样品将通过挥发掉一部分水分而被进一步浓缩；浓缩后，样品转移至生物战剂检测系统的分析部分。

三、检测器

一旦样品的采集和浓缩完成，必须测定粒子是生物性质的还是无机性质的。为了做到这一点，样品被输送到一个普通的检测部件处，对气溶胶粒子进行分析以测定它们是否为生物性质的。该部件也许可以对可疑的气溶胶进行粗分类（如孢子、细菌、毒素/大分子或病毒）。最简单形式的检测器起着一个进行深入分析的入口的作用。如果样品显示了生物粒子的特征，它就被输送到下一个水平的分析环节上；如果样品没有显示出这种特征，就不输送它到下一个分析环节上，因此节省了分析消耗。

传统的做法是，触发器启动后检测器便开始检测工作，注意到这一点非常重要。例如，当一个气溶胶粒子筛选器（APS）触发后，一个检测器（如流式细胞计数器）便开始检测气溶胶的生物组成。许多较新的检测技术将触发器和检测功能相结合，形成一个单一的提示仪器。提示装置首先检测粒子数的升高，然后测定粒子是否为生物性质的。如果样品是生物性质的，采集器便收集样品并把它直接输送至鉴别器。

四、鉴别器

鉴别器是一个具体识别检测系统收集到的生物战剂种类的装置。如果不另外添加新的鉴别化学/设备或预先编制程序，鉴别器通常只局限于一组预先选定好的战剂，而不能识别这组战剂之外的其他战剂。由于鉴别器进行的最后也是最高层次的战剂检测任务，因此它成了检测系统中最关键的部分，同时也有最多种技术和设备可用。然后，从鉴别器所得到的信息用来决定暴露人员应该使用什么样的保护设备和处置方案。

第二节　点源检测系统

点源检测器必须处于气溶胶的气氛中或将可疑的生物战剂引入其中才能感测。传统的点源检测系统包括触发器/提示装置（非特异生物战剂检测器）、采样器/收集器和鉴别器（特异性识别技术）等部件。

一、触发器/提示装置

触发器的功能是对背景空气发生的变化提供一个早期报警。触发器工作时首先要在一个特定的地点建立背景气溶胶水平；然后感测在这个背景下发生的气溶胶粒子数的变化。触发器是非特异性的并且不对微生物进行鉴定，只是对背景气溶胶出现的变化进行指示。由于触发器为非选择性的，因而在没有提示的情况下需要一个检测器。

提示装置首先能够测定什么时候出现了粒子数的增多，然后能够区分生物气溶胶和非生物气溶胶的浓度（非特异生物战剂检测）。

（一）粒子测量

一种用于非特异性检测的技术是测量具有特定尺度（通常为 $0.5 \sim 30~\mu m$）粒子的相对数量。尽管有一系列的技术用于粒子的监测和（或）计数，但是空气动力学粒子筛选技术被直接用于野外生物战剂检测。下面是几个粒子测量方面的技术举例。

空气动力学粒子筛选（Aerodynamic Particle Sizing, APS）技术：将充满粒子的气流通过一个气流喷嘴，吸入 APS 装置，产生一个可控制的高速气溶胶射流。在测量期间，气流速度保持恒定，但是由于射流内各粒子的尺度不同，它们会以不同的比率进行加速（小粒子比大粒子加速快）；然后用一束激光测量各粒子的飞行时间。

高通量空气动力学粒度分级器（High Volume Aerodynamic Partiele Sizer, HVAPS）：HVAPS 将一个加速和浓缩的气流通过一个激光板子计数器，可得到气溶胶的粒度分布和浓度信息。这种仪器不能将生物气溶胶同非生物气溶胶区分开来。

Met - One：它是一种小型的低功耗气溶胶粒度分级器和计数器，其尺寸相当于一个稍大的手持式计算器。这种仪器可以买到，主要用来监测洁净室。Met - One 首先将一个气体样品吸入，通过一个激光照射的样本池，在这里空气中的粒子对光发生散射作用；然后，再用一个光敏二极管检测各种粒子所散射的光。与 HVAPS 类似，Met - One 也是从统计学角度监测气溶胶发生的超过背景的明显升高变化。不过，Met - One 对粒度的分辨能力不如 HVAPS 精细。Met - One 通过综合运用低气流、低功耗和二极管激光器实现了尺寸和质量方面的缩减。

（二）荧光方法

荧光方法使用光（通常在光谱的紫外区）激发一种物质的分子组分。受激发的组分会自发地跃迁回非激发态，并伴随有不同波长光子的发射。由于发射光谱特异地对应于受激发的分子组成和激发光的波长，可以利用这种现象检测生物物质（非荧光性）。基于生物荧光的技术，只能使生物物质中某些特定的分子产生发射光谱数据。当对某一种未知样品进行照射时，可以产生一种共有物质（如色氨酸）的发射光谱，从而使该技术成为一个非特异地检测生物战剂的工具。

荧光方法有两种类型，即一级荧光法和二级荧光法。在一级荧光法中，对某些共有的自发荧光生物材料组分，比如色氨酸（一种构成蛋白质的氨基酸）进行测量；在二级荧光法中，在用 UV 照射前，向样品引入一个特殊的荧光团（即荧光着色剂）。二级荧光法需要更长的测量时间，同时也增加了测量过程的复杂性。利用荧光技术的几种设备列于本节下面的部分中。

荧光空气动力学粒度分级器（Fluorescent Aerodynamic Particle Sizer，FLAPS，图 5 -1）是一种空气动力学粒度分级器（APS），APS 经过改造，引入了一个另外的激光（蓝光或紫外波长），以便在提供标准的粒子尺度信息之外，还提供气溶胶粒子的荧光信息。除了测得空气动力学粒度之外，激光的另一个作用是作为一个触发器，它可以打开一个时间窗口，在这个窗口中可以检测粒子的荧光。由该技术所获得的信息要比当前的标准粒度和粒子密度结果更明确。

FLAPS Ⅱ是加拿大集成生物战剂检测系统（Canadian Integrated Biological Agent Detection System，CIBADS）的一部分，也称为 4WARN 检测系统。CIBADS 是由加拿大国防部开发的一个多部件综合系统，目前具有检测器/触发器功能、样品采集功能，也是一种气象和通信设备。

FlAPS 粒度分级器的一个变体是紫外空气动力学粒度分级器（Ultra Violet Aerodynamic Particle Sizer，UVAPS），它采用飞行时间粒子筛选、光散射和紫

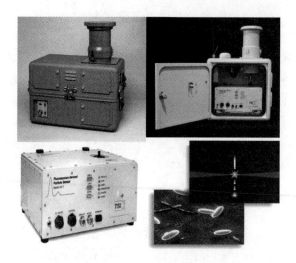

图 5 - 1 荧光空气动力学粒度分级器

外荧光强度可以非特异地检测空气样品中的生物战剂。UVAPS（同样包括 FLAPS）可通过商业途径从 TSI Inc.，Particle Instruments 获得。

如图 5 - 2 所示，生物气溶胶报警系统（Biological Aerosol Warning System，BAWS）作为一个触发器/提示技术来使用是有效的。在 BAWS 中使用了一个微激光系统，它可以分析两种生物荧光波长，测定是否有不寻常的生物事件正在发生。BAWS 不仅对气溶胶粒子进行计数，还可以进行实时检测，并能从空气中的其他粒子中区分出生物战剂气溶胶粒子，从而避免了误触发。

图 5 - 2 生物气溶胶报警系统

美军在"沙漠风暴"行动（Operation Desert Storm）中使用了一种便携式生物荧光传感器（Portable Biofluorosensor，PBS）技术，该技术采用由氙气闪光灯发出的 UV 光激发空气气溶胶和溶解于水中的气溶胶。激发波长可以最大限度地减少灰尘、尾气等的干扰，但是不消除假阳性。含有孢子的液态样品给出的分析结果要比空气样品好。

单粒子荧光计数器（Single‑Particle Fluorescence Counter，SPFC）是由美国海军实验室（NRL）研制的，它让一个连续气流通过一个 780 nm 波长的激光二极管发出的光束，使空气中的各气溶胶粒子发生光的散射，它可以测量散射光的总强度并计算粒子的尺度。这个过程还引起一个 266 nm 波长的激光脉冲，并将引起荧光粒子发射不同波长的光（即粒子发荧光）。

二、采样器/收集器

由于空气中极低浓度的生物战剂难以检测出来，却能造成严重的效果，因此，需要一个对气流中粒子/气溶胶进行浓缩的装置。采样器/收集器对大气进行采样并将空气中的粒子浓缩在一个液态介质中用于分析，目前有几种类型的采样器/收集器已用于生物战剂检测的评价以及生物战剂检测的收集。与其他类型气溶胶或粒子采样的主要不同之处在于：生物战剂采样的对象通常是活的有机体，所以采样技术必须对采集的样本加以保存，而不能有损害；绝大多数生物检测和识别技术需要一个液态的样品，所以收集物必须是来自液体中的气溶胶或粒子；液体样本必须是高度浓缩的，而且可用于快速分析，因为响应时间是非常关键的。

作为检测系统的一部分，收集器是最有用的。当收集器接收到触发器发出的表示背景水平出现变化的信号时，便开始对空气采样，再将空气中的粒子浓缩在一个液体介质中。

收集器获取和浓缩气溶胶样品的效率会明显影响下游的几个功能。事实上，在所有检测系统中，收集器为生物检测系统的鉴别部件提供"原料"，同时也为确定性识别和法医鉴定分析提供样品。

收集器可大致分为两类。一类收集器体积较大且耗电量高。总的来说，这类收集器具有较高的收集和浓缩效率，对于那些在远离战剂释放点或线的地方工作的检测系统来说，这类收集器是首选对象。另一类收集器耗电量低，为了便携式设计，具有相对较低的收集和浓缩效率。尽管这些收集器能很好地在高战剂浓度下工作（接近释放点或线的地方，也许在室内），却不能高效地为下游的仪器提供足够的样品。应该认识到，收集器在一个检测系统的总质量、总尺寸和总功率需要量中所占的比例还是相当大的。

采样器/收集器包括粒度选择采样器或撞击采样器（Viable Particle Size Samplers，Impactors）、虚拟撞击采样器（Virtual Impactors）、旋风器（Cyclones）和 Bubbles/Impingers。

（一） 粒度选择采样器或撞击采样器

传统撞击采样器的工作方式：对一个含有粒子的空气流进行加速，使它通过一个喷嘴，然后使这个空气流转向离喷嘴有固定距离的一个撞击板。由于较大的粒子具有较大的惯性，所以它不能顺同流体流线（一般为空气）一致运动；较小的粒子可顺同流体流线运动并从采样器中流出。

撞击采样器通常含有多个板层，每个板层上有一些精确钻孔的通气口，通气口的孔径是一致的。含有粒子的空气进入仪器后，空气中的粒子被喷嘴导向收集板面，没有被某一板层收集的粒子会随同气流从该收集板面周边的空隙流向下一个板层。收集板通常是一个含有选择性凝胶（对某一个特定的有机体有选择性）的皮氏培养皿。对收集板首先进行孵育（通常为 24 ~ 48 h），然后数出每个收集板上的菌落。

（二） 虚拟撞击采样器

虚拟撞击采样器（Virtual Impactor）与传统的撞击采样器类似，不过前者使用的是一个不同的撞击面。在虚拟撞击采样器上，用一个收集管替代传统撞击采样器上的平板，这样较大的粒子就穿入收集管而非撞击在平板上。通过适当地控制撞击采样器的气流，就有可能将一定尺寸范围内的粒子收集起来。另外，在收集的最后阶段，可以将粒子导向一个液体，从而产生一个高度浓缩的液体样本。

配有圆盘传送带的液体采样器 PEM - 0020（Liquid Sampler，PEM - 0020）由 Power Engineering and Manufacturing Inc. 生产。该装置采用虚拟撞击将空气中的粒子收集和浓缩到一个液膜上面，操作者可以选择所要收集的样品数量（多达 10 个），同时也可以对几个预先编制好的采样方案进行选择，从而改变每个采样管的收集量和收集时间。采样由外部的触发操作启动，也可以通过手动按键启动。在收集周期的末端，该设备可以自动重新配置圆盘传送带，可以对整个圆盘传送带进行移除和替换。

由 MesoSystems Technology Inc. 开发的生物 VIC™ 气溶胶收集器（BioV-IC™ Aerosol Collector）是作为一个生物检测系统的前端空气采样器使用的。它是一个可以浓缩气流的撞击采样器，既可以将大量粒子捕获进入一个小体积的液体中、小量的气流中，也可以捕获到一个固体的表面，然后再将这些样品转移至传感器内。BioVIC™ 可以与 PCR、基于荧光的光学传感器、质谱、裂解气相色谱质谱法或流式细胞计数器一起使用。

（三） 旋风器采样器

旋风器采样器是一种惯性仪器，在工业上通常用来除去较大气流中的粒子。

一个充满粒子的气流进入旋风器后，可以形成一个向其底部运动的外部螺旋式气流。较大的粒子在离心力的作用下被收集在旋风器采样器的外壁上，而较小的粒子则伴随着形成内部气旋的气流一起从出口管排出。向旋风器采样器的外壁上喷水便可以将粒子收集和保存起来。下面将介绍几种旋风器采样器的实例。

间歇式生物战剂检测系统（Interm Biological Agent DetectorSystem，IBADS），最初是为美国海军开发的，它采用一个湿壁旋风器将气溶胶粒子收集在一个液体样本中。该设备的几个变体用在口部防护生物战剂检测系统（Portal Shield Biological Detection System，PSBDS）和当前版本的联合生物点源检测系统（Joint Biological Point Detection System，JBPDS）中。图5-3所示为联合生物点源系统的一个实例。

精巧型空气采样系统（Smart Air Sampler System，SASS 2000）是由 Research International 独立研发的，也使用了湿壁旋风器技术。这种手持式设备可利用电池工作。快速空气采样器如图5-4所示。

图5-3　联合生物点源检测系统　　　　图5-4　快速空气采样器

便携式高通量液体气溶胶空气采样系统（Portable High-Throughput Liquid Aerosol Air Sampler System，PHTLAASS）是一种手持式设备，它使用的技术与湿壁旋风器技术类似。该仪器将大量空气中的污染物浓缩在一个小体积的液体中，可用于超灵敏的半定量检测。Zaromb Research Corporation 已经独立开发了这种设备。

（四）国防生物采样箱

国防部生物采样箱（Department of Defense Biological Sampling Kit，DoD BSK）是一个预先包装好的成套用具，内含一组共8个手持式免疫层析分析（HHA）装置（可以同时识别多达8种不同的生物战剂）、一滴瓶的缓冲溶液、两个消毒棉签和一个说明卡。DoD BSK 被包括在采样器/收集器中，是因为它可以用于如下情况的野外筛测：当预期的战剂浓度很高时，同时也不是用于阳性鉴别的目的。该采样箱不能用于筛测土壤样品，因为有些土壤成分在浓度足够高时可以与 HHA 试剂发生交叉反应。另外，DoD BSK 也不能用于筛测布满灰尘的表面。同时，该采样箱不能对那些从远距离之外（如数千米之外的线源施放）发生的袭击后漂移过来的微量沉降物产生足够灵敏的检测。

DoD BSK 的优点是价格价廉、可靠和使用方便。另外，在其他检测计划中的相关分析法改善的同时，该采样箱的分析法也在得到改进。DoD BSK 的缺点是它不具备一般的检测能力（它是一个鉴别器），而且每一个采样箱的使用是一次性的。

（五）生物捕获空气采样器

生物捕获 BT – 500 空气采样器（BioCapture™ BT – 500 Air Sampler）是由 Meso Systems Technology Inc. 开发的，如图 5 – 5 所示，其中包括了生物 VIC™气溶胶收集器（BioVIC™ Aerosol Collector）。它是一个手持式、电池驱动的空气采样器，它可以对收集的空气样品的浓度水平进行定量。被捕获的微生物浓缩入一个液体样品中，再用于全细胞快速

图 5 – 5　生物捕获 BT – 500 空气采样器

检测分析系统、核酸分析系统或其他基于液体的传感器系统。抽取式的一次性使用检测盒，也可以作为发生生物事件的证据存档。

三、检测器

检测器是那些用来测定粒子是生物性质的还是无机性质的以及是否有必要对样品做进一步分析的部件/仪器。有些检测器在样品引入之前要对样品进行预处理，而另外一些检测器则可直接使用取自环境中的样品。检测器一般可分为两类，即湿法检测（流式细胞计数器）和干法检测（质谱仪）。

（一）湿法检测（流式细胞计数器）

细胞计数是指对细胞的物理和化学性质所进行的测量，流式细胞计数器（广泛用作生物战剂湿法检测器）使用的技术与细胞计数器相同，不过前者测量的是当粒子流经一个检测点时，运动中的液体流内的细胞或其他粒子。通过使用激光散射的方法，流式细胞计数器可以测量液体悬浮液中粒子的大小和粒子数。流式细胞计数器涉及复杂的液体学、激光学、电子检测器、模/数转换器和计算机等，为生化分析和在数秒内处理成千上万的

细胞提供一个自动化的方法。典型的做法是，向生物材料（如 DNA）中添加与其发生反应的荧光染料对样品进行处理。从 20 世纪 70 年代早期以来，流式细胞计数器就已商业化，且之后流式细胞计数器使用的情况有增无减。使用这项技术的例子是美国洛斯·阿拉莫斯国家实验室流式细胞计数器（Los Alamos National Laboratory Flow Cytometer，LANL）和贝克顿·迪肯森流式细胞计数器（Becton Dickenson Flow Cytometer，FACSCaliber）。下面主要讨论这些仪器。

洛斯·阿拉莫斯国家实验室流式细胞计数器使用的是一个绿（He – Ne）激光二极管。该计数器由两个光散射检测器对粒子进行测量，同时用两个光电倍增管对荧光进行测量。该仪器也称为"迷你型流式细胞计数器"，其尺寸是 31.2 dm³（1.15 ft³），质量为 13.6 kg，需要 1 kW 的电力。

贝克顿·迪肯森流式细胞计数器 FACSCount 由 Becon Dickenson 公司生产，使用了一个直接的双色免疫荧光方法和一个绿（He – Ne）激光二极管。

贝克顿·迪肯森流式细胞计数器 FACSCaliber 也由 Becton Dickenson 公司生产，它是一个四色的模分析流式细胞计数器（Modular Analytical Flow Cytometer），使用一个 15 mW 的空气致冷蓝氩激光和一个红激光二极管。另外，FACSCaliber 还有一个可选择的分类器。

（二）干法检测器

质谱（Mass SPectrometry，MS）是一种微量分析技术，只需要几纳克的分析物就可得到有关分析物的结构和分子量信息。这项技术将分子离子化并把它们打成特征碎片（碎片图形构成了"质谱"）。质谱需要将样品以气态形式引入其中。样品引入质谱的方式很多，有直接对空气/气体采样、直接插入探测器、通过膜过滤、气相色谱（GC）的流出物、高效液相色谱（HPLC）流出物、毛细管电泳以及裂解设备的流出物等。以下介绍几个利用质谱技术的检测设备。

裂解—气相色谱—离子迁移谱（Pyrolysis – Gas Chromatography – Ion Mobility Spectrometer，PY – GC – IMS）：首先燃烧或裂解生物粒子，然后用气相色谱法分离生物裂解产物。一旦分离，将各裂解产物引入一个离子迁移谱仪中进行分析。该技术是一种新技术，是由埃奇伍德化学生物中心（Edgewood Chemical Biological Center，ECBC）和犹他大学（University of Utah）联手开发的。

基质辅助的激光解吸附离子化—时间飞行—质谱（Matrix – As sisted Laser Desorption Ionization – Time of Flight – Mass Spectrometry，MALDI – TOF – MS）是质谱的一个变体，用比裂解更温和的方法离子化可疑的生物战剂，以便对

生物战剂进行鉴定，而不只是鉴定宽泛的特征。

化学生物质谱仪（Chemical Biological Mass Spectrometer，CBMS）采用一个多级过程分析气溶胶中的生物组成，并对各生物成分进行分类。该仪器首先对气溶胶进行浓缩，然后对它进行燃烧或裂解，最后将样品引入质谱仪中进行分析。用一个随仪器配备的计算机分析质谱，找出指示生物物质的特征图形。这种仪器能够将生物物质分类为芽孢、细胞或毒素。图 5 - 6 所示为 Bruker 公司生产的化学生物质谱仪。

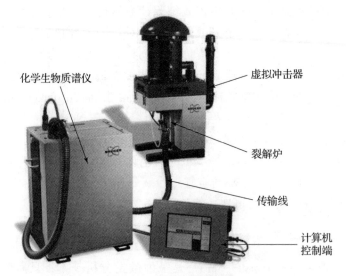

图 5 - 6　化学生物质谱仪

四、鉴定器

鉴定器（特异性识别技术）是一些部件或仪器，它们能够识别可疑的生物战剂（细菌和病毒战剂）到"种"的水平以及毒素的类型。特异性识别技术对一个特定的生物战剂进行识别，是根据检测该战剂所特有的一个特异性生物标记物来完成的。基于抗体的鉴定器用于对速度和自动化要求较高的检测系统，在时间和人力许可的情况下，基于基因的检测系统开始呈现出领先之势。

应用特异性识别生物战剂的技术是一个检测系统中最重要的部分，这部分可用的技术和仪器种类最多。下面简要介绍几种鉴定器。

（一）免疫技术

免疫技术对抗原（身体的外来物）与相对应的抗体高度专一性结合的检测，是通过形成抗原—抗体复合物实现的。在一个基于免疫法的生物战剂鉴定系统中，对某一种分析物（战剂）是否存在的检测和鉴定，依赖于抗原—

抗体结合的特异性。免疫分析法可分为三类：可抛弃基质型装置（检测条或试剂盒）、使用标记试剂间接测量抗原—抗体结合的生物传感器和不需要标记物（直接亲和分析法）的生物传感器。下面对这几类分析法中的每一类及其相应的技术举例进行讨论。

可抛弃基质型装置通常是指检测条或试剂盒。它们通常包括一些干态试剂，当加入一个样品后，这些干态试剂发生重组。有一步分析法形式，也有包含多个步骤的更复杂的分析形式。在多个步骤的分析情况下，实施检测要使用一种以上的试剂。使用仪器完成手工的分析步骤可实现检测条分析法的自动化，并提供一个半定量的测试结果输出数值。用于更大范围细菌战剂和毒素检测的灵敏度更高、选择性和重现性更好的快速手持式分析法正在研发之中。这些方法具有优良的稳定性特征，而且测试结果容易得到。

典型的基于检测条的分析技术包括手持式免疫层析法（Hand – Held Immunochromatographic Assays，HHA）、BTA™检测条（BTA™ Test Strips）以及敏感膜抗原快速检测系统（Sensitive Mem brane Antigen Rapid Test，SMART）。

HHA 是简单的、一次性使用的装置，与家庭早孕测试中所使用的尿液检测条非常相似。目前，在生产的有 10 种活性生物战剂检测法、4 种模拟剂检测法和 5 种训练器（只需要盐溶液即可得到阳性结果）。这些测试提供的是一个是否的响应，不过一个技术熟练的观察者根据颜色的变化可以说出有多少战剂存在（半定量的测量）。实际上，目前 HHA 正用于所有野外军事上的生物检测系统中，也用于试验性的系统中，同时也被一些后续处理部门所使用。它们的用途在很大程度上要归功于它们既适于自动判读器也适于人工判读的特点。手动方法使用 HHA 不需要电力。

BTA™检测条由 Tetracore LLC 公司生产并由 Alexeter Technolo gies LLC 分销。化学技术（横向流动免疫层析法）采用了可与目标物特异性结合的单克隆抗体。当样品中目标物质的浓度水平超过一定浓度值时，抗体和抗原就会在 BTA™检测条上结合并在一个小窗口内形成一条红色带（图 4 – 14）。如果有两条颜色线出现，说明为阳性结果；如果只在"C"（校准）窗口出现一条颜色线，说明测试为阴性。在对从环境中收集的样品进行测试时，该技术很少提供假阳性结果。目前检测炭疽和蓖麻毒素的方法可用，其他的检测法处于研发之中。

敏感膜抗原快速检测系统（SMART）是一个可以检测和识别多种分析物的检测条式分析系统。其核心化学方法是通过免疫法在小型敏感膜上聚集胶体金标记的试剂（标记抗体）和相应抗原的方式检测样品中的抗原。用一个测量膜反射率的仪器检测阳性结果（形成一个红点）。一个自动化的基于检测条方法的系统可进行这个 SMART 免疫分析。人们注意到 SMART 检测条具有较高的假阳性。

在试剂标记型生物传感器方法（Reagent Tag Biosensor Approaches）中，生物传感器将敏感元件（光学的或电子学的）和生物包被层相结合，可以进行快速、简单的生物分析。与检测条相比，用于生物战剂检测的生物传感器由一个敏感元件（常嵌置于一个流动池内）和一个相关的定量读值器组成。在一个测试过程中，为了实现自动化的、多重分析物免疫分析，需要一个流路系统将样品和一种或更多的试剂引入传感器/流动池。基于传感器方式的分析法进行了自动化设计，通常其本身就具有多重分析物检测的能力。

试剂标记型生物传感器方法包括荧光损耗波生物传感器表面、电化学发光、光寻址电位测量型传感器（LAPS）、免疫分析法以及乳胶颗粒凝集/光散射等。

一个荧光损耗波生物传感器技术方面的实例是光纤光波导（Fiber Optic Wave‐Guide，FOWG）。FOWG 使用了一个包有抗体的光纤光学探针和一个标记有荧光指示剂的抗体测定可疑战剂的存在。如果有一种战剂存在于仪器内流通的水溶液中，它将结合在探针上的抗体上；该仪器再将第二种含有荧光指示剂标记的抗体的溶液通入检测系统，则它将结合到战剂上。然后仪器开始检测探针上是否有荧光标记物的存在。

在无标记试剂型生物传感器方法（No‐Tag Reagent Biosensor Methods）（也称为直接亲和法或均相法）中，直接检测抗原与抗体的结合。这种分析法的优点包括：分析过程简化（步骤更少，部件更少），最小的一次性溶液使用量（不需要携带标记试剂溶液），阴性测试后传感器可以再次使用（一次性使用量最小化），仪器更小、更轻而且耗电量更低。

无标记试剂型生物传感器方面的例子包括干涉测量法、表面等离子体共振、压电晶体微天平、波导耦合器以及电容测量等。关于直接亲和非标记生物检测技术的例子将在下面进行讨论。一个使用非标记试剂型生物传感器技术的装置是双衍射栅偶合器（Bi‐Diffractive Grating Coupler，BDG），它是一个光学换能器，正在由巴特尔纪念学会（Battelle Memorial Institute）和 Hoff-man‐LaRoche 开发。这种设备利用了一个与偏振光波两个成分中的一个成分相关的现象。偏振光可分为一个横向电场（TE）和一个横向磁场（TM）模式。TM 模式具有一个随光波运动且位于介质（在本例中为一个塑料波导，上面包被着对某一特定战剂特异的抗体）之上的短暂的"尾巴"。结合事件的发生改变了波导表面层的折射率，从而改变了光在波导中穿过它的渐逝场时的传播速度。这种装置所测量的光学性质（采用光学干涉测量法）是有关目标分子与表面结合所引起的折射率变化。

（二）核酸扩增法

核酸扩增法（Nucleic Acid Amplification）可以用来帮助检测细菌和病毒

（核酸扩增法本身不能直接检测毒素的存在）战剂的 DNA 或 RNA。用于核酸分析的样品可直接从野外获得，也可通过实验室培养或从感染动物或人的组织中获得。聚合酶链反应（PCR）是一种极其广泛地用来扩增少量 DNA，再用于分析的方法。下面介绍两个核酸扩增法的实例。

迷你型 PCR（Mini - PCR 也称 Ten Chamber PCR）是美国劳伦斯·利弗莫尔国家实验室研发的一种仪器，在将基于基因的鉴定技术转换为适于野外使用的形式方面，该仪器是这方面的第一个尝试。这种仪器利用了一个称为聚合酶链反应的过程和一个称为泰克曼（Taq - man©）的商业化化学反应试剂。将一个可疑的样品放入一个可快速加热和冷却的小型热循环仪中，在这个热循环仪中嵌入了一个小型的光学系统。在这个"10 杂交炉"设备中有 10 个这种小型热循环仪。简而言之，该仪器可以制备许多可疑战剂（如果战剂存在的话）的特定基因的复制。同时，制备的复制数越多，由 Taq - man© 反应过程所产生的荧光就越强。该仪器能够近似实时地读取光强的升高，这项技术有望非常灵敏和特异。

轻型循环仪 LightCycler™ 由 Idaho Technology 公司开发，是一种热循环仪，采用了一种独特的内置荧光检测系统，使用了专门研发的荧光染料和 Taq - man© 技术，可用于在线定量和扩增产物。经许可，该仪器正由 Roche Diagnostics 公司生产。图 5 - 7 所示为轻型循环仪（Light—Cycler™）。

抗震型高级病原识别仪（Ruggedized Advanced Pathogen Identifi cation Device，RAPID）是 Idaho Technology 公司的产品，是一种坚固耐用型的便携式野外用仪器，它集成了 LightCycler™ 的技术。

图 5 - 7　轻型循环仪

RAPID 可在 30 s 内运行一个反应周期并自动分析结果。专用的软件方便了以按键的方式使用 RAPID，可以快速、安全和准确地在野外鉴别可能的危险病原体。目前，它可用于军队野战医院和执法方面。

第三节　远距离探测系统

一、主动远距离探测系统

主动远距离探测系统是设计用来在生物战剂到达检测系统之前，对距离检测系统一定范围之外的气溶胶或烟缕进行生物战剂的检测和鉴定的。远距离检测系统不使用触发器/提示器、收集器或检测器，但是要使用一个光源

（如激光）检测生物战剂。

主动远距离探测技术利用了激光遥感或 LIDAR（光检测和测距）检测大气性质的原理。在 LIDAR 中，首先有一个激光短脉冲穿透大气；然后再有一部分辐射从一定距离之外的目标物或大气粒子（如分子、气溶胶、云团或灰尘）处反射回来，所有这些检测系统必须瞄准可疑的生物战剂发生地。由于 LIDAR 系统使用的是具有较短波长能量的光源，它们能够"看见"生物战剂袭击中的较小气溶胶粒子（主要是直径小于 20 μm 的粒子）的特征。当大气对于这种波长光的透明度较高时，利用 IR 的 LIDAR 系统可以"看到"30 ~ 50 km 的距离。远距离的一个限制因素就是缺少小型、价廉的高功率激光器。下面介绍几种远距离仪器。

IR LIDAR 不能将生物和非生物气溶胶区分开来，使用一个紫外（UV）激光器和激光诱导荧光（LIF）技术可以很好地完成远距离检测生物战剂的任务。这将使生物气溶胶受到一个强 UV 激光脉冲的辐射并使生物战剂发荧光，所发出的荧光将从 UV 的激发频率红移，并在一个较长波长的 UV 区被检测到。LIF 系统在较暗或夜间条件下工作效率更高；在白天里，由于空气对 UV 光的通透性差以及存在较高的 UV 背景，检测距离大大缩减。

Compact LIDAR 是自 1996 年以来由美国陆军生物与化学指挥部（Soldier Biological and Chemical Command，SBCCOM）和爱奇伍德化学与生物中心（Edgewood Chemical and Biological Center，ECBC）一直在研发的检测系统。该计划的目标是开发出一种轻型、地面使用的远距离检测系统，它可以跟踪和计算相对浓度，并对可能的生物战剂气溶胶绘制出形态图。该系统使用一个红外激光器系统，它不能将生物和非生物气溶胶区分开来。

Hybrid LIDAR 是一个由 Electro Optics Organization Inc.（EOO）和 Stanford Research Institute（SRI）研发，并由美国国防部高级研究计划局（DARPA）资助的检测系统。该计划的目标是开发出一种可安装在无人飞行器（UAV）上的检测系统。其工作方式是：UAV 将在一个区域的上空徘徊，利用其 IR LIDAR 检测器对可疑的气溶胶进行扫描。当发现一个可疑云团时，UAV 将飞到近处用它的 UV 检测器对云团中的生物成分进行分析。

MIRELA 是一种 IR LIDAR 检测系统，由美国 SBCCOM 和法国联合研发。该系统本来是为远距离检测化学云团而开发的，但是现在用于生物气溶胶的评价，该系统不能将生物和非生物气溶胶区分开来。

MPL 1000 和 MPL 2000 是已商业化了的 IR LIDAR 检测系统（由 Science and Engineering Services Inc.，SESI 生产），最初是和 NASA 戈达德航天中心联合开发用于监测大气云团和气溶胶结构的。目前，NASA 和能源部（DOE）在它们的研究场所有十几套 MPL 在使用中。这些仪器不能将生物和非生物气溶胶区分开来。

在上面所讨论的远距离检测系统中，MPL 1000 是一套最接近野外使用要求的远距离检测系统。该系统已经开始生产，其质量小且坚固耐用。与所有的检测系统一样，该系统也需要额外的时间来开发其检测算法。所有讨论过的检测系统都需要人工解读原始数据。

从一个空中平台（尤其是直升机）上，长程生物远距离检测系统（Long – Range Biological Standoff Detection System，LR – BSDS）可以检测距离检测器 30 km 处的气溶胶云团。该系统使用位于近红外光谱区（1 μm）的脉冲激光束检测这些云团。不过，由于只检测气溶胶云团，该系统不能将这些云团同其他云团（如灰尘云团）相区分。

二、被动远距离探测系统

被动远距离探测系统利用环境背景中存在的电磁能量来检测生物战剂。通常，这些检测系统对生物战剂所处的特征光谱区即中红外（3~5 μm）或远红外光谱区进行观察。目前，研究人员正在研究利用红外光谱检测和鉴定生物战剂。尽管生物气溶胶在施放后不久可以被红外系统所显像，但是气溶胶会很快失去特征谱，因此不能为现有的被动检测系统所观察到。像 M21 遥测化学战剂报警系统（M21 Remote Sensing Chemical Agent Alarm，RSCAAL）和联合部门轻型远距离化学战剂检测器（Joint Service Lightweight Stand – off Chemical Agent Detector，JSLSCAD）这样的检测系统，都尝试用于检测生物战剂，但很少有成功的实例。

第四节　装备选型

一、装备选型指标

装备选型是评估、购买、使用侦检装备的关键环节。国外非常重视装备选型工作，制定了严格的装备选型标准。美国国家标准技术研究所在国土安全部的支持下，紧紧结合市场需求和专业机构实际，建立了衡量生物侦检装备优劣的选型标准，主要以启动时间、反应时间、灵敏度、特异性、侦检范围（战剂类别）、输出类型（定性/定量）、数据读取难易程度、易用性、样本制备情况、保障装备、报警能力（声、光）、便携性、耐用性、电源需求、环境需求、操作者技术水平、可用性、价格、技术支持情况等 19 个指标综合考核生物侦检装备。

（1）启动时间。启动时间是指装配侦察装备进行作业准备所需的时间，包括装备准备使用，也有可能包括装备的预热或装备启动后的校准时间。

（2）反应时间。反应时间是指进样与输出信号（检测）之间的时间差。

（3）灵敏度。灵敏度是指检测器或检测方法对生物制剂检测的最低水平，可能包括检测所需的生物剂的最少数量。检测器的灵敏度常指检测极限。

（4）特异性。特异性是指装备区分生物和非生物粒子的能力，或是选择检测个体种和菌种的能力。

（5）侦检范围。表示装置可检测的生物剂的种类（孢子、生物毒素等）。

（6）输出类型。表示数据显示给系统操作员的形式或状态，其结果可包括：延时还是实时；"是"还是"不是"；定性还是定量。

（7）数据读取难易程度。数据读取难易程度是指分析完成后将数据结论转化所需的工作量的大小。

（8）易用性。指侦检、识别过程中所需的步骤数及程序的复杂程度。

（9）样品制备情况。包括制备分析样品所需的步骤和复杂性。一些检测系统不需要样品制备，而另外一些检测系统有可能需要非常复杂的程序。

（10）保障装备。支持检测、鉴别主装备所需要的附件或器具的总量与种类。

（11）报警能力。报警能力可能是声音或视频。

（12）便携性。便携性是指装备可携带的能力，包括装置工作所需的保障性装备。关于轻便性需要考虑的两个重要因素是体积和质量。这两个因素决定了一个人能否携带装备，或者是否需要多人或运输车辆才能移动设备。

（13）耐用性。描述装备的坚固性，即装备如何经受强度考验后还能作业并能够给出可靠的结果。

（14）电源需求。是否某一装备能在电池或在交流电动力下工作。此外，如果是用电池工作，所需要电池的数量及电池的寿命也应加以考虑。

（15）环境需求。设备最佳运行所需的气候和环境因素的理想范围，包括温度极限、相对湿度、pH 值、环境微粒浓度和其他条件。

（16）操作者技术水平。操作者完全使用设备或系统所需的教育和培训水平。

（17）可用性。可用性是指采购装备所需的交货周期，设备能够现货供应还是在采购与交货之间需要较长的时间。可用性是采购侦检设备、试剂和耗材的重要指标。

（18）价格。价格是指装置或系统的价格，包括与购买试剂和耗材相关使装置运行的成本。

（19）技术支持情况。技术支持与保修不仅指故障解决技术是否可用，也包括可用的支持的种类，指支持是由生产商提供还是由授权的装备经销商提供。

二、美军生物侦察装备体系构成

采用上述 19 个指标，美国国土安全部已选用 143 种装备用于地方应急生物战剂的侦察。主要包括手持式侦检装备、移动式实验室侦察装备、固定式侦察装备、远程侦察装备、生物采样器和生物试剂箱六大类。其中，包括 BADD™ 生物战剂侦察器、生物侦检诊断箱等手持式侦察装备 25 件；RAPID 侦察系统、RAMP、生物战剂侦察装备等移动式实验室侦察装备 28 件；固定式侦察装备 49件；远程侦察装备 6 件；生物采样器 26 件，包括手持式生物采样器 19 件、移动式实验室采样器 5 件、固定式生物采样器 2 件；生物试剂箱 9 件。

第五节 生物战剂侦察装备系统面临的挑战

由于很少剂量的生物战剂就可以产生明显的杀伤效果，因此生物战剂检测系统需要具备较高的灵敏度（能够检测很少量的生物战剂）；同时，复杂、千变万化的背景环境也要求这些检测系统具备一个高度的选择性（能够将生物战剂同环境中的其他无害物质和非生物物质区分开来）；另外一个需要提及的挑战是响应速度。这几个要求一起构成了一个重大的技术挑战。另外，在商业化领域（也就是手持式检测器研制方面），生物战剂检测设备的研发所取得的进展很有限。例如，有一些正在由美国军方进行研制和测试的检测系统很有希望。不过，这些检测系统相当复杂，需要经过训练才能正常操作，也需要维护，同时采购费用和运转费用高。

一、周围环境

我们生活和工作的环境是极其复杂和不断变化的。一个"正常"大气环境的气象、物理、化学和生物构成都会影响检测生物战剂的能力。为了理解大气环境对生物战剂检测所能产生的复杂效应，本节的剩余部分将分别讨论粒子背景、生物背景和光学背景。

（一）粒子背景

大气中的粒子有多种来源，如灰尘、泥土、花粉和雾气，它们都是空气中常见的自然产生的粒子。人为产生的粒子，如发动机尾气和工业排出物（烟窗）也大大加重了环境粒子背景。所以，粒子背景可以定义为大气中自然和人为粒子的总和，这些粒子本质上是非病原的（不致病）。生物战剂（不包括毒素）由病原性（致病的）细胞构成。粒子背景时刻都可以发生变化，这要视当时具体的气象条件而定。例如，根据马路上交通的繁忙情况，马路边的粒子背景可能会出现显著的变化。同样的，如果没有风，就不会有多少粒子被携带进大气中来；不过，当风开始刮起来时，它就会从附近地区乃至更远的地方携带来更多的粒子。一个生物检测系统所面临的挑战是，能否在所有自然发生的粒子和生物战剂粒子之间达行区分。

（二）生物背景

我们所处的环境充满各种各样的生物，这形成了一个庞大而复杂的生物背景，因此必须从这些背景中识别出生物战剂。生物战剂检测系统所面临的一个挑战是能够"挑选"出源自生物战剂的特定信号，同时排除任何来自非病原性（无毒）生物背景的信号或至少将这个背景信号降至最小。鉴于环境中存在的生物粒子量之大，这的确构成了一个重大挑战。通过研究已证实一些潜在的生物气溶胶源（如施过粪肥的农田附近、垃圾焚烧炉、垃圾填埋场、工业区和奶牛场）。研究表明，生物气溶胶的浓度与进行测量的地理位置有关。在美国的俄勒冈州进行的一项研究发现，城区内的气溶胶浓度比沿海地区要高6倍，而比农村地区几乎要高3倍。

生物气溶胶不但随地理位置而变化，而且在一天之内还随时间不同而明显地变化。早上的前几小时内，空气中的细菌浓度较低。但是天亮以后这个浓度上升很快，在上午8点左右达到一个最大值。然后，在一天的大部分时间内浓度开始回落到一个较低的水平，在一天快要结束时浓度又出现一个较大的升高。

（三）光学背景

像激光或被动红外（IR）这样的检测系统是依靠光学性质来检测生物战剂的。这些系统容易受微米级粒子的影响，也同样受其他干扰视线的障碍物，如雨、雾、雪和尘土的影响。气溶胶和降水的作用就像镜子，既可以将光能反射回检测器，也可以将光能从检测器漫射开。对于有些气溶胶，还会反射回错误的信号（例如，发动机尾气可发出荧光，而花粉则可对一些基于紫外的检测系统造成混乱）。因此，不同的远距离检测系统受降水和气溶胶的影响程度是不同的。一般来说，基于红外的检测系统要比基于紫外的检测系统更少受大气透明度的影响。

二、检测系统的选择性

检测系统必须对生物战剂具备高度的选择性。一个检测系统的选择性可以定义为：在目标战剂和环境干扰物之间进行辨别的能力。一个检测系统的选择性受干扰物影响的程度取决于所采取的检测手段。例如，对于粒子计数器来说，尘土和花粉可视为干扰物；而对于远距离 IR 检测系统来说，水汽和雾气就成了干扰物。对于生物战剂的监测，最难对付的干扰物还是来自生物背景（如非病原性物质）。通常，选择性高的检测系统需要更多的样本处理和多重检测器。目前，用于外界环境下、具有高度选择性的检测生物战剂的单一检测系统尚未商业化；由军方研发的选择性检测系统还仅局限于检测少数的几种战剂，而且价格高得惊人。

三、检测系统的灵敏性

由于生物战剂的有效剂量非常低，所以检测系统必须对生物战剂具备较高的灵敏度。灵敏度可以定义为：一个检测器在系统噪声之上能产生一个可重复性响应的最小目标战剂剂量。检测系统的噪声可以定义为检测器响应的随机波动，并且通常与电子输出的微小变化相关联；其他降低灵敏度的噪声由环境中的干扰物所引起。在一个完美的检测系统中，系统的灵敏度（仅取决于电子噪声）说明了系统能够检测到多少量的目标战剂。干扰物可引起灵敏度下降，这是因为检测系统需要更多的目标战剂才能将它从干扰物中区分开来。

四、采样

在暴露于气溶胶的情况下，主要的感染途径是通过吸入的方式，而且当紧急第一反应人到达一个事故的现场时，最初的气溶胶很有可能已经沉降下来。这并未降低第一反应人因战剂的再次气溶胶化而受感染的可能性，而是要求紧急第一反应人不要局限于对空气采样进行分析。为了确证发生了一起生物袭击事件以及断定是否仍然有生物战剂存在，紧急第一反应人对环境（土壤和水）进行采样、对空气和揩拭物进行测试也许是至关重要的。紧急第一反应人也许只需从事事故的后处理活动，而不需要具备早期的报警能力。

由于采样对于所有的分析仪器来说是一个关键问题，所以获取样品的方式以及样品的处理方式将对分析的结果产生影响。在一个点源收集/检测的情况下，由于这些战剂的有效剂量非常低，因此对于空气中生物战剂粒子的采样尤其困难。为了有效采集生物战剂样品，要使用采样器进行采样。这样可以将大量的空气通过这个采样器，从而使很大体积空气中所含有的微小量战剂分散于一个小体积的水中，在水中形成一个浓缩了的粒子混合物。通过浓缩生物战剂粒子，不仅能检测低剂量生物战剂的检测系统，而且能在这个浓缩的混合物中检测到生物战剂。

第六章

主要生物战剂的检验技术

第一节　鼠疫耶尔森菌

鼠疫耶尔森菌（Yersinia pestis）是引起鼠疫的病原菌，鼠疫系自然疫源性疾病，它是原发于啮齿动物并引起人间流行的烈性传染病。主要以染菌的鼠蚤为媒介，经叮咬人的皮肤传入引起腺鼠疫，或经呼吸道传入发生肺鼠疫。二者均可发展为败血症型鼠疫，病死率高。

一、分类

鼠疫耶尔森菌属于肠杆菌科，耶尔森菌菌屑，鼠疫耶尔森菌种。耶尔森菌属从分类学上包括 11 个种的菌。

二、主要生物学特性

（一）形态染色

典型的鼠疫耶尔森菌为革兰氏染色阴性，短而粗，两端钝圆，两极浓染椭圆形的小杆菌，长 $1.0 \sim 2.0$ μm，宽 $0.5 \sim 0.7$ μm，无鞭毛、无芽孢，在动物体内或在弱酸性血湿润培养基上可形成荚膜。在陈旧性病灶及腐败材料中，常见菌体膨大和着色不良的球形菌影及其他变形的鼠疫耶尔森菌。在陈旧培养基或 30 g/L 的氯化铀琼脂上呈多形性，如球、棒、哑铃状等。在有机体内或含血清或血液的弱酸性培养基上，胞壁外产生一种黏液性物质，折光性弱，普通染料不易着色，镜下菌体周围有一层无色的环状区。电镜下菌体周围有均匀低电子密度区，称为封套（envelope），可用荚膜染色法着色，也称荚膜。

（二）培养特性

本菌为需氧和兼性厌氧，最适培养温度为 $28 \sim 38$ ℃，最适的 pH 值为

6.9 ~ 7.2。生长初期对培养基氧化还原电位要求比较严格，最适电位 Eh = 100 ~ 150 mV，过高或过低均不好，特别是在菌量少时几乎不生长。其生长中需要一定营养，主要是氨基酸、糖和金属离子。必须苯丙氨酸、甲硫氨酸和胱氨酸；蝴氨酸、异亮氨酸和甘氨酸为生长刺激剂；强毒菌株对钙离子有依赖性，缺乏时生长不良。

本菌生长较缓慢，培养 24 h 只能形成低倍镜下呈碎玻璃样的微小菌落（检验特征之一）。24 ~ 48 h 后，菌落肉眼可见，直径为 0.1 ~ 0.2 mm，圆形、中心稍凸出、透明淡灰色小菌落。在低倍镜下，菌落中心为黄褐色，有粗糙颗粒，呈小丘凸起，周围有薄而透明的、锯齿状花边；72 h 后菌落增大，直径可达 4 mm，中心色较暗，不透明，边缘薄而透明，表面颗粒融合变平滑。在血平板上生长良好，菌落不典型，花边狭小或无，不溶血。在液体培养基中发育良好，形成絮状沉淀和薄膜，初期很薄，逐渐增厚，紧贴管壁，呈白色环状，下垂似"钟乳石"样，液体培养基仍然透明。

（三）生化特性

鼠疫耶尔森菌能分解一些碳水化合物，产酸不产气。本菌含蛋白水解酶少，生长所需氨基酸、蛋白胨都需外界供给，不产生靛基质，不液化明胶；大部分不分解尿素和不还原硝酸盐，部分菌株能产生少量硫化氢，对硫堇、亚甲蓝、靛蓝、中性红、孔雀绿、石蕊具有还原性。甲基红试验阳性，V – P 试验阴性，氧化酶阴性，过氧化氢酶阳性。

三、细菌学检验

（一）标本采集与注意事项

鼠疫的检验工作应当在具备防鼠、防蚤以及便于消毒的专用建筑物中进行，并应严格执行烈性菌检验的工作规则。按照规定进行疫苗接种。进入强毒室前应当按顺序穿着内、外隔离服，戴三角头巾、厚口罩、橡皮手套、高筒胶靴、线手套及护目镜等。

根据检验方法的特点，标本需要经过不同处理才能进行检验，尽量在治疗前采取检样。

1. 啮齿类标本

在送检活鼠时，连同鼠袋放入带盖的容器内，用乙醚使鼠体上的蚤麻醉自行从鼠体上脱落进行检蚤。若动物已经死亡，浸入 3% 来苏尔 20 min 灭蚤，将动物解剖观察病变，采取内脏。解剖动物先用石炭酸或来苏尔棉球消毒体表，将动物固定在解剖板上，剪开腹腔，取淋巴、肝、脾、肺、心，先在编号的龙胆紫溶血平板培养基上压印，按图6-1标记压片4张留待染色镜检。同时，取部分脏器制成乳剂接种动物，如尸体腐败严重时，取长骨骨髓做检查。

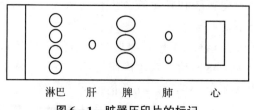

淋巴　肝　脾　肺　　心
图6-1　脏器压印片的标记

2. 蚤类标本

蚤类标本最好是活蚤，因蚤死亡后很快有杂菌生长。除了同时送标本进行蚤的分类鉴定外，应按地区和宿主分组。将蚤用乙醚棉球麻醉后（数秒钟，时间过久影响检出率），首先用95%酒精浸泡1 min，以杀死蚤体表的杂菌；然后加入生理盐水洗涤三次（洗时最好用小罗筛）分组（每组不超过50个）放入乳钵内，加适量肉汤或盐水研磨，制成乳剂接种培养基或动物进行分离培养。

3. 气溶胶样品

采样处理后进行检验。采用心浸液肉汤作稀释剂比1%蛋白陈水稀释的检出率高。

4. 其他杂物

其他杂物如羽毛、树叶等表面洗浸液需要先行澄清，将标本加5~10倍的生理盐水搅拌后，待其自然沉淀；再用脱脂棉或滤纸过滤，或用低速离心（1 000 r/min）去除沉渣，此法适于快速检验，若为阴性结果需作浓缩集菌后进一步检验。

1）疑似鼠疫材料的采取、保存和运输

（1）疑似腺鼠疫病人取材——腺肿穿刺液、血液。

①选取肿大的淋巴结，用腆酒、乙醇局部消毒，以左手拇指、食指固定，用灭菌注射器（12~16号针头）刺入淋巴结，抽取适量组织液，保存于灭菌试管内或直接接种于血琼脂平板。

②淋巴结肿大不明显者，可以先向淋巴结内注射0.3~0.5 mL灭菌生理盐水，稍停后再行抽取。

③感染后期，可以在肿大的淋巴结周围穿刺抽取组织液。

（2）疑似肺鼠疫病人的取材——痰液、咽喉分泌物、血液。

①令病人对血琼脂平板咳嗽，或将带血痰液标本收集于灭菌平皿或广口

瓶内备检。

②用灭菌棉拭子涂擦咽部分泌物，将拭子保存于灭菌试管或灭菌生理盐水管内备检。

（3）疑似败血型鼠疫。应该采取静脉血液 1 mL 以上。

（4）疑似眼鼠疫。应该用棉拭子或无菌毛细吸管，采取眼的分泌物。

（5）疑似肠鼠疫。应该取病人粪便备检。

（6）疑似皮肤型鼠疫。应该取局部分泌物、血液。

①水疱、脓疱期。可将脓疱表面用酒精消毒，以灭菌注射器由疱的侧面刺入疱内，抽取内容物备检。

②溃疡、结痂期。用灭菌镊子夹灭菌棉球涂擦溃疡面和痂皮下的创面，将棉球保存在灭菌试管或灭菌盐水内备检。

（7）疑似脑膜炎型鼠疫的病人血液，采用腰椎穿刺法抽取脑脊液备检。

（8）对于鼠疫病人的密切接触者，鼠疫污染材料的接触者，以及早期未出现典型可疑症状的疑似鼠疫病人，应当按上述（2）、（4）、（6）的方法取材备检。

（9）注意事项。

①疑似鼠疫病人应在服用抗菌药物前，依据其症状和体征，按规定部位采取检材。

②各型疑似鼠疫患者，除了采取相应部位材料以外，均应采取静脉血3 ~ 5 mL，供检菌和血清学诊断用。

2）疑似鼠疫病人尸体的取材

来自鼠疫区的交通工具上发现有可疑的动物或尸体应当解剖取脏器材料做细菌学检验。

（1）首例疑似鼠疫尸体应做解剖取材。

①取材前应做好解剖器材、场所选择和尸体处理的准备。

②以无菌手续采取肝、脾、肺、心血液及有可疑病理改变的淋巴结等，分别放在灭菌平皿或试管内保存。尸体有腐败迹象时，必须取长骨材料。

（2）如不能解剖，可行局部取材，用腰椎穿刺器按淋巴结、心、肝、脾及肺的顺序穿刺采取组织，分别保存于灭菌试管内，尸体腐败时可穿刺取骨髓。

（3）鼠间鼠疫血清流行病学调查或监测取材。对鼠笼或其他方法捕获的活鼠，以无菌法从心脏采血约 2 mL，取其血清，做间接血凝试验用。

（二）样本保存与送检

组织块可保存于灭菌生理盐水中，或置于 5 ~ 10 mL 的 Broke 溶液中保存；也可应用 Cary – Blair 培养基保存运送材料。容器用石蜡密封。检材应包装严密，保存场所适宜，保存温度不高于 4 ℃。准确详细填写送检单。指派两名人员（其中一名为专业人员），乘快速交通工具运送检材。直接送达负责该地区检验工作的专业实验室。接交材料时首先检查包装，绝对不能有破损、泄漏或污染，否则应立即消毒并报告有关单位处理。接交材料应当按清单点清种类、数量，并准确记录签字。

（三）检验方法与结果

1. 细菌分离培养

（1）新鲜材料可直接涂布溶血（0.1%）赫氏琼脂平板，按三段法画线。

（2）腐败材料可画线于龙胆紫（1：10 万~1：20 万）亚硫酸钠（0.025%）平板或龙胆紫溶血平板。

（3）液体材料及骨髓，用灭菌接种环取标本画线。脏器材料先在平板表面压印，再以白金耳画线，棉拭子可直接涂布于培养基表面。

（4）同一个病人或尸体的不同材料可以分格涂于同一个平板表面。每份材料接种一式两个平板，一个作分离培养（要求使用龙胆紫血培养基），另一个准备做鼠疫噬菌体裂解试验。

（5）置 28 ℃温箱培养，于 14~96 h 内每日观察，以发现具有鼠疫菌典型形态的菌落。没有严重污染的平板，必须持续培养，无疑似鼠疫菌落出现时，方可判为阴性。

2. 鼠疫噬菌体裂解试验

（1）在用于噬菌体裂解试验的平板上，于画线一侧滴噬菌体一滴，倾斜平板使其垂直流过画线。

（2）分离培养中发现可疑鼠疫菌落时，用白金耳取可疑菌落重新画线于血琼脂平板，再按上述方法滴加鼠疫噬菌体。

（3）置 22~28 ℃温箱，培养 8~24 h 观察有无噬菌现象，若出现噬菌斑或噬菌带宽于噬菌体流过的痕迹，才可以判定为鼠疫噬菌体试验阳性。

3. 动物接种

（1）病人、尸体材料，特别是腐败材料必须在进行细菌培养的同时接种小白鼠（18~20 g）或豚鼠（250~300 g）腹股沟皮下。

（2）脏器块。置于消毒乳钵内，用灭菌剪刀剪碎并研成匀浆，加入适量生理盐水，制成悬液备用。

（3）新鲜材料可用腹腔或皮下接种，豚鼠接种 0.5~1.0 mL，小白鼠接种 0.2~0.4 mL。

（4）腐败材料可采用经皮接种，剃去动物腹毛，轻微划痕，将材料用棉拭子涂布于剃毛的皮肤上并反复涂擦，涂擦时应以平皿盖掩盖，以防材料四溅。

（5）接种试验动物后，做好标记，放入饲养笼内，挂牌记载编号、接种日期、途径等。每日饲养 1~2 次，直至动物死亡或经 7 天后杀死剖检。

（6）在接种后 12 h 即可在接种部位抽取组织液（次/天）做染色和平板培养，直至动物死亡。

（7）如 7 天后动物没有死亡，应处死动物，取动物的脾脏及有可疑病变组织制成匀浆，接种第 2 组动物。动物死亡或观察 7 天后处死，按前述方法检验，同时采集血液，做血凝试验，无阳性发现方可做出阴性报告。

4. 血清学试验

鼠疫患者的必需试验和快速检测方法，要求一律采用间接血凝试验。

利用鼠疫菌的 F1 特异性抗原标记红血球（有商品供应）进行间接血凝试验（PHA），可以准确检测患者血液中是否存在对应的抗鼠疫菌 F1 抗原抗体而判定其是否或曾经感染有鼠疫，也是进行血清流行病学调查（包括鼠间鼠疫）的必需手段。另外，利用 F1 抗原免疫产生的 F1 抗体标记红细胞（有商品试剂），与采集的标本中如组织液、血清或各类标本增菌液做反向血凝试验，可直接检测各类标本中是否存在 F1 抗原——鼠疫病原菌。

5. 结果判定及报告方式

1）鼠疫菌检验判定依据

（1）形态学特征。见"概述"部分。

（2）菌落特征。培养 48 h 的菌落边缘呈碎玻璃样或花边样，后者又称为"煎蛋样"菌落；液体培养基中形成絮状沉淀与薄膜，薄膜下垂呈"钟乳石"样。

（3）鼠疫耶尔森菌噬菌体裂解试验。出现噬菌斑，可做出确诊检验报告。

（4）动物试验。接种动物感染鼠疫菌出现相应症状并发病死亡，是为鼠疫菌强毒株。

（5）血清学鉴定。它是快速检测的主要方法，但是阳性结果只作为辅助诊断方法。

2）报告方式

在分离获得鼠疫菌落后可以做出报告，首先检出疑似鼠疫菌；然后按鼠疫耶尔森氏菌噬菌体试验判定标准进行检验，如果鼠疫噬菌体裂解试验为阳性，则可以做出鼠疫细菌学判定。负责检验的单位应当在噬菌体裂解试验结果产生后 24 h 内将鼠疫菌鉴定报告报送负责部门，并且对过去所做的疑似鼠疫报告做出认定或订正报告：检出鼠疫耶尔森菌；试验动物死亡，由死亡的试验动物体内重新分离到鼠疫菌，并经噬菌体裂解试验证实，负责检验的单位应做出鼠疫耶尔森菌强毒菌的鉴定报告。

（四）注意事项

（1）鼠疫细菌检验必须在专用实验室内进行。

（2）检验人员必须事前熟悉实验室管理制度、自身防护制度和技术操作规程等。

（3）凡进入强毒菌室操作，必须有两个人以上同时工作。

（4）及时准确做好检验的各项试验记录。

（5）每次工作结束，应对工作室严格消毒，做好安全检查。

（6）实验室一切物品均应彻底消毒后方可携带出室。

四、细菌鉴别

（一）与其他菌鉴别

鼠疫耶尔森菌经形态、培养、噬菌体裂解和动物试验四步鉴定后，一方面向上级报告疫情，同时还需进行系统鉴定，以做出最后诊断。

（1）生物学特性鉴定。需要与假结核耶尔森菌、动物败血症等鉴别。

（2）鼠疫耶尔森菌经毒力因子检查。首先以鼠疫免疫血清和被检材料作用；然后加入 F1 抗原致敏的红细胞，材料中若无相应抗原存在，则鼠疫血清与日抗原致敏的红细胞发生凝集。此方法比 R – PHA 更敏感。

（3）与肠杆菌科有交叉反应的菌鉴别。

（二）属内鉴别

可以通过培养特性、生化反应、血清学试验、噬菌体裂解试验、动物接种等进行属内鉴别。同时，可以用反向间接血凝、反向血凝、荧光抗体染色和 PCR 法测定等鉴别。

（三）同源性鉴别

（1）用 PCR 法快速、敏感、特异，近年来获得广泛应用。

（2）DNA 序列分析。

（3）用血清学试验分型及噬菌体裂解可兹鉴别。

（4）质粒图谱分析。

五、临床医学与卫生学意义

鼠疫耶尔森菌具有很强的毒力和侵袭力。鼠疫耶尔森菌是各种啮齿动物的寄生菌，通过鼠蚤叮咬而传播，鼠疫在鼠群中流行时，大批病鼠死亡后，失去宿主的鼠蚤转向人群，就有可能引起人群中鼠疫的流行。在人群中，也可以通过人蚤或呼吸道（肺鼠）传播。

第二节　炭疽芽孢杆菌

一、分类

芽孢杆菌属（Bacillus）是一大群需氧、能形成芽孢的革兰氏阳性大杆菌。目前已知有 34 种。该属中的炭疽芽孢杆菌（B. anthracis）是引起食草动物和人类炭疽的病原菌，蜡样芽孢杆菌可引起人类食物中毒。其他大多为腐生菌，主要存在于土壤、水和尘埃中，如枯草芽孢杆菌、多黏芽孢杆菌、巨大芽孢杆菌等，是实验室中常见的污染菌，当机体免疫力低下时，偶尔也能致病。

二、主要生物学特性

（一）形态与染色

炭疽芽孢杆菌菌体粗大，（1～1.2）μm×（3～5）μm，两端平截，菌体呈矩形，几个菌相连呈竹节状排列。革兰氏阳性，无鞭毛，有毒菌株可以形成荚膜，在氧气充分，25～30 ℃时容易形成芽孢。在活体或完整未经解剖的尸体内不形成芽孢。芽孢为椭圆形，小于菌体，位于菌体中央，折光性强，通常在细菌生长对数期末形成；培养稍久菌体溶解，使芽孢游离。

（二）培养特性

需氧或兼性厌氧，pH 值为 6.0～8.5，在 14～44 ℃时均可生长；但是在pH 值为 7.0～7.4，30～35 ℃有氧环境下发育最好。营养要求不高，在普通琼脂平板上 35 ℃时培养 18～24 h 可形成直径 2～4 mm 的菌落。菌落扁平、粗糙，不透明灰白色，无光泽，边缘不整齐，在低倍镜下可以见到菌落边缘呈卷发状。在含 10 U/mL 青霉素的琼脂平板上不能生长，在血液琼脂平板上培养 18～24 h 有轻微溶血；而其他需氧芽孢杆菌溶血明显而快速。在肉汤中培养 18～24 h，管底可见绕成团的絮状沉淀生长，肉汤上层清晰，无菌膜。能液化明胶，沿穿刺线向四周散开，形如倒松树状。有毒株在碳酸氢铀血琼脂平板上 5% 二氧化碳环境中，培养 18～24 h，可以产生荚膜，菌落由粗糙型（R）变为黏液型（M），而呈现半圆形、凸起、有光泽的菌落。以接种针挑取时黏丝，呈拉丝状，此为鉴别菌落要点，无毒株则形成粗糙型菌落。

（三）生化反应

生化反应能够分解葡萄糖、麦芽糖、果糖，有些菌株还可以迟缓发酵甘油和水杨苷，均产酸不产气，不发酵乳糖等其他糖类。另外，能够分解淀粉和乳蛋白，在牛乳中生长 2～4 天后使牛乳凝固，然后缓慢胨化。能够还原硝酸盐为亚硝酸盐，卵磷脂酶弱阳性，触酶阳性。其他生化反应大多数为阴性。

三、细菌学检查法

（一）标本的采集与注意事项

皮肤炭疽病人标本，用无菌棉拭推开病灶表面的痂皮，取病灶深部标本或用无菌注射器抽取部分深部分泌物；肺炭疽取痰或血液；肠炭疽取粪便或呕吐物；脑型炭疽取脑脊液或血液。未解剖的尸体用无菌注射器抽取心血及穿刺内脏标本；解剖的尸体，可取心血、肝、脾、肺、脑等组织。死于败血症的动物，严禁解剖，消毒后割取耳朵、舌尖，采集少量血液，局限性病灶取病变组织或附近淋巴组织；非必要不得做大型动物的剖检。疑似炭疽杆菌污染的物品，如皮革、兽毛、羽毛、土壤等，固体标本取 10～20 g，液体标本取 50～100 mL。

标本的处理过程：新鲜渗出液、血液和脏器，无菌操作技术制成乳剂，接种肉汤中增菌培养或在固体中培养；养基上画线分离培养。固体标本可加 10 倍生理盐水充分浸泡，振荡 10～15 min，静置 10 min，上层悬液65 ℃水浴 30 min 或 85 ℃水浴 5 min，杀死非芽孢菌，再增菌和分离培养。液体标本如脑脊液在 3 000 r/min 转速下离心 30 min，取沉渣分离培养。污水等标本在 3 000 r/min 转速下离心 30 min，沉淀加 0.5% 洗涤剂振荡 10～15 min，再离心取沉淀物，进行增菌和分离培养。

（二）检验方法

1. 染色检查

将可疑材料制成涂片，若组织脏器可作压印片，火焰固定，做革兰氏染色、荚膜染色和芽孢染色。新鲜材料中发现革兰氏阳性大杆菌、竹节状排列并有明显荚膜结合临床表现可作初步报告。

荚膜荧光抗体染色方法：在固定好的涂片或印片上，滴加抗荚膜荧光抗体，37 ℃染色30 min，倾去多余荧光抗体，在 pH 为 8 的缓冲液中浸10 min，蒸馏水冲洗，晾干，荧光显微镜观察到链状大杆菌周围有发荧光的荚膜者为阳性。在腐败材料涂片中，观察到链状排列的颗粒状荧光，也有一定的诊断价值。

2. 分离培养

一般接种血琼脂平板，37 ℃下静置 24 h 后观察菌落特征。污染标本经处理后，可接种于戊烷脒多黏菌素 B 等选择培养基，培养时间可稍长，菌落特征与血平板相同，但是稍小。为了提高检出率，某些标本可选用 2% 兔血清肉汤增菌后再做分离培养。

3. 炭疽热沉淀反应

炭疽热沉淀反应又称 Ascoli 试验。常用于已死病畜的腐败脏器、毛皮、大批肉食及其制品等，不能进行分离培养时使用。炭疽杆菌沉淀原具有耐高热特性。在尸体组织和皮毛中数年仍能检出，因而可做追溯性诊断。

4. 鉴定试验

（1）噬菌体裂解试验。待检菌肉汤培养 4~6 h，取一接种环涂布普通琼脂平板，干后将 AP631 炭疽噬菌体滴于平板中央或画一直线，干燥放置在 37 ℃温度下培养 18 h，出现噬菌斑或噬菌带者为阳性。每份标本作 2~3 个平板，同时滴种肉汤液作阴性对照。

（2）串珠试验。将含 0.05~0.1 U/mL 青霉素的普通营养琼脂倾注平板，约 3 mm 厚，凝固后切成 1.5 cm 的方块于载玻片上。用接种环滴加待检菌 4 h 的肉汤培养物，37 ℃ 培养 1~6 h，加盖玻片置高倍显微镜下检查；同时，用不含青霉素的琼脂片培养物对照，阳性菌体膨隆相连似串珠，类炭疽杆菌无此现象。

（3）青霉素抑制试验。将待检菌分别接种于含 5 U/mL、10 U/mL 和 100 U/mL 青霉素的普通琼脂平板，在 37 ℃下培养 24 h，炭疽芽孢杆菌一般在含 5 U/mL 的青霉素平板上仍能生长，在含 10 U/mL、100 U/mL 青霉素的平板上受到抑制而不生长。

（4）碳酸盐毒力试验。将待检菌接种于含 0.5% 的碳酸氢钠和 10% 的马血清的琼脂平板上，10% 的二氧化碳 37 ℃ 培养 24~48 h。有毒株形成荚膜，菌落呈黏液（M）型，无毒株不形成荚膜，呈粗糙（R）型菌落。

（5）动物试验。取纯培养接种于肉汤培养基，在 37 ℃下培养 24 h，取 0.1 mL 皮下接种小鼠，观察 4 天，死于炭疽的小鼠可见接种部位呈胶陈样水肿，取心血、肝、脾涂片染色镜检可见典型的炭疽杆菌。例如，将肉汤培养物 0.2 mL 接种于家兔或豚鼠皮下，动物于 2~4 天后死亡，解剖所见同小鼠。蜡样芽孢杆菌对家兔和豚鼠无致病性。

（6）植物凝集素试验。常用方法：①荧光标记试验，用荧光素结合大豆凝集素，加入炭疽芽孢杆菌及其芽孢，37 ℃ 孵育，在荧光显微镜下可见炭疽芽孢杆菌发荧光；②酶联凝集素吸附试验（Enzyme Linked Lectinosorbent

Assay），用辣根过氧化物酶标记大豆凝集素，然后与用缓冲液配成的炭疽芽孢杆菌及芽孢的悬液，在聚乙烯塑料板上做凝集试验，炭疽芽孢杆菌发生凝集。本试验可以与其他类炭疽芽孢杆菌相鉴别。

检验注意事项：

①炭疽芽孢杆菌危险度分级为两类菌种，安全事项按 P3 实验室等级要求进行。

②一般消毒剂对芽孢无效，0.1% 的碘液为可靠的消毒剂。

第三节　森林脑炎病毒（俄罗斯春夏脑炎病毒）

一、概述

森林脑炎又名蜱传脑炎（TBE），病毒是黄病毒科黄病毒属中的成员，黄病毒属包括近 70 个具有抗原交叉反应的病毒，采用多克隆免疫血清对黄病毒进行交叉免疫中和试验可将黄病毒分为 8 个血清学亚组。由于森林脑炎病毒的致病力强，病死率高，可通过气溶胶感染，而且病毒可大量培养，在低温下能长期保存。目前，尚无特效治疗药物，因此森林脑炎病毒可能被用作生物战剂。森林脑炎潜伏期平均为 10～15 天，最短者为 3 天，最长者为 3 周，大多数突然起病。发热在 38.5～41.5 ℃，多为稽留热，热程一般为 5～12 天。92.7% 的患者出现剧烈头痛，以前额和两侧太阳穴为主，少数为枕部疼痛，并牵连至颈部，多呈炸裂性或针刺样剧烈的跳痛，患者表情痛苦。另外，大多数患者伴有恶心、呕吐，有的为喷射性呕吐。森林脑炎的神经症状是瘫痪，多数为弛缓性，主要是颈肌瘫痪（占 34.2%）；其次为上肢瘫痪，少数病例出现吞咽困难和语言障碍。后遗症是颈部和下肢肌肉的萎缩性麻痹。

二、森林脑炎病毒的检验

根据本病的地区分布、发病季节以及蜱咬历史和特有的临床症状等对本病的临床诊断并不难。在敌人使用 TBE 病毒作为战剂时可造成复杂的情况时，必须分离病原体得出确定的结果。

（一）标本的采集

（1）患者的血液、脑脊液、尿液等皆可用于病毒的分离。最适宜采血时间为发病的第一周，死亡者可取脑组织检查，取材在患病 7 天以前死亡者，其病毒的分离最易成功。

（2）动物脑、血、内脏等材料。

（3）蜱及其他吸血昆虫。有人曾从革螨及跳蚤体内也分离出病毒。

（二）病毒分离

1. 动物分离病毒

乳鼠是分离森林脑炎病毒最敏感的动物。脑内、腹腔联合接种效果更好。小鼠的潜伏期为 7～14 天，连续传代后，潜伏期为 3～4 天。

2. 鸡胚分离病毒

选择 7 日龄的鸡胚，将悬液接种于卵黄囊，剂量为 0.2～0.5 mL/只，接种后置 35 ℃孵育 72～96 h 收获，分离病毒时鸡胚并不死亡。

3. 细胞分离病毒

主要有鸡胚纤维母细胞、地鼠肾及猪肾细胞，可以用微量培养产生病变和空斑，这几种细胞比小鼠更敏感。

（三）病毒鉴定方法

森林脑炎病毒的中和试验可采用乳鼠和蚀斑减数法进行，中和试验的优点是特异性强。由于森林脑炎病毒、科萨努尔森林病毒和兰加特病毒有不同程度的交叉中和反应，故在确定抗原性时最好选用空斑减数中和试验。森林脑炎病毒免疫血清在中和本病毒时，常比中和科萨努尔病毒和兰加特病毒时高两个稀释度左右。如果血清稀释度相同，则以空斑减少 90% 确定其病毒的抗原性。在做森林脑炎病毒的空斑中和试验时，用原代猪肾细胞和 BHK－21 细胞最理想。

1. 血清学诊断

（1）酶联免疫吸附试验。可以检出森林脑炎病毒的 IgM 和 IgG 抗体，具有敏感、方便、快速等特点。IgM 捕获法可以检测 IgM 抗体。森林脑炎病毒 IgM 特异性抗体，在病后一周内出现，两周左右达到高峰；然后迅速下降，至病后第 5 个月基本消失。该方法适用于森林脑炎的早期诊断。

（2）补体结合试验。病后补体结合抗体只能维持半年左右。所以，补体结合抗体的存在说明半年内曾感染过森林脑炎病毒。尽管双份血清效价差 4 倍以上时最有诊断价值，但是单份血清阳性也有诊断意义。

（3）血凝及血凝抑制。血凝抑制是常用的诊断方法之一，也可以用于血清流行病学调查。病人血清中血凝抑制抗体出现较早，第 4 天血清抗体的阳性率高达 90%，第 16 天所有病人血清的血凝抑制抗体都转阳，有的病人发病后第 3 周抗体滴度可达 1：1 280。血凝素可用感染的鼠脑经蔗糖—丙酮法提取制备。

（4）免疫荧光法。用间接免疫荧光法可以检出急性期病人血清中的 IgM

抗体，以达到早期诊断的目的。本试验在病后第 2 天即可检出 IgM 抗体，最高滴度可达 1∶320，检出阳性率为 63%，比血凝抑制和补体结合都敏感。

2. 分子生物学诊断

TR - PCR 在诊断、流行病学调查和反生物战的检测中都具有重要意义，根据森林脑炎病毒 5' 非编码区和结构蛋白 C 编码区的核苷酸序列合成了两对引物，设计 PCR 片段的外引物片断为 175 bp，内引物片断为 138 bp，用已知 TBE 病毒的这段核苷酸序列作为探针，用杂交方法证明 PCR 产物的特异性。德国的 Christiane Ramelow 用巢式 PCR 检测了 7 200 个蜱研磨成的 60 份匀浆，在 60 份匀浆中有两份用巢式 PCR 证明是阳性。

第四节　汉坦病毒

一、概述

汉坦病毒是肾综合征出血热（HFRS）和汉坦病毒肺综合征（HPS）等传染病的病原体（Hanta virus）。在我国主要引起 HFRS，该病是由一些鼠类作为主要传染源，通过多种途径将病毒传染给人，故属于自然疫源性病毒性急性传染病。从历史上看 HFRS 的流行与战争关系密切（表 6 - 1）。

表 6 - 1　HFRS 流行与战争的关系

年份/年	战争	疾病名称	病人数/人（病死率）	汉坦病毒型别
1861—1866	美国国内战争	流行性肾炎	14 187	辛诺柏病毒、汉城病毒、希望山病毒
1914—1918	第一次世界大战（英国部队）	战争肾炎、战壕肾炎、流行性肾炎	12 000	普马拉病毒、汉城病毒
1939—1945	第二次世界大战			
	在中国的日军	流行性出血热	12 500（15%~30%）	汉滩病毒、汉城病毒
	在远东的苏军	流行性肾炎	8 000（10%~20%）	汉滩病毒、普马拉病毒

年份/年	战　争	疾病名称	病人数/人 （病死率）	汉坦病毒型别
	在北欧拉普兰德国和芬兰军队	流行性肾炎、战地热	10 000	普马拉病毒
	在南斯拉夫德国战争囚犯中	流行性肾炎、肾小球肾炎	6 000	普马拉病毒
1951—1954	朝鲜战争（联合国部队）	朝鲜出血热	3 256 （5%～15%）	汉滩病毒、汉城病毒

二、汉坦病毒的检验

（一）标本的采集及处理

1. 血液及血清

所有病人应在发病或住院时取第一份血标本（分离病毒标本需在发病5天内采集）。无菌静脉采血，部分标本可床边接种动物或细胞，部分血液静置凝固后放冰壶中送实验室分离血清。血清、血凝块分别放低温保存，备病毒分离及血清学诊断试验使用。病后两周可采第二份血备做血清学试验。为了直接检查白细胞内的抗原，首先用无菌注射器取0.1%肝素1 mL；然后静脉采血5～10 mL，混匀，分离白细胞制备涂片。

2. 尸检标本

病毒分离用尸检标本需在死后6 h内采集，包括肺、肾、淋巴结、胸、腹水等。做病理检查用标本解剖现场用95%乙醇4 ℃固定。

3. 动物标本

包括鼠、兔及其他可疑带HFRSV的动物，取肺、肾、淋巴结、心肌等，也可以用滤纸片吸血干后低温保存备作血清流行病学调查。

4. 昆虫及动物体外寄生虫

采集供分离病毒用。

（二）病毒分离

目前，国内已经将HFRSV分离作为一项一般性的病毒检测技术，只要实验室有较完善的安全防护，就可以进行。

1. 动物分离病毒

所有的成年动物感染 HFRSV 后几乎都不能出现症状，但是不少动物接种病毒或带病毒的标本后可以产生病毒血症，产生抗 HFRSV 抗体。这些动物有黑线姬鼠、长爪沙鼠、小鼠、大鼠、家兔及绒猴等，可以用免疫荧光法检查抗原及抗体证实。

黑线姬鼠对 HFRSV 感染性很高，但是此鼠为野生鼠，分离病毒时必须选择非疫区抗 HFRSV 抗体阴性者，否则易造成实验室人员感染。另外，必须注意野生鼠中病毒的污染排除问题。

乳小鼠用于病毒分离较为方便，以新生 1 日龄鼠最为敏感。脑内接种标本传 3~8 代后潜伏期稳定在 6~7 天。小鼠发病，症状明显，包括竖毛、生长停滞、过度兴奋、震颤、全身痉挛、弓背、后肢麻痹、死亡。在心、肝、脾、肺、肾等组织均能检出抗原，特别是脑中病毒含量最高，可作为毒种保存。乳小鼠对气溶胶非常敏感，鼠脑病毒滴度可达 10^{11} LD_{50}。

分离病毒采用肺内及皮下联合接种法阳性率较高，但是会造成试验人员感染的危险性极大；采用脑内及腹腔联合接种法安全性较好，需要注意粪便及排泄物中有病毒存在，可以造成环境污染。

2. 组织培养分离病毒

分离病毒常用 Vero E6 及 A549 细胞等，原代鼠肺细胞也可采用。将分离病毒标本接种在生长良好的单层细胞上，放在 37 ℃温箱吸附 1~2 h 后加维持液。如果标本对细胞的毒性反应较强，可以将标本适当稀释后接种，或在吸附后去除液体，再加维持液。以后 2~3 天换一次细胞维持液或调酸碱度（pH=7.6）。培养 15~20 天后将细胞进行带毒传代，并取小量细胞滴片制成抗原标本。免疫荧光染色如果发现阳性细胞，排除非特异性荧光后可定为分离阳性。初期阳性细胞数不多，荧光强度较弱，确定结果比较困难。因此，仍需要继续进行细胞传代，在 3~6 代后可以出现 70%~90% 的细胞特异荧光染色。

分离病毒的鉴定需要包括血清学交叉染色，阻断试验，免疫血清，单克隆抗体及出血热病人双份血清染色。另外，可以通过生物学性状、理化性状、电镜观察及分子杂交、序列分析等方法对毒株做进一步的鉴定。

（三）血清抗体检测方法

1. 免疫荧光法

感染病毒的细胞滴片及动物组织切片都可以做抗体检测用。

（1）血清抗 HFRSV IgG 测定。抗 HFRSV IgG 在体内可保持数十年，加之隐性感染很普遍，因此单份血清抗 HFRSV 阳性很难作为诊断依据。

（2）血清抗 HFRSV IgM 测定。出血热特异性 IgM 抗体出现在病人早期血清中，可维持 3~6 个月，因此可作为早期诊断的依据。

2. ELISA 法

应用 ELISA 法从病人早期血清中检出特异性 IgM 抗体也可作诊断依据：首先将抗人 IgM 抗体包被聚乙烯塑料板，用 IgM 捕获法加病人血清、抗原、抗出血热病毒免疫血清；最后加酶标抗体、底物，测定结果。阳性率约 98%。

（1）用 ELISA 法检测尿中抗原、抗体也见报道，特别是直接检测抗原得到了很高的阳性率。但是，我们的工作没能重复出文献报道的高检录出结果。

（2）组织及血细胞中抗原的直接检测。动物的肺、肾、脑等脏器组织切片可以用免疫荧光法直接检测抗原物质，出血热病人的早期诊断还可以用出血热 McAb 制备成荧光结合物，用直接免疫荧光法检出患者血液或尿液白细胞中的特异性抗原确立，结果令人满意。

空斑试验、时间分辨免疫荧光试验、乳胶凝集试验，SPA 组化试验及核酸杂交试验，PCR 及基因克隆序列分析等可用于 HFRSV 的型、亚型的鉴定。

第五节　肉毒毒素

一、概述

肉毒毒素按其和抗毒素血清的中和反应可以分为 A、B、C、D、E、F、G 等 7 种类型。人类最敏感的是 A、B、E 三种类型。F 型在 1974 年以前只在丹麦和美国各有一起报告。C、D 型多引起牛、羊、貂和水禽的中毒，两型虽有引起人类中毒的个别报告，其确切性被一些研究者所怀疑。1966 年，G 型从阿根廷的土壤中分离，但是尚无中毒病例。常用试验动物是小白鼠，并用对小白鼠的半数致死量或最小致死量作为衡量毒素活性的单位。但是，小白鼠和其他动物比较，对各型毒素不都是最敏感的。以 20 g 小白鼠和 250 g 豚鼠比较，前者对 A 型毒素比后者敏感 5 倍；后者对 B 型毒素比前者敏感 99 倍。如果以单位体重计算，对两型毒素豚鼠都比小白鼠敏感。

各型毒素对猴致病性由强到弱的次序是 B>A>E>F>C>D，对貂的次序则是 C>A>E>B>F>D。对鸭 C 型最敏感，对鸡 A 型毒力最强。

二、肉毒毒素的检验

肉毒毒素的检验可分为毒素的定性检出和毒素型别的鉴定。定性检出指用动物试验的方法证明毒素的活性，由于各型毒素的毒理作用相同，试验动物的症状也一样，以麻痹为主。主要表现是失声、呼吸困难，由于吞咽困难，欲摄食而不能，如病程延续几天可见动物明显消瘦。

豚鼠和家兔等较大的试验动物可因腹肌弛缓用手触托失去弹性，出现腹软现象。小鼠可见明显的两侧腰肌下陷如"蜂腰"。用鸡雏做试验时可见垂翼瘫痪、呼吸困难等现象。这些症状都是肉毒中毒所特有的，由此可以初步证明毒素的存在，再经热灭活和混合型抗毒素的中和试验可以得到确实的诊断。为了鉴定毒素的型别，尚需用分型血清做中和试验。反向间接血球凝集也是检出毒素的敏感方法，但是由于构成毒素蛋白的无毒部分有共同的抗原性，A型和B型难以区别，E型和F型也有轻度交叉。

（一）检验程序

肉毒毒素的检验程序如图6-2所示。

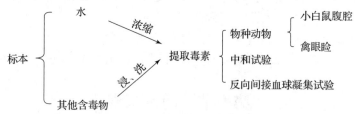

图6-2　肉毒毒素检验程序

（二）检出毒素标本的处理

1. 水

能引起人中毒的水中含毒量一般可以用小白鼠腹腔法证明，不需要特殊处理。在怀疑毒素已被大量稀释到直接无法检出时，首先可采水样500 mL，如混浊先澄清或过滤去杂质；然后加5%钾明矾水溶液2.5 mL；最后按一个方向轻轻搅拌或摇动，待出现微细颗粒后静置到结絮下沉。用适量的脱脂棉恰好堵住漏斗下口，过滤絮凝水样阻留絮状物，再用5 mL生理盐水或pH = 6.0~6.5的明胶缓冲液溶解洗下沉淀物，做毒素检出。

2. 其他含毒标本

处理的原则是提取液应便于动物接种又尽量使毒素少被稀释，杂菌多时要加青、链霉素抑菌，需要保存后送时，要低温和加保护剂。

以食品为例，可取标本10 g左右，放乳钵中陆续加15~20 mL明胶缓冲液研磨提取，按设备条件采取不同方法使之澄清，取清液检出毒素。

从土壤中检出毒素可将10 g土壤装在试管内，加每毫升含青、链霉素各

500 单位明胶缓冲液 20 mL，塞胶塞后振荡提取毒素。振荡约 100 次后静置 5 min 吸取上部液体即可做毒素测定或中和试验。植物叶片和物体表面涂擦棉签可以按常规方法溶洗后检验。

除此之外，如果怀疑标本中含 E 型毒素，提取液应当加胰酶激活。

（三）毒素的检验方法

1. 小白鼠腹腔接种法

小白鼠对各型毒素都比较敏感，腹腔接种又是最敏感的途径。由于毒素中毒有个最短潜伏期，比其他致死量以上的毒物中毒死亡慢，但是比细菌、病毒感染致死快。一个致死量的毒素多使动物在 48 h 内死亡。500～500 000 个最小致死量的毒素使小白鼠在 180～45 min 内死亡，剂量越大死得越快。肉毒中毒的症状也比较典型，小白鼠发病后首先出现失声，可以用镊子夹尾巴，重夹不叫为失声，其次是呼吸困难、腰部凹陷，毒素量大呈急性死亡时由于呼吸困难可挣扎跳动死去，死后眼球凸出，角膜白浊。如果只几个致死量的毒素，室温较低时濒死状态较长，缓慢死去，死后腰部仍下陷与细菌感染致死情况不同。

2. 禽眼睑接种法

在没有小白鼠的情况下，可用就地的禽类如鸡、家雀、鸽子等进行眼睑注射，接种量视禽的大小为 0.1～0.3 mL，由内眼角的下方用细针头注射於下眼睑皮下，注入后眼睑隆起，几分钟后可以吸收。然后视毒素含量多少，毒素越多合眼发生越快。禽类不同对不同型的毒素敏感性有差别，对人的主要致病型都可以用鸡和家雀检出，但是对 A 型最敏感。如果毒素超过动物致死量，可以出现麻痹性瘫痪和呼吸困难，要经几十分钟到几小时才死亡。如果注射后 30 min 内死亡是其他毒物所致，即使眼睑闭合也不能定为有肉毒毒素。肉毒毒素接种并不引起局部炎症和坏死，也可以作为判断结果的参考。

3. 中和试验

中和试验是证明毒素和鉴定型别最可靠的方法。为了获得正确的结果，毒素和血清都应做恰当的稀释，毒素含量高时最好稀释成每毫升含 10～100 个小白鼠最小致死量。抗毒素血清各含 5～10 个国际单位。因此，做中和试验前要先腹腔接种两只小白鼠预测含毒情况，标本提取液可用原液，鹿肉基培养上部液体要作 2 倍稀释以免因其他毒物引起死亡。如果小白鼠在 90～120 min 内死亡，标本液要做 1∶400 稀释，在 120～180 min 内死亡做 1∶100 稀释，在 3～12 h 内死亡可不必再稀释。抗毒素血清可按制品标定单位或说明书要求使用。对人的肉毒毒素中毒，应做 A、B、E 三型混合血清中和试验和分型血清中和试验，每种血清最少注射两只小白鼠。先将各型中和血清 0.5 mL 注入小白鼠腹腔内，随后接种标本 0.5 mL，同时要做 100 ℃ 30 min 加热和不加热的标本对照。试验判断结果见表 6-2。

表 6-2　肉毒毒素中和试验判断结果

中和试验分组	动物生死结果						
A 型抗毒素血清	生	死	死	死	死	生	死
B 型抗毒素血清	死	生	死	死	死	生	死
E 型抗毒素血清	死	死	生	死	死	生	死
混合抗毒素血清	生	生	生	生	死	生	死
灭活标本对照	生	生	生	生	生	生	死
标本对照	死	死	死	死	死		死
毒素型判定	A	B	E	两型以上	毒素多或其他型	毒素少或无	其他毒物

因毒素量过多或过少不能做出结果判断时，应当重新调整毒素稀释度。如果只混合血清保护，可以按单价血清中和组的死亡时间作参考判断，最后要配伍两种以上分型血清做中和或分离菌种作产毒鉴定确定。反向间接血球凝集试验用精制类毒素免疫动物制得的抗毒素，再经过提纯精制后致敏绵羊红细胞用来检出肉毒毒素，其敏感性和小白鼠腹腔接种方法近似。检出 A 型、B 型毒素要比免疫电泳敏感，并可做型别检定。如果用反生物战检验使毒素已变成类毒素，用此法尚可检出。

关于肉毒杆菌的检出和鉴定，由于肉毒杆菌的芽孢在自然界广泛分布，细菌本身又无病原意义，所以，只是在平时肉毒毒素中毒的诊断上起辅助作用，其目的还是通过培养检出毒素。一般在做毒素检出和中和试验的同时做细菌培养，尤其是由两个型混合毒素中毒更应分离细菌纯培养产毒定型。

第六节　Q 热立克次体

一、概述

立克次体实验室所要求的设备和技术条件，基本和病毒学实验室相似。但 Q 热极易引起实验室的暴发。在所有的实验室感染中，由立克次体引起的约占 1/7，而 Q 热是立克次体病中唯一在没有媒介昆虫条件下能自然传播者。到目前为止，资料记载不下数十起 Q 热实验室感染和暴发的报告。因此，实验室工作人员必须重视防止感染事故的发生，注意试验工作某些环节上可能出现的问题，要有严肃的态度和严格的作风。切实遵守实验室安全防护措施和各项工作制度，必要时应进行药物预防。如果有发热、头痛持续 24 h，而无明显其他原因时，应当考虑有立克次体感染的可能，可以采取标本做病原学检查，并应用广谱抗生素治疗。

二、Q 热立克次体的检验

（一）标本采集及处理

1. 人体标本

立克次体病的发热期均有立克次体血症存在，因此血液为最常用的分离标本。应当及早采集样本，在发病初期或急性期较易检出立克次体，而在疾病晚期或恢复期的标本一般很难获得阳性分离结果。当血清诊断时，需要在病程早期及恢复期分别采集血清试验，以观察抗体滴度的上升情况。

（1）全血。在病程第一周内，应尽量争取在使用广谱抗生素前采集血液 5~10 mL。最好能立即在病人床侧接种动物，特别是标本不能在 1~2 h 内送达检验室而又无法冷藏的野外条件下更应如此。若不立即接种，可将血清盛于有无菌玻璃球的容器内摇动脱纤维，或在 5 mL 血液中加 1 mL（100 单位）的肝素。

（2）血凝块。倘在发病一周以后采血，则此时血清中已有抗体存在。而且，在治疗后尚可能含一定浓度的抗生素，均影响分离结果。因此，最好先使血液凝固，分出血清留作血清学试验；再将血块研磨，加生理盐水或肉汤制成20%~50%的悬液（也可用蔗糖 PG 溶液·作稀释液），在其沉淀后接种。

（3）骨髓液、脑脊液以及痰和尿。可以根据疾病类型及临床表现采集，如果有脑膜刺激症状者可以采脑脊液，Q 热有时检痰及尿。但是这些标本的阳性率都很低，一般实用价值较少。在用痰和尿分离时，应在每毫升接种物中加入青霉素 500 单位。

（4）活体组织或尸检材料。例如淋巴结以及脑、脾、肝等。分别或等量混合研磨，加稀释液制成10%~20%的悬液，经低速离心后取上清接种。如果考虑标本有细菌污染，可以加适量的青霉素，一般为 100~1 000 单位/mL，置室温 0.5 h，经低速离心后取上清接种。因为高浓度链霉素不仅能抑制立克次体生长，而且对豚鼠有毒性作用，所以一般不用。

2. 啮齿类动物及家畜脏器标本

（1）野生小动物标本。在野外捕得的动物需置于鼠笼，外套以白布袋，以防止其跳动使体外寄生虫外逃。在实验室中将其置于玻璃缸内加少量乙醚轻度麻醉，采取心血至死，留血清备做血清试验。立即捕捉体外节肢动物装入试管，以待分类检定及做病原体分离。

按常法解剖动物，以无菌手续取出脾、肾、脑等置于低温冰箱（−20 ℃）或普通冰箱的冰盒中。但是不宜超过数日，一般应在1~2天内选择补结试验摘度达1∶8以上的动物的脏器分别研磨，或者将同种动物若干只的脏器各一块混合为一组研磨，加稀释液制成20%悬液，低速离心后取上清接种试验动物。

（2）家畜脏器标本。取牛、羊等家畜胎盘、脾、肝、肾等各一块装入无菌容器中冰冻保存。选其补结试验阳性者的脏器，剪取小块分组，按其质量加稀释液研磨做成20%~30%悬液，在1 500 r/min转速下经过5 min离心后，取上清接种动物。

3. 节肢动物标本

在用节肢动物分离时应注意以下问题：

（1）采集时应保持体形完整，最好以活标本分离。

（2）用作分离的节肢动物，必须经昆虫学者分类检定。

（3）必要时，可保留同样一份材料放在低温冰箱中以待复查。

（4）立克次体往往在蜱饱食时活性较强，因而由蜱分离立克次体时应采用饱食蜱为佳。

（5）在制作悬液时，为避免节肢动物走失，可将其置于3~5 ℃冷冻片刻。

（6）将分离用的节肢动物以无菌生理盐水洗涤，并加抗生素作用以去除体表杂菌。

（7）一般情况下，可以筛选其宿主为血清学反应阳性者分离。

在动物身上捕蜱时，要仔细查看动物的耳、颜面、眼附近、腹股沟皱襞和尾下皱襞等处；在人身上注意腹股沟、腋窝、颈部等处。如果蜱叮咬很牢，可以滴乙醚或汽油于蜱体使之麻醉或窒息后，再用镊子夹取，以免蜱的口器折断于皮肤之内。将从动物体表或野外收集的蜱类，除送一份做昆虫的分类以外，按相同来源的同种蜱10~15只为一组，先以无菌生理盐水洗涤，再放入1∶1 000硫柳汞中浸泡1~2 h后冲洗数次，加含青霉素100~1 000单位/mL或再加链霉素100~500 μg/mL的无菌稀释液5~10 mL研磨做成悬液（由于蜱体对动物有毒性作用，特别是在腹腔接种时常常引起动物死亡，因而悬液不可太浓），放进普通冰箱2~4 h（或在室温浸泡0.5 h）后，低速离心，取上清接种。

（二）标本直接检查

由于标本中立克次体含量一般相当低，而且常有类似病原体物质的干扰，因此，除了蜱类标本以及活体组织或尸检材料外，其他标本如果不经过浓缩或增菌，直接检查的意义不大。蜱的血淋巴试验将蜱充分水洗，用小镊子轻轻夹起蜱体，剪断一只腿的末端，用从伤口溢出的一滴血淋巴涂片，固定后用常规（Gimenez 法）、免疫荧光及酶标抗体染色检查。首次做标记抗体染色检查及可疑标本复查时，需要设置各种对照染色。阳性者在血细胞的胞浆内可见单个或成群的立克次体，在细胞外也可见到有大量特异性物质。本方法可以用于对各期蜱的检查，而且以成蜱较好，因其血淋巴较多。如果将饥饿蜱置于 37 ℃的温度下 1~2 天或使之吸血后，不仅立克次体形态典型，而且荧光亮度也增强。本试验方法简便、快速，可作为自然界蜱标本的预诊及筛选。

（三）标本分离与鉴定

1. 分离

初代分离多采用将检验标本接种试验动物的方法。鸡胚和组织培养经常需要经过多代适应，立克次体方能生长良好，因而初代分离时一般不用。然而，当立克次体做进一步鉴定，制备抗原、疫苗或做其他研究则多采用鸡胚卵黄囊及组织细胞繁殖立克次体的方法。

（1）动物的选择、观察与管理。做 Q 热立克次体分离时最常用的动物为豚鼠。一般地鼠比豚鼠尤为敏感，近年来多用于分离。所用试验动物应该是健康的，如果是由外面购入，则要经过一定时期的隔离观察。

年轻动物对病原体较为敏感，豚鼠一般选用出生一个月左右的雄性者合适（以便观察有无阴囊肿胀现象），其体重为 300~400 g。

试验前除了注意检查动物的健康情况，观察其活动能力、毛色及呼吸是否正常，并检查眼、耳、鼻以外，应当测量体温数日，并且采集血液 2 mL 备做血清学反应，以便确定其是否有隐性感染，也可以作为接种标本后的血清学反应的对照。试验时不可用发热动物，豚鼠体温若大于等于 39.5 ℃可认为有低热，达到 40 ℃一般可以肯定是发热了。但是，注意下午体温常比上午高出 0.3 ℃左右，而且外界环境温度对动物体温也有影响。例如在有些地区的炎热夏季，豚鼠的正常体温也可达 40 ℃。

（2）试验动物应做编号并做标记。可将印有号码的金属牌钉夹在动物耳上，但是应注意防止其脱落。一般用复红溶液（红色）及苦味酸（黄色）染色以资区别，或者绘出豚鼠的毛色花斑图也可以。动物接种标本后应隔离饲养，以防止交叉感染。饲养场所应注意清洁，定期打扫消毒，并保持合适的温度（18~25 ℃）。饲料尤其需要调配适当，定时定量，不要使其剩余食物。每天应观察动物 1~2 次。注意其活动及饮食情况，有无震颤、不安、毛松、弓背、闭目、阴囊肿胀、腹部膨大及呼吸急迫等现象。如果有意外死亡，应追查原因。试验豚鼠在每天同一时间测量体温，观察其是否受到感染而发热。测量时将温度计涂上凡士林，轻轻插入直肠内约 4 cm 深处（必须注意每次深度必须一致），保持 3 min 或视水银柱运动完全停止时为准。切不可用力过猛，以免戳破肠管或致直肠外翻（此时豚鼠往往在 2~3 天内死亡）。一般至接种后第 21 天即停止测量体温。

2. 鉴定

一般情况下，只要将感染发病豚鼠的脏器印片，以免疫荧光或免疫酶染色，以及采取动物的恢复期血清，用已知的抗原做补结试验。如果能获得阳性结果，即可作为最后定论。只是在必要时，如在反生物战中的战剂鉴定，做交互免疫力试验及交互补结试验等。

1）显微镜检查

立克次体的显微镜检查法是研究立克次体及确立诊断的基本方法之一。除了标记抗体染色法检查可作为快速鉴定法以外，常规染色法不仅可以检查感染材料中是否有立克次体，而且由于各种立克次体在细胞内寄生的位置不同，Q 热立克次体酶在细胞空泡内发现，有时也具有一定的初步鉴别意义。常规染色法有 Gimenez 法、马氏（Macchiavello）法及姬姆萨染色法等。Gimenez 法由马氏法改良，由于其染色效果比马氏法好，因而是目前立克次体实验室常用的方法。

2）血清学诊断

血清学诊断主要为补结试验、凝集试验、间接荧光抗体染色及免疫酶测定等。外斐氏反应为阴性结果，故不能用于 Q 热的血清学诊断。

（1）补体结合试验。在病程中几份血清滴度不断增长，恢复期滴度高于急性期 4 倍以上，则对确立 Q 热诊断有重要意义。单份血清滴度若达 1∶64，而且临床症状典型者，也可做现在症诊断。在 Q 热现在症诊断时，主要看 II 相抗体逐渐上升；若 I 相抗体一直保持较高水平，则往往说明感染仍然存在，如慢性感染或隐性感染。I 相抗体滴度超过 1∶200 可做慢性 Q 热诊断，特别是在伴有感染性心内膜炎时更有意义。单份病人血清如检出 IgM 可作为新近感染的证据，有利于现在症诊断。一般来说，发病一周左右血清中即有 IgM 补结抗体出现，高峰在发病 10~14 天，以后逐渐转向 IgG，约至第 10 周就不能检出 IgM 而仅为 IgG。然后，IgG 滴度也逐渐下降到一个较低的水平，但是可保持几年不退，因而补结试验也为血清流行病学调查最常用的特异性试验方法。在做调查时，血清一般先做低稀释度（1∶8 及 1∶16）筛选。

（2）凝集试验。常比补结试验较早出现阳性，发病第一周即有 50% 患者为阳性，第二周达 92%，而且滴度较高；但是凝集素在病后维持时间不如补结抗体长久。曾有人报告凝集素主要为 IgM，但是也发现亚急性 Q 热性心内膜炎病人高效价的凝集、补结抗体以及调理素等仅为 IgG 者。

（3）间接免疫荧光试验。制备感染盖玻片细胞培养物、鸡胚卵黄囊膜涂片或感染小白鼠脾脏印片等，以病人血清及抗人球蛋白荧光血清做间接荧光染色后观察。可首先用低稀释度的病人血清筛选。如有阳性，再将病程早期及晚期血清做双倍或 4 倍稀释以测定滴度，呈 4~8 倍以上增长者即可明确诊断。单份血清间接免疫荧光试验滴度达 1∶64~1∶128 有现在症诊断意义。需要注意病人早期恢复血清中缺乏 Ⅰ 相抗体，如是用感染小白鼠脾脏印片染色者，可能无阳性结果。用纯化 Ⅱ 相抗原涂片，检查病人血清中的 IgM，其结果与巯基乙醇处理前后的血清微量凝集试验的滴度变化相吻合。

第七章
生物战剂的洗消

第一节 概　　述

随着生物技术的快速发展，生物战剂的大量生产也变得越来越容易，同时利用分子克隆与基因重组技术研制超级生物战剂成为可能。美国"9·11"事件后的炭疽事件、2003年和2004年蓖麻毒素邮件事件，使得生物恐怖事件受到国际上的高度重视。美国的"炭疽邮件"事件虽然只造成22人感染、5人死亡，但是仅用于污染洗消和工人再安置的费用就高达几亿美元。现代生物战剂具有致死性、失能性、传染性与非传染性战剂等多样性的特点，标准的生物战剂有30种以上。2001年，联合国将50种战剂列入核查清单（表7-1）。其中，37种可用于战争，而美国已经研制的生物战剂包括细菌、病毒、毒素、衣原体、立克次体、真菌等6类47种。目前，美国至少储存有16种生物战剂，其中炭疽杆菌、土拉杆菌、布氏杆菌、黄热病毒、委内瑞拉马脑炎病毒、肉毒毒素、葡萄球菌肠毒素、Q热立克次体已经列装。

1980年，《禁止生物武器公约》生效后的5年核查会议，与会的47国代表在会上都指出了用基因工程研制生物战剂的可能性。1984年，时任美国国防部长温伯尔说"基因工程增加了生物战争的可能性"。1986年，禁止生物武器第二次评审会议中，许多国家的专家报告中指出："基因工程能够制造出可能作为生物战剂的致病微生物和生物毒素的大量生产，提高微生物致病性和抗药性（包括抗生素、化学药物和消毒剂等），增强病原微生物对环境（如干燥、阳光、温度等）和气溶胶化的稳定性，以及改变原来病原菌的免疫性。"利用遗传工程技术把原来病原体的遗传成分杂交，重新组合成一种新的病原体，这样合成的生物战剂，有的能增强毒性，有的虽然不能比天然毒素的毒性大，但是能够被温血动物的身体器官吸收或吸附，引起异常复杂的遗毒症状。如果将肉毒毒素的基因引入大肠杆菌等常见的普通细菌中，会使之成为一种毒性大的新型生物战剂；或者将眼镜蛇的毒液基因插入流感病毒，

表 7 – 1 2001 年列入联合国生物战剂核查清单的战剂

	分类	生物战剂名称		分类	生物战剂名称
疾病病原体和可传染人的动物疾病病原体	病毒	克里米亚 – 刚果出血热病毒	可导致人类与动物中毒的毒素	细菌毒素	肉毒毒素
		东方马脑炎病毒			产气荚膜梭菌毒素
		埃博拉病毒			葡萄球菌肠毒素
		辛农伯病毒			志贺毒素
		胡宁病毒			变性毒素
		拉沙热病毒			
		马丘波病毒		藻毒素	西加毒素
		马尔堡病毒			石房蛤毒素
		烈谷热病毒		真菌毒素	单端孢毒素
		蜱传脑炎病毒			
		重型天花病毒（痘疮病毒）		植物毒素	相思豆毒素
		委内瑞拉马脑炎病毒			蓖麻毒蛋白
		西方马脑炎病毒		动物毒素	银环蛇毒素
		黄热病病毒	动物病原体		非洲猪瘟病毒
		猴痘病毒			非洲马瘟病毒
	细菌	羊布鲁菌			蓝舌病病毒
		猪布鲁菌			口蹄疫病毒
		鼻疽假单胞菌			牛瘟病毒
		类鼻疽假单胞菌			
		土拉热弗朗西斯菌			
		鼠疫耶尔森菌	植物病原体		咖啡刺盘孢致病变种
					松座囊菌
					解淀粉欧文菌
	立克次体	普氏立克次体			烟草霜病菌
		伯氏考克斯体			茄罗尔斯顿菌
		立氏立克次体			甘蔗斐济病毒
	原生生物	福氏耐格原虫			印度星黑粉菌

合成一种能使人瘫痪或死亡的新的剧毒生物战剂。甚至还可以利用基因工程制造出能专门针对某些民族的致病微生物，使之成为一种"种族武器"。目前，大量微生物及其毒素基因的克隆和序列测定研究在不断完成（表7－2）。人类基因组计划、基因组多样性计划和微生物基因组计划的实施，对基因生物武器的发展具有重要的促进作用。由于基因工程的发展，不仅使潜在性生物战剂的种类增加，而且使其生产力及生产量大增。利用生物工程可以生产河豚毒素、西加毒素、刺尾毒素和蛇毒，利用发酵工程可生产蓖麻蛋白质毒素等。用基因工程合成霍乱毒素，其产量比原来提高了100倍。这些转基因生物战剂的研究，对生物战剂的洗消提出了更高的要求。

表7－2　利用基因工程技术研究过的潜在生物战剂的基因

生物战剂类型	研究过的基因	结果
病毒类		
东方马脑炎病毒	结构蛋白	已测序
登革热病毒2和4型	基因组	已测序
登革热病毒4型	E、NSI	在载体中表达
乙型脑炎病毒	基因组	已测序
蜱传脑炎病毒	抗原和结构蛋白	在载体中表达，蛋白质已测序
黄热病病毒	基因组	已测序
拉沙病毒	S片段和糖蛋白基因GPC	已测序，克隆并在载体中表达
淋巴细胞性脉络丛脑膜炎病毒	毒力和S、L片段	毒力基因图，已克隆和表达
汉坦病毒	基因组（L、M和S 3个片段）	已测序，M和S基因已表达
裂谷热病毒	M片段和糖蛋白基因GP2	已测序，克隆并在载体中表达
痘苗病毒	基因组	用作表达载体
天花病毒	基因组	已克隆
杆状病毒	基因组	用作表达载体
立克次体类		
Q热立克次体	毒力和62KD抗原	已克隆并表达
立氏立克次体	17KD抗原	已测序
恙虫病立克次体	两个主要蛋白质抗原	已克隆并表达

续表

生物战剂类型	研究过的基因	结果
细菌类		
鼠疫杆菌	毒粒质粒	已克隆
鼠疫杆菌和假结核耶尔森菌	毒粒	已改变和转化
土拉杆菌	热修饰蛋白	已克隆
炭疽芽孢杆菌	基因组	引起转座子突变
毒素类或产毒素		
破伤风杆菌	毒素	已克隆并表达
金黄色葡萄球菌	肠毒素 A、B、C1、E	已克隆、测序并表达
志贺痢疾菌	志贺毒素、志贺毒素 A 和 B	已克隆并表达
白喉杆菌	毒素	已克隆并表达，与其他基因融合
铜绿假单胞菌	毒素	与其他基因融合
霍乱弧菌	毒素	已克隆并表达
肉毒杆菌	毒素 A、B、D	已测序
眼镜蛇毒素	神经毒素	已克隆
蓖麻毒素	A 链毒素	已克隆并表达
沙海葵毒素	毒素	已克隆并表达
石房蛤毒素	毒素	已克隆并表达
河豚毒素	毒素	已克隆并表达

　　生物武器的使用，特别是当喷洒生物战剂气溶胶时，可以造成环境、物品与人体等广泛污染。当发生生物战时，除了对污染区加强平时的预防性消毒和对疫区采取相应的消毒措施以外，对一切污染对象必须进行适当的洗消处理以防止疾病的发生与传播。实质上，洗消也就是针对敌投生物战剂的一种特殊消毒处理。生物战剂的洗消具有情况紧迫、规模庞大、地区广阔、对象众多和条件复杂等特点。因此，开展对生物战剂洗消工作应做到事先确定有关原则，做好组织、训练及药品、器材供应等的准备事宜。

　　生物战剂的洗消（Biological Decontamination），是指用物理或化学方法杀灭或清除污染的生物战剂以达到无害化处理。这里涉及几个概念，需要区分清楚。消毒是指采用物理、化学或生物的方法，杀灭或去除外环境中病原微生物及其他有害微生物的过程。消毒是个相对的概念，只要求去除外环境中的有害微生物，而不是所有微生物，使其达到无害化的程度，而不是全部杀灭。灭菌是采用物理、化学或生物的方法，杀灭物品上污染的所有微生物的过程。灭菌是个绝对的概念，要求杀灭所有微生物。在实际工作中，要把所有微生物杀灭是不可能的。因此，要求达到一定的灭菌率（10^{-n}），医学灭菌率一般要求达到 10^{-6}。对于生物战剂的洗消，应该根据不同的情况，选择不同的杀灭方法。

一、生物战剂的污染特性

生物战剂污染消除的技术途径、方法及其原理与生物战剂自身的可增殖性、致病性、传染性和传播途径等污染特性有关。同时，生物战剂的使用效果还受到自然、社会、潜伏期长短和反向作用等因素的影响。

(一) 致病力和传染性

生物战剂具备增殖快速、传染致病性强、感染剂量小和毒力大等特点，少量战剂侵入机体即可感染发病。病人或疑似病人、患病动物或媒介动物对环境可构成更大威胁。在缺乏严密防护、人员密集和平时卫生条件差的情况下，生物战剂更易传播和蔓延，引发传染病流行。生物战剂洗消剂则通过损伤、破坏生物战剂的重要组成结构（如细胞壁、细胞膜、细胞器等），使生物战剂关键生物活性组分（如蛋白酶、核酸等）失活或降解，剧烈改变生物战剂的生存环境（如高温、高压、强酸、强碱条件等），使病原体丧失繁殖、致病和传染能力，抑制或杀灭生物战剂。

(二) 传播途径

生物战剂可以通过空气、饮食和皮肤等多个途径侵入机体而致病。呼吸道感染，即人或动物吸入空气中悬浮的病原体微粒，通过呼吸器官黏膜或直接进入肺泡等侵入机体。消化道感染，即人或动物食用污染食物或饮用染菌水，通过消化道摄入机体。皮肤感染，是指某些病原体通过皮肤伤口、黏膜或媒介生物叮咬等方式感染宿主；皮肤感染可以是直接传染，也可以经过中间宿主和媒介传播，如蜱和蚤等。一种生物战剂可能具有多种传播途径，如炭疽杆菌可通过以上三种途径传播，因此在洗消中要充分考虑生物战剂的传播方式。空气、饮食和皮肤等传播途径，对生物战剂的危害效应起着决定性作用，切断传播途径是避免和减轻生物战剂危害的重要手段。因此，要有效洗消生物战剂就要在对空气、食物和水源等介质中的生物战剂消毒的同时，重视对生物战剂媒介的杀灭（杀虫和灭鼠），必须彻底切断传播途径。

（三）潜伏期

生物战剂侵入人体后，通常具有一定的潜伏期，部队的战斗力不会即刻减弱。病原体潜伏期的长短不一，在此期间，若采取防疫消毒结合免疫预防的针对性措施，可以有效控制疫情，减轻危害程度。因此，生物战剂的洗消时机选择尤为重要。

生物毒素是一类无繁殖性的介于生物战剂和化学战剂之间的特殊战剂，有高毒性或高生物活性，但无传染性。个体必须直接接触毒素（如直接吸入或食入）后才会中毒。毒素的潜伏期差异明显，从数分钟到数天，且可能与作用途径有关。不同毒素化学稳定性各异，一些毒素在遇湿后迅速分解，许多毒素与强酸碱或氧化剂起化学反应。

针对某一种生物战剂或潜在生物战剂，研发洗消的消毒剂、技术和策略时，具体了解生物战剂的感染剂量、毒性、传染性、传播途径、生长周期、可获得性和环境中存活的持久性等污染特性尤为关键。正因为生物战剂具有上述污染特性，生物战剂的洗消不同于化学战剂；生物洗消不仅需要及时对患者和污染区环境中的生物战剂进行消毒即控制传染源，还需要破坏生物战剂的生存与繁殖的环境，以及杀灭传播媒介，即切断传播途径。因此，生物战剂的洗消包括消、杀、灭三个方面，即消毒、杀虫和灭鼠。此外，与化学战剂相比，生物战剂的洗消性能评价和洗消后风险评估难度更大。

二、生物战剂的洗消原理

致病微生物中真菌、细菌、衣原体和立克次体具有细胞的基本结构（细胞壁、细胞膜、细胞质、核或拟核）；而病毒是非细胞结构型生物，通常仅由蛋白质衣壳和一种核酸构成。蛋白质、脂肪、糖和核酸四类生物大分子是微生物的重要组成物质，在其生长过程中发挥着至关重要的作用。因此，通过破坏生物大分子活性部位，破坏致病微生物的壁和膜结构，破坏核酸的复制条件或分子结构，影响、抑制和终止微生物生长代谢和繁殖过程，可以实现生物战剂消毒的目的。生物毒素不同于以上5类具有繁殖能力的生物战剂，蛋白类毒素的结构变性和破坏毒素活性结构的生化反应是消毒毒素的基本原理。

消毒因子对微生物的破坏作用，主要有以下几种：

（1）破坏微生物的渗透平衡，使细胞膜破裂或溶解，致使原生质流出或药物进入，导致微生物死亡。例如，表面活性消毒剂就可改变微生物细胞膜的渗透性，甚至使其破裂。

（2）破坏微生物的核酸，使其丧失传染性和生长繁殖能力。例如，紫外线较易被 DNA 吸收，可使 DNA 的化学键断裂而变性。

（3）使微生物的蛋白质和酶变性、沉淀、凝固或水解，使蛋白质的功能和酶的活性降低或消失，因而使其致死。

细菌的主要成分是蛋白质，特别是与细菌的能量、代谢、营养、解毒及稳定内在环境密切相关的酶如脱氢酶和氧化酶等大部分也是蛋白质，因而破坏了细菌的蛋白质，抑制了细菌必需的一种或多种酶，或者使其无法利用酶，都有可能抑制细菌繁殖或导致其死亡。

蛋白质是由很多氨基酸以肽链（主键）连接成肽链，两条或多条肽链又由许多副键（氢键、盐键、二硫键、酯键等）连接而成蛋白分子。

①物理因子对细菌蛋白的作用。如细菌受热力作用时，其蛋白分子的运动加速，互相撞击，可使连接肽链的副键断裂，其分子由有规律的紧密结构变为无秩序的散漫结构，大量的疏水基暴露于分子表面，并且互相结合成较大的聚合体而凝固沉淀；细菌受紫外线照射时，其蛋白分子吸收紫外光辐射能并变为动能，使蛋白分子运动加速，运动加速至一定水平时，也可以使副键松解、断裂而使蛋白变性或凝固。

②化学因子对细菌蛋白的作用。例如，酒精能将细菌蛋白质的水分脱去，脱去蛋白表面的水后，蛋白分子就容易互相撞击；脱去其内部水后，蛋白质分子就较松弛（蛋白质分子中水分充填于链间的空隙，有稳定蛋白分子结构的作用）而变性或凝固，酸和碱可水解蛋白，中和蛋白的电荷，破坏其胶体的稳定性，使其沉淀。消毒剂也可以直接与蛋白化合，特别与酶中的—SH 基化合，改变其化学组成，如含氯制剂可使蛋白氯化或氧化，环氧乙烷可使其烷基化，甲醛能与蛋白中的氨基等结合。

有人曾用电子显微镜观察，经 56～60 ℃加热 20 min 大肠杆菌，发现其原生质形成空泡，有的细胞颗粒沿壁排列，有的细胞颗粒充满着界限不清的细胞的大部分。用电子显微镜观察炭疽芽孢有许多层芽孢膜，内侧贴着芽孢皮质，芽孢皮质是一种疏铖性物质，芽孢原浆或原生质与皮质也有膜相隔，芽孢原浆为匀浆物质，内有嗜铖性小颗粒。用氯胺消毒后的炭疽芽孢，最初几分钟即可见到多层芽孢膜外廓已溃散，但是皮质和皮质膜也不常见；在芽孢原浆部位可见不大的疏铖区，消毒时间较长时，芽孢原浆内疏铖区明显扩大，长期作用后，芽孢内仅有一些无定形的残物，外廓溃散的芽孢膜。由此可见，消毒因子作用于细菌后，与细菌发生了一系列物理和化学变化。

生物战剂洗消涉及生物消毒、杀虫和灭鼠三个方面，这里主要介绍物理、化学和生物三种主要生物消毒方法的基本原理。

（1）物理消毒。利用物理因子如热力、电离辐射、微波、过滤、红外线与激光等，作用于致病微生物，使之毒性消除或杀灭微生物。

热力分为干热和湿热两大类。干热，通过使菌体蛋白质和酶的氧化、变性、炭化和电解质浓缩中毒而使微生物死亡；湿热，可使菌体蛋白质和酶变性或凝固，从而使微生物死亡。

电离辐射杀菌机理，可分为直接作用和间接作用。直接作用，是指射线直接破坏微生物的核酸、蛋白质和酶等关键生命物质。间接作用，是指射线作用于微生物时，内部水分子等分解产生的自由基作用于生命物质，使致病微生物死亡。间接作用是电离辐射杀菌中的主要作用方式。

微波属于非电离辐射，具有快速穿透的能力，能直接作用到分子内部。微波杀菌是以热效应为主、非热效应为辅的综合作用结果。

激光杀灭微生物的机理：

①热效应使细胞焦化；

②冲击效应将细胞压缩变形以至于破裂；

③化学效应引起细胞分子化学键的断裂或生成游离基团。

（2）化学消毒。利用化学药物杀灭病原微生物的方法，称为化学消毒法；具有生物消毒能力的化学药物，称为化学消毒剂。化学消毒剂可以与细菌、芽孢或病毒表面及内部等多个位点发生作用，最终导致微生物死亡。通常，不同的化学消毒剂对微生物具有不同的消毒机理，主要包括：对细胞壁的破坏，细胞壁的屏障作用是微生物降低对消毒剂敏感性的普遍机制；对细胞膜的作用，导致膜的通透性增加，胞内物质泄漏，呼吸链被破坏等；直接改变、破坏蛋白质和核酸的结构和功能，进而干扰核酸和蛋白质的合成。

（3）生物消毒。利用一些生物及其产生的物质来杀灭或清除致病微生物的方法，称为生物消毒法。在自然界中，有的微生物在新陈代谢过程中，会形成不利于其他微生物存活的物质（如抗生素）或环境，并将其杀灭。在传统的污水净化中，通过缺氧条件下厌氧微生物的生长来抑制需氧微生物的存活；粪便、垃圾的发酵堆肥中，利用了嗜热细菌繁殖时产生大量的热杀灭其他致病微生物等。除抗生素以外，目前还发现大量的生物体本身或其产物具有杀菌、消毒作用，例如，对细菌具有裂解作用的噬菌体，天然植物提取液（松树油、桉树油、香草油和柠檬果等）、蜂蜜、抑菌肽、杀菌蛋白、溶菌酶和核酸酶等。

三、洗消的原则及时机

实施全面的生物战剂洗消作业，消耗的人力与物力是惊人的。以美军对某航空基地实施全面洗消的计算资料即可说明此问题。该基地面积为 $2.76\ km^2$，包括飞机起飞降落地带、跑道、停机场、草坪、未被覆盖地面与各种建筑物等。建筑物总容积为 420 000 m^3，包括机库、机棚以及工作、生活和附城房舍。此外，还有 49 架飞机、250 辆汽车和其他服务车辆，以及 1 000 名人员。对此进行全面洗消需要带有 1 000 L 容量水箱的洗消车 165 辆，气溶胶喷雾器（喷量为150 L/h）25台，飞机洗消装置7台，汽车洗消装置20台，含30%有效氯的漂白粉272 000 kg，福尔马林7 000 kg，甲醇4.253 L，环碳合剂（环氧乙烷与二氧化碳混合剂）12 000 kg，以及17 420人工小时。

此外，美军某"三防"连对一坦克营的洗消需4.5～5.0 h。若以一个师配属于一个"三防"连，则全师洗消时间将需数日之久。显然，从时间上考虑，实行全面洗消也相当困难。

由于全面洗消人力、物力、时间耗费很大，所以一般认为将生物战剂洗消局限于使人员得以继续执行任务或能恢复军队的战斗力和后勤保障工作即可，尽量避免全面洗消作业。至于何时需要开展洗消作业，洗消的范围应有多大，如何将洗消分类等，虽然各国具体规定不尽相同，但是所遵循的原则大同小异。

（一）洗消原则

（1）发现明显的袭击行为时，首先进行生物采样取证，然后对污染范围实施无害化处理。如果使用的生物因子一时难以查清，可先按照抗力较强的乙类传染病病原体（如细菌芽孢污染）进行消毒处置，一般采用超氯消毒明确污染的区域和环境。消毒处理范围以使人员不直接受到威胁为原则。

（2）隐蔽的生物袭击经过调查，受到怀疑时，其施放点可能已经不复存在或难以认定，即第一污染区难以划定。需要消毒处置的区域，与平时传染病疫情消毒处置原则相同，重点对受袭（暴露）人群活动范围和认定的疫（点）区实施随时或终末消毒，其他地区和人群则根据情况实施预防性消毒。

需要注意的是，除非在污染区内出现大量患者，可以将疫区范围扩大到整个污染区或更大，通常以发病者的生活、活动场所作为处理范围。

消除污染一般采用以下消毒方法：

①根据生物剂种类和性质，有针对性地选用相应的消毒方法和消毒剂量处理。

②污染的生物剂不明确时，要选择高效、稳定的消毒方法和消毒剂量对各污染对象进行消毒处理。

③一般场所消毒与封锁、自净相结合。对与人员生活密切相关的地区和场所应立即进行消毒处理。可以通过限制人员进入，将污染区或疫区封锁，待其自净。

④加强医院内感染的预防与控制，病人的排泄物及医用垃圾严格按照传染性医用垃圾消毒，包装后集中处理。

（3）在消毒作业时，工作人员要做好个人防护，条件允许时应穿戴全套防护器材。另外，还应选择合适的场所进行消毒操作。消毒时尽可能地避免直接接触污染的物品，避免人员呼吸道、黏膜接触高浓度消毒剂而造成损伤。消毒作业后，操作人员应当进行全面的卫生整顿。

（二）洗消时机

（1）在事发地，尽快对可疑污染物、伤病员（患病动物）、环境采集标本后，及时进行可能污染区域无害化处置。其中，最重要的措施是消毒处理，以消除污染，防止污染的进一步扩散。

（2）封锁区域设立临时消毒站，随时对离开疫区的人员、物资等进行消毒。

（3）对疫（点）区，按照《中华人民共和国传染病防治法》所列的传染病的消毒处置要求，按《消毒技术管理规定》组织随时消毒和终末消毒。生活卫生设施、生活垃圾停放和处置场所实施预防性消毒。

（4）隔离治疗的伤病员和留验人员，按照规定做好随时消毒和终末消毒。

四、洗消的分级

在清除敌人进行生物战的污染时，最理想的处理应是全面进行清消，但是在实际情况下难以及时做到。为此，应当按照战斗需要，将洗消分为几个等级，根据情况分别施行。美军将洗消处理分为三级：第一级洗消是指个人对本人、本人的装备和指定器材的洗消，洗消后应使个人足以继续执行任务；第二级洗消是指部队在本单位受过训练的人员指导下，用本单位器材进行的洗消，洗消后应能充分保障本单位完成指定任务；第三级洗消是指本单位不能完成，必须由受过专门训练和具有特殊装备的部队进行洗消。指挥人员可根据本部队所处情况、污染程度、任务性质等，决定进行哪一级洗消。例如，当驾驶员发现车辆被沾染，所有乘员应戴上面具，继续执行战斗任务，直到条件允许暂时停留时，利用就便器材进行第一级洗消；当战斗条件允许时，再利用本单位的药物和器材进行较彻底的第三级洗消；最后，必要时可到洗消站由专业分队进行第三级的最终处理。

德国国防军也规定洗消分三级处理：

①自救措施，旨在维持生命，防止对健康的严重损伤。

②部分处理，消除特别危险处（人可能接触部位）的战剂。

③完全处理，清除一切具有危险性的战剂。

俄军则将洗消分为局部处理与全部处理两级。局部处理是在不停止执行战斗任务的情况下实施，主要用个人消毒包中的药物灭除身体暴露部位、服装、个人武器、个人装备和防护器材上沾染的生物战剂。全部处理则在完成战斗任务后实施，包括对人员的全部卫生处理以及对武器、技术装备、服装和防护器材的全部洗消，要求彻底处理一切受染人员、物品的表面，直至达到安全要求为止。俄军对各种部队开展局部与全部卫生处理的规定，见表7-3。

表7-3 俄军对生物战中环境与物资洗消的规定

部队种类	主要洗消对象
陆军	宿营地、战斗工事、炊事与进餐地段以及主要通道、桥梁、接近渡口的路面、道路交叉点
战略火箭军	阵地前水泥路面和场地，武器和技术器材
国土防空军	指挥所、掩蔽部、发射阵地、暴露的火箭检验场，以及武器和技术装备
空军	停机坪、通信联络场地、跑道、滑跑终点附近地段和飞机
海军	甲板、上层建筑、舱室，以及武器和技术器材
基地仓库	小场地与急需的物资器材（储备物资可留待自净）

对周围污染环境的洗消，同样也可分级处理。在战斗情况下，或人力、物力条件不具备时，只能对个人必须活动的场所用简易方法进行初步处理。当战斗告一段落，物质条件具备时，可进行第二级处理，使本单位（或地区）人员有一较完整的安全活动地段。在最终处理时，除封锁留待自净的地区外，应洗消出通路以与外界非污染区相通。

第二节 生物战剂洗消剂

近年来，开发应用于生物洗消的化学物质单体及其复配型制剂不断增多，洗消剂微生物的抑制和杀灭机理各不相同。一般地，按化学成分与性质，可将常用的生物战剂消毒剂分为8类：含氯消毒剂、过氧化物类消毒剂、醛类消毒剂、杂环类气体消毒剂、醇类消毒剂、酚类消毒剂、季铵盐类消毒剂以及其他类型的消毒剂。表7-4所示为常用消毒剂对生物战剂的灭活作用。按照适用性，生物战剂消毒剂又可分为生化兼容型消毒剂和生物战剂专用消毒剂。所谓生化兼容型消毒剂，是指既能破坏化学毒剂分子，又能抑制杀灭生物战剂的化学消毒剂，主要包括活性氯和活性氧消毒剂。生化兼容型消毒剂洗消生物战剂时，相对于化学战剂，在洗消原理、洗消方法和洗消后允许残存量等方面存在差异。生物战剂专用消毒剂只能用于生物战剂污染消毒，而不能洗消化学战剂。

表 7 – 4　常用消毒剂对生物战剂的灭活作用

消毒剂	使用浓度	可灭活战剂种类					
		细菌繁殖体	细菌芽孢	病毒	立克次体	真菌	毒素
防生防化兼用含氯消毒剂	0.01%~5%	+	+	+	+	+	+
DS$_2$		+	–	+	+	+	+
氢氧化钠	1%~4%	±	–	+	±	+	+
防生专用环氧乙烷（气体）	0.7~2.5 g/L	+	+	–	+	+	+
乙型丙内酯（气溶胶）	2~10 g/m^3	+			+	+	+
甲醛（气溶胶）	3~10 g/m^3	+	+		+	+	+
甲醛（溶液）	3%~8%	+	+	+	+	+	+
过氧乙酸	0.1%~2%	+	+	+	+	+	+
戊二醛（碱性）	2%	+	+	+	+	+	+
碘制剂	1%~2%	+	+	+	+		+
酚类消毒剂	1%~3%	+		+	+	+	
醇类消毒剂	65%~75%	+		+	+	+	
季铵盐类消毒剂	0.1%	+		+	+		
洗必泰	0.1%	+		+	+		
高锰酸钾	0.1%~0.5%	+	–	+	+		+

注："＋"有灭活能力，"－"无灭活能力；含氯消毒剂使用浓度指有效氯含量。

一、含氯消毒剂

含氯消毒剂主要包括漂白粉精、三合二、漂白粉、氯胺及二氯异氰尿酸钠等。含氯消毒剂多为白色或淡黄色结晶性粉末，具有强烈的氯味，对金属有腐蚀作用，对有色织物有褪色作用，对皮肤黏膜有刺激作用，酸、金属、热、日光、二氧化碳及水均可加速其分解，碱则可增强其稳定性，降低其腐蚀作用。杀菌谱广，对各种细菌繁殖体及芽孢、真菌和病毒都有杀灭作用，而且速度快，用量小。杀灭水中的微生物所需要的有效氯浓度及作用时间如表 7 – 5 所示，含氯消毒剂对细菌芽孢的作用比对细菌繁殖体差几十倍或更多。

表 7 - 5　有效氯对水中各种微生物的杀灭作用

微生物种类	pH	温度/℃	作用时间/min	有效氯浓度/$(mg \cdot L^{-1})$	杀灭率/%
金黄色葡萄球菌	7.2	25	0.5	0.8	100
大肠杆菌	7.0	20～25	1.0	0.055	100
伤寒杆菌	8.5	20～25	1.0	0.10～0.29	100
结核杆菌	8.4	50～60	0.5	50.0	100
炭疽杆菌芽孢	7.2	22	120.0	2.3～2.4	100
肉毒毒素甲型	7.0	25	0.5	0.5	100
腺病毒 3	8.9	25	0.67～0.88	0.2	99.8
科萨奇病毒 A	7.0	27～29	3.0	0.92～1.00	99.6
脊髓灰质炎病毒	7.0	25～28	3.0	0.21～0.80	99.9
传染性肝炎病毒	6.7	室温	30.0	3.25	12 个志愿者全被保护
黑曲霉	9.0	20	30～60	100.0	100
溶组织阿米巴包囊	7.0	25	150.0	0.08～0.12	99～100

(一) 含氯消毒剂杀菌作用原理

过去认为是新生氧的作用，但是后来发现别的氧化剂放出的氧并无如此大的杀菌力，并且各种含氯消毒剂水解后都有次氯酸（HClO）形成：

$$Ca(ClO)_2 + 2H_2O \rightarrow 2HClO + Ca(OH)_2$$

$$HClO \rightarrow HCl + O$$

只要次氯酸浓度相同，其杀菌效果也相同，次氯酸浓度高则杀菌力强，次氯酸的浓度低则杀菌力弱，如表 7 - 6 所示。因此，现在认为含氯消毒剂杀菌作用主要是次氯酸的作用，次氯酸不仅可以与细胞壁作用，而且因其分子小，不带电荷，故易侵入细胞内与细菌蛋白或酶（如磷酸丙糖脱氢酶）发生氧化作用，使细菌致死，例如：

$$R—NH—R + HClO \rightarrow R—NCl—R + H_2O$$

表 7 – 6　pH 值和次氯酸与杀菌作用的关系

pH	HClO/%	ClO⁻/%	杀灭 99% 芽孢所需的时间/min
10. 0	0. 8	99. 7	121
9. 0	2. 9	97. 1	19. 5
8. 0	28. 2	76. 8	5
6. 0	96. 8	3. 2	2. 5

注：$25 \times 10^{-6} = 0.025\%$。有效氯次氯酸钙溶液杀灭 B. Metiens 芽孢。

（二）几种含氯消毒剂

含氯消毒剂使用时，除了二氯胺类只能用二氯乙烷或乙醇溶液以外，其根据需要可用水配成乳液、澄清液、乳浆，或直接使用干粉混合物（表 7 – 7）。乳浆系以含氯消毒剂干粉与水等量混合调成，因其黏附性较强，多用于建筑物垂直表面及轮胎等的消毒。干粉混合物用于地面消毒，多以消毒剂干粉与土、沙或灰等按 2：3 （V/V）量混合配制，以利于分散。含氯消毒剂的使用浓度按所含有效氧浓度计算。对于细菌芽孢类战剂，需要有效氯 $(10^4 \sim 10^5) \times 1\% \sim 10\% \times 10^{-6}$ 作用 30 min；对非芽孢类战剂，浓度不低于 $(10^2 \sim 10^3) \times 10^{-6}$，作用 10～30 min。

表 7 – 7　主要含氯消毒剂

消毒剂	化学式	有效氯含量/%	说明
漂白粉	$CaOCl_2$	25	不稳定
次氯酸钠（溶液）	$NaOCl$	10	不稳定
三合二	$3Ca(OCl)_2 \cdot 2Ca(OH)_2 \cdot 2H_2O$	56	轻易分解
次氯酸钙	$Ca(OCl)_2 \cdot 3H_2O$	80	较稳定
超热区漂白粉	$Ca(OCl)_2 + CaO$	30	美军装备，较稳定
二氯三聚异氰尿酸钠	$C_3O_3N_3Cl_2Na$	60	稳定，又称优氯净
六聚三聚异氰酰胺			苏军装备，稳定
氯胺 B	$C_6H_5ClNNaO_2S$	24	易溶于水，不溶于二氯乙烷
氯胺 T	$C_7H_7ClNNaO_2S$	26	易溶于水，不溶于二氯乙烷

消毒剂	化学式	有效氯含量/%	说明
二氯胺 B	$C_6H_5Cl_2NO_2S$	57	不溶于水，溶于二氯乙烷与乙醇
二氯胺 T	$C_7H_7Cl_2NO_2S$	57	不溶于水，溶于二氯乙烷与乙醇

1. 漂白粉（Bleaching powder）

漂白粉又称为氯化石灰，含次氯酸钙 32%～36%，氧化钙 10%～18%，氢氧化钙 15%，氯化钙 29% 及水 10%，习惯上用 $Ca(ClO)_2$ 表示，含有效氯 28%～35%。因为含有氯化钙和氧化钙等杂质，故易潮解；在通常保存过程中所含有效氯每月减少 1%～3%。若保存不当，如封闭不严、高热、日晒及潮湿均可加速有效氯的丧失，如表 7-8 所示。放在日光直射处最易丧失，放冰箱中或棕色瓶中可以保存得更久些。漂白粉在 70 ℃ 下仅 5 h 即分解 23%，如表 7-9 所示。

表7-8　漂白粉在不同保存方法下有效氯含量

放置场所	保存天数/天	不同颜色玻璃瓶内漂白粉有效氯的含量%			
		无色瓶	绿色瓶	蓝色瓶	琥珀色瓶
放日光照射处	0	4.45	4.68	4.48	4.45
	21	0.01	0	0	4.32
	46	0.01	0	0	3.79
	60	0	0	0	3.55
	180	0	0	0	2.80
	287	0	0	0	1.84
放日光照射处	0	3.13	4.18	4.15	4.19
	28	3.64	3.80	3.70	3.97
	94	2.14	2.68	2.24	3.21
	160	1.57	0.07	1.62	2.86
	234	1.14	1.40	1.13	2.05
	273	0.88	1.13	0.90	1.77
放冰窖暗处	0				
	259				

注：试验在 5 月下旬开始。

表 7 – 9　漂白粉和漂白粉精在密闭容器中（70 ±1）℃下有效氯丧失情况

含氯消毒剂	试验前有效氯含量/%	5 h 后有效氯含量/%	分解率/%
漂白粉精	69.6	68.0	2.3
漂白粉	34.3	23.0	22.94

漂白粉与空气中的二氧化碳及水分作用，产生下列化学反应而丧失部分有效氯：

$$2Ca(ClO)_2 + 2H_2O + 2CO_2 \longrightarrow 2CaCO_3 + 4HClO$$
$$Ca(ClO)_2 + 4HClO \longrightarrow Ca(ClO_3)_2 + 4HCl$$
$$\underline{+ 2CaCO_3 + 4HCl \longrightarrow 2CaCl_2 + 2H_2O + 2CO_2}$$
$$3Ca(ClO)_2 \longrightarrow Ca(ClO_3)_2 + 2CaCl_2$$

在无水时，漂白粉与二氧化碳也可发生下列反应而丧失有效氯：

$$Ca(ClO)_2 + CaCl_2 + 2CO_2 \longrightarrow 2CaCO_3 + 2Cl_2$$

日光照射及温度升高，漂白粉可以发生下列反应而丧失有效氯，放出氧气和氯气。在 25 ℃以下分解较慢；在 40 ~ 50 ℃，两个月即可完全失效。当储藏室通风不良而有易燃物品存在时，可引起燃烧。漂白粉与酸性物质接触也易分解，例如：

$$3Ca(ClO)_2 \longrightarrow Ca(ClO_3)_2 + 2CaCl_2$$
$$Ca(ClO)_2 + CaCl_2 \longrightarrow 2CaO + 2Cl_2$$
$$Ca(ClO)_2 \longrightarrow CaCl_2 + O_2$$

文献中消毒所用漂白粉浓度均以含有效氯 25% 为基准，若所用漂白粉含有效氯低于或高于 25%，用时应适当增减用量，可按公式 $x = \dfrac{25a}{b}$ 计算，其中 x 为现有漂白粉用量（g），a 为含 25% 有效氯漂白粉用量（g），b 为现有漂白粉每 100 g 含有效氯的克数。

由于其含杂质较多，不能完全溶解，因而常配成澄清液使用。澄清液的配法是先将少量水调成糊状，再加足量水搅匀，加盖密封置暗处过夜，用虹吸管取其上清液即得。吸取第一次澄清液后，其余沉渣仍可加同量的水搅拌，任其沉淀，其澄清液仍含有部分有效氯，可作为下次稀释漂白粉或与第一次澄清液混合使用。此浓溶液可保存 10 天，用时再稀释。

漂白粉杀菌谱广，还能除臭、解毒，且价廉易得，仍是目前广泛使用的高效速效消毒剂之一；但是性质不稳定，对黏膜皮肤有刺激，pH 值、温度及有机物对其杀菌作用影响较大，能腐蚀金属，损坏衣物。

2. 三合二

三合二是将生石灰（CaO）加水制成石灰乳，过滤后，通氯气于石灰乳中，当溶液中有效氯达一定程度时，过滤、干燥、磨细即得三合二。三合二由很多物质组成，例如：

三次氯酸钙合二氢氧化钙：$3Ca(ClO)_2 \cdot 2Ca(OH)_2 \cdot 2H_2O$

次氯酸钙合二氢氧化钙：$Ca(ClO)_2 \cdot 2Ca(OH)_2$

次氯酸钙：$Ca(ClO)_2 \cdot 3H_2O$

氯化钙合氢氧化钙：$GaCl_2 \cdot Ca(OH)_2 \cdot 2H_2O$

氯化钙合三氢氧化钙：$GaCl_2 \cdot 3Ca(OH)_2 \cdot 2H_2O$

氧化钙：$CaCl_2 \cdot 6H_2O$

氢氧化钙：$Ca(OH)_2$

主要成分为三次氯酸钙合二氢氧化钙，故简称三合二。其中次氯酸钙占56%~60%，氢氧化钙为20%~24%，氯化钙为6%~8%，潮解水和结晶水为1.5%~2.0%。其余碳酸钙等不溶解的成分较漂白粉低，溶解度比漂白粉高，其杀菌主要成分为次氯酸钙，有效氯含量约为56%。因此，比漂白粉容易溶于水，因而配制溶液较为方便，沉渣也较少，其分解速度比漂白粉慢，杀菌力比漂白粉强，消毒所需浓度可为漂白粉浓度的1/2，但是制造比较复杂，成本较高。

3. 漂白粉精

漂白粉精（Calcium hypochlorite）为较纯的次氯酸钙，约含 $Ca(ClO)_2$ 77.4%；$Ca(ClO)_2 \cdot 3H_2O$ 4.94%；$CaCl_2 \cdot 6H_2O$ 2.74%；$CaCl_2 \cdot Ca(OH)_2 \cdot H_2O$ 9.24%，$Ca(OH)_2$ 1.9%，$Ca(ClO)_2$ 1.42%，含有效氯70%以上，可高达82%，较稳定，保存210天仅分解1.87%，如表7-10所示。漂白粉精也可溶于水，使用较方便，杀菌力比漂白粉及三合二强，在低温下也有较好的杀菌效果。但是制造比三合二更复杂，价格也较贵。

表7-10 漂白粉精和漂白粉有效氯丧失速度的比较（常温下）

含氯消毒剂	开始时有效氯/%	44天后（夏季）		97天后（夏季）		210天后（至冬季）	
		有效氯/%	分解率/%	有效氯/%	分解率/%	有效氯/%	分解率/%
漂白粉精	71.2	71.2		70.8	0.56	69.8	1.87
漂白粉	84.8			80.2	11.96	29.0	15.45

4. 氯胺

氯胺（Chloramine）为白色或淡黄色结晶性粉末，氯胺 B 的分子式为

$C_6H_5SO_2NClNa \cdot 3H_2O$，氯胺 T 分子式为 $CH_3C_6H_4SO_2NClNa \cdot 3H_2O$，含有效氯 25%，均称为单氯胺。单氯胺中的钠原子被氯取代，即得双氯胺 $CH_3C_6H_4SO_2NCl_2$。双氯胺含有效氯 29.5%，但是在水中溶解度更低，因此通常都用单氯胺。单氯胺可溶于 15 倍冷水中，易溶于热水，性质稳定，如果妥善保存，两年也只丧失有效氯 0.1%～0.3%；水溶液不太稳定，若保存在棕色玻璃瓶中，置于暗处一个月有效氯的丧失可小于 1%。一般可放置 15 天，其杀菌力比漂白粉慢且持久。因此，其有效氯释放不如漂白粉快，而对物品损坏也比漂白粉轻；对皮肤黏膜刺激性也小，因而可用于消毒衣服、金属及皮肤。

5. 二氯异氰尿酸钠

二氯异氰尿酸钠（Sodium dichloroisocyanurate）又称为优氯净，其分子式为 $C_3Cl_2N_3O_3Na_3$。其为白色粉末，有浓厚氯臭味，熔点为 240～250 ℃（分解），易溶于水，在 25 ℃时溶解度为 25%，其水溶液澄清，无沉淀，1% 水溶液的 pH≈6，含有效氯为 62.0%～64.5%，其粉剂极为稳定。放在玻璃平皿内，105 ℃烘烤 53 h，其有效氯含量只下降 1% 左右，用小玻璃瓶或聚氯乙烯袋装好放于相对湿度为 80%～100%、温度为 18～30 ℃的地区，经过 3 个月，有效氯也只降低 1% 左右；装在不密闭的烧杯中，在北京放 2.5 年，其有效氯降低不到 1%（从 62.9% 减至 62.2%）。不管湿度多大，时间多长，吸潮至一定程度即趋稳定，其有效氯由 62.9% 减至 54.5% 左右，此含量与二氯异氰尿酸钠含两个分子结晶水的有效氯值（55.4%）相符。但是，当烘干排除了结晶水后，其有效氯含量就上升至 62.2%。

二氯异氰尿酸素的水溶液则极不稳定，1% 溶液放室温（18～24 ℃）下一周，有效氯即降为原有的 80% 左右，而三合二水溶液则仅降为原有的 95%，氯胺 T 水溶液则未见降低，温度越高下降得越快，如表 7-11 所示。

表 7-11　二氯异氰尿酸钠、三合二及氯胺 T 水溶液稳定性比较

药物	温度/℃	放置不同时间有效氯含量百分比/%				
		即刻	2 h	1 天	3 天	8 天
二氯异氰尿酸钠	18～24	100	99.89	98.66	95.03	80.25
	37～45	100	98.54	88.62	57.58	8.35
三合二	18～24	100	99.79	100.00	98.55	95.38
	37～45	100	99.64	99.49	99.49	99.83
氯胺 T	30～33	100	100.00	100.00	100.00	100.00

二氯异氰尿酸钠对小白鼠的口服半数致死量为（837.9 ± 82.53）mg/kg，对大白鼠的半数致死量为 604.3～177.5 mg/kg。对草金鱼 6 mg/L 可引起死亡，用同样浓度的次氯酸钠喂服也可以出现同样的毒性和反应。其引起中毒

的原因主要是含有效氯本身所致，并非由于分解的聚氰酸。每天以 0.1 g 二氯异氰尿酸钠喂猴子，以 0.1～0.3 g 喂一只小狗，连续 5 天均未发现异常现象。用含有效氯 100 mg/L、200 mg/L 和 400 mg/L 的水喂大白鼠 60 天，结果与喂正常者的进食量、体重、血色素及白细胞总数等均无显著区别，因而用其消毒饮水也是无毒的。

二氯异氰尿酸钠的杀菌机制和其他含氯制剂一样，主要是次氯酸的作用，例如：

$$C_3Cl_2N_3O_3Na_3 + 2H_2O \longrightarrow 2HClO + C_3O_3N_3 \cdot H_3Na$$

二氯异氰尿酸钠杀灭细菌芽孢的效果由表 7－12 可看出，0.001% 的溶液（有效氯浓度相当于 6 mg/L）杀灭炭疽杆菌芽孢只要 30 min；0.01% 溶液（有效氯浓度相当于 60 mg/L）杀灭炭疽杆菌芽孢只要 5 min，其杀灭蜡状杆菌芽孢也只要 60 min。二氯异氰尿酸钠的杀灭芽孢作用比三合二强得多，而且受有机物的影响也比较小。从表 7－13 可以看出，对有 20% 马血清保护的蜡状杆菌芽孢，二氯异氰尿酸钠只需要 0.1% 溶液 30 min，或 0.01% 溶液 60 min 即可完全杀死；三合二需 1% 溶液 60 min 才能完全杀死。由此可以看出，浓度不同的二氯异氰尿酸钠溶液的 pH 值相差不大，因而次氯酸电离的百分比相差也不大，其杀菌作用比较稳定，而三合二溶液浓度不同，其 pH 值相差较大，次氯酸电离的百分比也相差较大，故有时浓溶液的杀菌效果也可能比稀溶液的杀菌效果还差些。

表 7－12　不同浓度和不同时间二氯异氰尿酸钠杀灭细菌芽孢的效果（30 ℃）

药物浓度 （质量/容积）	有效氯浓度/ （mg·L^{-1}）	对蜡状芽孢杆菌				对炭疽杆菌芽孢			
		5 min	15 min	30 min	60 min	5 min	15 min	30 min	60 min
10^{-2}	6 000	5	5	5	5	5	5	5	5
10^{-3}	600	5	5	5	5	5	5	5	5
10^{-4}	60	0	3	4	5	5	5	5	5
10^{-5}	6	0	0	0	1	0	3	5	5

注：表中数字为试验中出现阴性的次数。

表 7－13　两种药物不同的时间对含 20% 血清保护的枯草杆菌芽孢的消毒效果

药物浓度 （质量/容积）	二氯异氰尿酸钠					三合二				
	pH	5 min	15 min	30 min	60 min	pH	5 min	15 min	30 min	60 min
10^{-1}						11.9	5	5	5	5
10^{-2}	5.8	5	5	5	5	11.8	5	0	4	5
10^{-3}	6.1	0	4	5	5	10.2	5	0	0	2

续表

药物浓度 （质量/容积）	二氯异氰尿酸钠					三合二				
	pH	5 min	15 min	30 min	60 min	pH	5 min	15 min	30 min	60 min
10^{-4}	6.3	0	0	8	5	9.0	5	1	4	4
10^{-5}	6.8	0	0	0	0	8.0	0	0	0	0

注：表中数字为试验中出现阴性的次数。

二氯异氰尿酸钠杀菌作用强，不仅是因含氯量较高、pH 值较低，而且与其释放有效氯的速度较快有关。由表 7-14 可以看出，二氯异氰尿酸盐、次氯酸盐和氯胺 T 溶液的有效氯和 pH 值都相同时，二氯异氰尿酸盐的杀菌作用比氯胺 T 快得多。

试验证明，用含 13.4% 有效氯的二氯异氰尿酸钠溶液，加入溴化钾使其含量为 8%，25 ℃时用其混合液（pH = 8~9）在 1 min 内杀灭 99.999% 金黄色葡萄球菌、大肠杆菌或绿脓杆菌，其有效卤素的浓度分别为 6.25×10^{-6}、3.125×10^{-6} 及 3.125×10^{-6}，若不加溴化钾，则其有效卤素的浓度分别为 25×10^{-6}、12.5×10^{-6} 及 25×10^{-6}，加强杀菌效果 4 倍以上。也有人认为水中氮化物多时（pH = 7.2），溴比氯的作用强，含氮化物少时，氯比溴的作用强，而其混合物则不管含氮多少，效果均较好；并认为 pH 值低时溴的效果差，pH 值高时氯的效果差，而其混合物，不管 pH 值高低，效果均较好。但也有研究认为 pH > 9 时，加溴化钾作用明显加强。而 pH = 7 或 pH = 8 时，效果不一定，甚至降低。

表 7-14　几种药物对枯草芽孢杀灭作用的比较

有效氯浓度/ ppm	pH	次氯酸盐		二氯异氰尿酸盐		氯胺 T	
		作用时间/ min	杀死数/mL	作用时间/ min	杀死数/mL	作用时间/ min	杀死数/mL
100	未调	60	104	30	104	1 440	未死
	7	5	106	60	104	1 440	101
100	未调	10	104	5	105	1 440	102
	7	0.5	105	5	105	144	105

注：1. 消毒前芽孢数为 4×10^5/mL；

2. 药物本身的 pH 值：次氯酸盐为 9~10，二氯异氰尿酸盐为 6.0~6.5，氯胺 T 为 8。

为了将含氯消毒剂用于室内熏蒸消毒，沈德林等以二氯异氰尿酸钠与多聚甲醛配制成醛氯合剂。该合剂用火柴点燃即可产生杀菌烟雾。经试验，温度在 18 ℃以上，相对湿度为 60% ~ 90% 时，使用 3 ~ 5 g/m³ 作用 60 min，可将住房或地下掩蔽部表面污染的细菌繁殖体杀灭 99.9% 以上。此后，袁朝森等又以二氯异氰尿酸钠与高锰酸钾、酸性增效剂等配制成酸氯烟熏消毒剂。该消毒剂的使用方法与醛氯合剂相同，并且可以杀灭芽孢类战剂。当温度在 16 ℃ 和相对湿度在 70% 以上时，使用 9 ~ 13 g/m³ 作用 60 ~ 90 min，可以将污染于住房、地下室与救护车（塑料膜覆盖）等表面的细菌芽孢杀灭 99.9% 以上。

美海军研究所（Naval Research Laboratory，NRL）提出，以活性次氯酸盐溶液（Activated Solution of Hypochlorite，ASH）与自限活性次氯盐酸溶液（Self – limiting Activated Solution of Hypochlorite，SLASH）进行生物战剂消毒。前者利用比次氯酸更强的醋酸或枸橼酸加于次氯酸盐溶液中以促使次氯酸根离子转变为具有杀菌作用的次氯酸；后者则是一种可自我限制消失时间的活性次氯酸盐溶液，即用加入枸橼酸的方法使穿透至隐匿部位溶液中的次氯酸可以在规定的时间内破坏，以减少其对物品的腐蚀作用。

ASH 与 SLASH 可以用于消毒生物战剂污染表面，ASH 蒸气可用于消毒室内生物战剂气溶胶。野外试验证明，用施放 ASH 对抗云团的方法可以使模拟生物战剂云团下风向 365 m 处空气中的微生物浓度从对照组的 100 个/L 减少为 10 个/L。

DS₂ 为美军装备的消毒剂，西欧一些国家已经引进使用。该消毒剂含 70% 活性剂二乙烯三胺（diethylene triamine）、28% 溶剂乙二醇单甲醚（ethylene glycol monomethyl ether）与 2% 强化剂氢氧化钠。该消毒剂对多数金属无腐蚀作用，但是易燃并可使漆膜剥落，软化皮革，损坏毛织品。因为对眼与皮肤有刺激性，而且其蒸气有毒，用时应当戴防毒面具。DS₂ 多配套装于 M – 11 洗消器内。该洗消器如同二氧化碳灭火器，容量 1 420 mL，以氮气为喷射剂，最近射程 1.5 m。每罐药可处理两辆吉普车或一辆卡车，或 15 m 污染表面。该消毒剂原来设计用于化学战剂洗消，但是对非芽孢类生物战剂也有效。

二、过氧化物类消毒剂

（一）过氧乙酸（Peracetic acid）

过氧乙酸又称过醋酸，可由醋酸和过氧化氢以硫酸为催化剂制成。市售商品一般含过氧乙酸 20% ~ 40%，以及部分过氧化氢、醋酸、稳定剂和水。

1. 理化性质

过氧乙酸的分子式为 $C_2H_4O_3$，相对分子质量为 76.051 8，化学结构式为 CH_3COOOH，可以看作由过氧化氢（H—O—O—H）中的一个氢原子被醋酸中的乙酰基取代而成。因此，过氧乙酸既具有酸的性质，又有过氧化物的性质。

过氧乙酸为强氧化剂，能与很多物质发生氧化作用，腐蚀性很强，极不稳定，遇热后有机物、强碱或金属易分解。

过氧乙酸的水溶液也会发生加水分解反应，同时伴有过氧化氢的分解：

$$CH_3COOOH + H_2O \rightleftharpoons CH_3COOH + H_2O_2$$

$$2H_2O_2 \longrightarrow 2H_2O + O_2$$

上述反应在酸性条件下进行较慢，在碱性条件下进行较快，一般溶液 pH = 3 ~ 5 时比较稳定，pH = 6 ~ 9 时就很不稳定。

金属离子特别是重金属离子，对过氧乙酸的分解有催化作用，其催化作用按下列顺序递减：

$$Co < Mn < Ni < Fe < Cu < Cr < Zn$$

通常只要含有微量的金属杂质，就能促使过氧乙酸发生较为明显的分解。溶液中所含金属离子的种类越多或浓度越高，分解速度就越快。其他金属对过氧乙酸也都具有一定的分解作用，以铝的分解能力最低。

温度越高，分解速度越快，其反应如下：

$$2CH_3COOOH \xrightarrow{\triangle} 2CH_3COOH + O_2 \uparrow$$

过氧乙酸的浓度越高，分解越快，接近纯粹的过氧乙酸极不稳定，即使在 - 20 ℃也可能发生爆炸，浓度为 30% 的过氧乙酸，温度达 100 ℃以上时也可能发生爆炸；不过不含杂质的过氧乙酸水溶液或有机溶剂的溶液，在室温下，40% 过氧乙酸即使猛烈撞击也不会发生爆炸和自燃。气体比液体更容易发生爆炸。我国市售的过氧乙酸浓度为 20% 左右，一般不会爆炸。

2. 杀菌性能

过氧乙酸对细菌繁殖体及芽孢、真菌和病毒都有较强的杀灭作用且用量小，速度快，是一种广谱、高效、速效消毒剂（表 7 - 15）。

1）液体的杀菌作用

（1）对细菌繁殖体的作用。大多数情况下用含 0.01% ~ 0.10% 纯过氧乙酸杀灭大肠杆菌、金黄色葡萄球菌、绿脓杆菌、鼠伤寒杆菌及肠球菌，均需要 0.5 ~ 2 min，细菌菌液很浓时（20 亿个以上/mL），则需要 10 min；低浓度（0.000 5% ~ 0.005%）溶液，一般也可以在 1 ~ 15 min 完全杀灭。但是，当金黄色葡萄球菌用 20% 牛血清保护时，则需要 60 min 才能完全杀灭。

过氧乙酸也可以杀灭结核杆菌，不过需要用 0.5% 过氧乙酸溶液，作用 5 min 以上。

（2）对细菌芽孢的作用。过氧乙酸对细菌芽孢的杀灭作用比对繁殖体差些，如表 7 - 15 所示。杀灭用 20% 蛋白保护的炭疽杆菌芽孢和类炭疽杆菌芽孢，需要 1% 过氧乙酸溶液作用 5 ~ 30 min。但是，对大多数无蛋白保护的枯草芽孢杆菌、硬脂嗜热杆菌和蜡状杆菌芽孢，用 0.1% ~ 0.5% 溶液作用 1 ~

15 min 即可杀灭。

表 7 - 15 过氧乙酸对细菌芽孢的杀灭作用

细菌名称	过氧乙酸浓度/%	杀灭时间/min
硬脂嗜热杆菌芽孢	0.05 0.1 ~ 0.5	15 1 ~ 5
凝结杆菌芽孢	0.05 0.1 ~ 0.2	5 ~ 10 1 ~ 5
蜡状杆菌芽孢	0.01 ~ 0.04 0.3	1 ~ 90 3
枯草杆菌芽孢	0.02 ~ 0.04 0.1 ~ 0.5 1.0	15 ~ 30 1 ~ 15 1
类炭疽杆菌芽孢 （有 20% 蛋白存在）	1.0	30
炭疽杆菌芽孢 （有 20% 蛋白存在）	1.0	5

（3）对真菌的作用。一般能杀灭细菌繁殖体的过氧乙酸浓度，也能杀灭真菌。杀灭发癣菌和念珠菌，过氧乙酸浓度为 0.005%，作用 0.5 ~ 5 min 即可，0.01% 时只需要 0.5 ~ 3 min；0.02% 时只需要 0.5 ~ 1 min。但是，对于柏油板上的皮炎芽生菌、粗球孢子菌、新型隐球菌及荚膜组织胞浆菌及致病性真菌，必须用 0.5% 过氧乙酸作用 5 min 才能杀死，如图 7 - 1 所示。

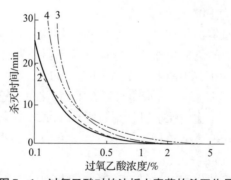

图 7 - 1 过氧乙酸对柏油板上真菌的杀灭作用

──皮炎芽生菌；－－粗球孢子菌；－－－新型隐球菌；—·—荚膜组织胞浆菌

（4）对病毒的作用。杀灭抵抗力较强的脊髓灰质炎病毒，用 0.2% 过氧乙酸溶液作用 5 min 即可，而用 0.04% 过氧乙酸溶液，则需要 45 min。用同样的浓度及时间也可以杀灭腺病毒、B 病毒、科萨奇病毒、埃可病毒及疱疹病毒等。但是，对于乙型肝炎病毒的表面抗原需 0.5% 溶液，作用 30 min。

此外，过氧乙酸对肉毒毒素也有较强的破坏作用。

2）气雾杀菌作用

将过氧乙酸溶液喷雾使成气溶胶，当空气流速为 25 L/min，空气中含过氧乙酸为 0.1 mg/L 时，不到 1 min 即可杀死空气中的巨大杆菌芽孢；而在密闭室内杀灭表面上的芽孢，则需要 0.36 mg/L 作用 40 min，或者 1 mg/L 作用 20 min。将过氧乙酸加热蒸发使空气中过氧乙酸浓度为 1 mg/L，消毒 30 min，也可以杀灭表面上的大肠杆菌、绿脓杆菌及 98% 以上的枯草杆菌芽孢。将浓过氧乙酸放置在密闭的容器，任其自然蒸发，也有杀菌作用，不过所需浓度较大，时间较长。

3）过氧乙酸的消毒作用

与其他消毒剂比较，0.005% 的过氧乙酸和同样浓度的新洁尔灭溶液，杀灭用 20% 牛血清保护的金黄色葡萄球菌及绿脓杆菌，结果前者只要 5 min，而后者 30 min 也杀不死；用过氧乙酸、正丙醇、乙醇及甲醛抑制发癣菌及酵母菌，结果过氧乙酸的作用比甲醛大 150 倍，比酒精大 15 000 倍。用 2% 过氧乙酸溶液杀灭灰髓炎病毒，只需要 5 min，而用 5% 甲醛溶液则需要作用 30 min，3% 过氧化氢溶液需要作用 75 min。在 −20 ℃ 下，用 0.3.% 及 3% 的过氧乙酸溶液杀灭枯草杆菌芽孢的作用，相当于 10% 乙丙内酯的 20 倍及 574 倍，如表 7−16 所示。因此，过氧乙酸不论对细菌繁殖体及芽孢、真菌和病毒，其杀灭作用都比常用的消毒剂强。

表 7−16　过氧乙酸和乙丙内酯杀灭枯草芽孢杆菌作用比较

过氧乙酸（%）/ 乙丙内酯（%）	不同温度下杀灭作用比（过氧乙酸：乙丙内酯）/%	
	−10 ℃	−20 ℃
0.3/4.0	7.3	
0.3/10.0	4.6	20
0.3/20.0		12.4
3.0/4.0	312.0	
3.0/10.0	168.0	574
3.0/20.0		355

过氧乙酸杀菌作用原理，目前尚未见到系统的研究报告。有人指出，pH 值不是杀菌的决定因素，因为 0.01% 过氧乙酸比相同 pH 值的醋酸及盐酸的杀菌作用强得多。根据过氧乙酸具有强大的氧化作用，可以将巯基氧化为二硫化合物，并进一步作用得到磺酸。因此，过氧乙酸也可能与微生物含—SH

基的酶或蛋白起作用，而使微生物致死。过氧乙酸（含纯过氧乙酸20%）均含有6%~7%的过氧化氢及10%~15%的醋酸，而过氧化氢及醋酸均有一定的杀菌作用。因而，可以推测过氧乙酸有如此强大而广泛的杀菌作用，除了依靠其本身强大的氧化作用之外，过氧化氢和醋酸也有一定的协同作用，例如：

$$2R—SH + CH_3COOOH \rightarrow R—S—SR + CH_3COOH + H_2O$$

3. 毒性

过氧乙酸的浓溶液可使人流泪，刺激呼吸道，使人不能忍受。8%以上的溶液可引起皮肤烧伤（变白起泡）。但是，用水稀释至0.1%可用于泡手，0.02%溶液可滴入眼内治疗眼结合膜炎。

用市售含20%纯过氧乙酸的粗制品，按小白鼠体重2.5%的量喂小白鼠，若用2%过氧乙酸溶液，其半数致死量为500 mg/kg；若用0.5%、3%、5%溶液喂服，其死亡率分别为10%、80%、100%。死鼠胃黏膜有明显腐蚀、脱落及变薄现象，但是若用0.2%溶液喂服，则无一例死亡。

将木料、橡胶块、铸铁、不锈钢、镀锌铁、纸、布、塑料、橡皮管浸入2%过氧乙酸溶液中24 h，仅发现铸铁及镀锌铁被氧化，呈黑色，橡皮管弹性降低，但是仍可使用。其他物品未见明显损坏，将工具钢浸于2%过氧乙酸溶液中5 h，其腐蚀速度为30 g/h；将7 mm外径的普通橡皮管在27 ℃下浸于2.5%过氧乙酸溶液中48 h，橡皮管的抗力由19.5 kg减至11 kg；对不锈钢、玻璃和塑料完全无影响，用0.2%过氧乙酸水溶液浸泡合成纤维48 h，对其强度和牢度均无不良影响，如表7-17所示。

表7-17　0.2%过氧乙酸对合成纤维质量的影响　　　　　　　kg

合成纤维种类	棉涤纶		纯锦纶		羊毛混纺	
	浸泡前	浸泡48 h后	浸泡前	浸泡48 h后	浸泡前	浸泡48 h后
经向强力	18.5	18.7	49.7	49.5	31.1	31.5
纬向强力	15.1	15.1	36.6	36.9	25.8	25.7
经向撕破力	13.5	13.6	29.4	30.0	24.5	24.7
纬向撕破力	8.8	8.2	17.0	17.1	14.2	14.0

用0.5%过氧乙酸溶液浸泡温度计、搪瓷碗、橘子和青菜叶一定时间后取出，任溶液流走，在15~20 ℃下放置0.5~1.5 h后，检查物体表面，几乎没有残留的过氧乙酸存在。因此一般消毒后，可不必冲洗。

三、醛类消毒剂

醛类消毒剂对微生物作用主要依靠醛基。醛基可以与菌体蛋白（包括酶）

的疏基、烃基、羧基、氨基发生反应，使之烷基化，引起蛋白质变性、凝固，造成微生物死亡。

醛类消毒剂多用于物品的浸泡消毒或密闭空间熏蒸消毒。2%福尔马林、2%戊二醛碱性水溶液可用于医疗器械的消毒。2%戊二醛碱性水溶液杀灭病毒、细菌繁殖体及真菌需要 10~20 min，杀灭芽孢需要 4~12 h。甲醛、戊二醛的水溶液或其气体可杀灭各类微生物。例如，伤寒杆菌、结核杆菌、病毒、真菌及细菌芽孢，当杀灭细菌芽孢时所需的消毒剂量较大。戊二醛杀菌作用比甲醛高 2~10 倍。多聚甲醛对于物体表面具有强穿透性，常作为熏蒸消毒剂使用。

醛类消毒剂具有刺激性和毒性，消毒时人员需穿戴防护用具，熏蒸时人员不应当在消毒地点停留。

（一）戊二醛（$CHO(CH_2)_3CHO$）

戊二醛纯品为无色油状液体，味苦，挥发性较低，挥发速度比水和乙醇慢。气味较小，有微弱的醛气味。另外，容易溶于水、乙醇和其他有机溶剂，溶液呈弱酸性。瑞典国防研究所已将其列为生物战消毒剂之一。使用 1%~2%溶液对细菌繁殖体只需要作用 2~10 min，对病毒需要作用 5~60 min，对细菌芽孢需要作用 2~4 h；以其作为气溶胶喷雾消毒，每立方米空间喷洒 3~5 g 药物即可。

戊二醛在碱性条件下（加碳酸氢钠 0.3%，pH = 7.5~8.5）杀菌作用最好，但是不容易存放（室温下短于 14 天）。在 4 ℃时稳定，随着温度升高，聚合速度加快。在酸性条件下相对稳定，随着溶液 pH 值而增高，聚合速度加快，在 pH >9 时，可以迅速聚合。近年来，发展添加强化剂（聚氧乙烯脂肪醇醚）的酸性（pH = 3.4）或中性（pH = 7.0）戊二醛，其杀菌作用与碱性者相同，但稳定性却增加 1 倍左右。

（二）甲醛（CH_2O）

甲醛为无色、具有强烈刺激性气味的可燃气体，如果遇到明火、高热能引起燃烧、爆炸，可溶于水、醇，容易聚合，有还原性。用于消毒的是其 36%（g/g）水溶液（通常称为福尔马林或甲醛水），或者白色粉末状聚合物（称为多聚甲醛）。

国产福尔马林含 10%~12%甲醇以防止聚合，有甲醛气味，在冷处久置会因部分聚合而浑浊，能与水、乙醇任意混溶，溶液呈酸性。

（三）多聚甲醛（$(HCHO)_n$）

多聚甲醛又称聚蚁醛和聚合甲醛，是甲醛的线型聚合物，含甲醛 91.99%

（g/g），为白色无定形粉末，具有刺激性气味。无固定熔点，熔点为 120 ~ 170 ℃。在常温下，不断分解释放出甲醛气体，加热时分解加速，释放出甲醛气体与少量水蒸气。容易溶于热水并释放出甲醛，缓慢溶解于冷水，能溶于氢氧化钾、钠及碳酸盐溶液中，不溶于醇和醛。

四、杂环类气体消毒剂

环氧乙烷（C_2H_4O）为常用的杂环类气体消毒剂，其他还有环氧丙烷、乙型丙内酯等。这类消毒剂的液体与气体都具有杀菌作用，一般以气体消毒剂使用。

（一）理化性质

环氧乙烷又称为氧化乙烯和氧丙环。液体无色透明，具有乙醚气味，在 4 ℃ 时的相对密度为 0.89。沸点为 10.8 ℃，只能灌装于特制安瓿或耐压金属罐中。60 ℃时，蒸气压力为 0.5 MPa。在常温常压下环氧乙烷为气体，易燃易爆，闪点为 –17.8 ℃，空气中最大允许浓度为 2 mg/m³。环氧乙烷气体具有良好的扩散和穿透能力，可以穿透玻璃纸、马粪纸、聚乙烯薄膜、聚氯乙烯薄膜以及薄层的油和水等，对空气的相对密度为 1.49（40 ℃）。环氧乙烷液体与气体能溶于水、乙醇和乙醚，在水中与金属盐类反应，可生成金属氢氧化物，使溶液 pH 值升高。环氧乙烷液体在 1%~5% 浓度下作用数小时，可以杀灭各种微生物。环氧乙烷气体杀灭细菌芽孢所需的时间随浓度而异。例如，在室温下（25 ℃），环氧乙烷浓度为 88.4 mg/L 时，需要作用 24 h；浓度为 442 mg/L 时，需要作用 4 h；当浓度升至 884 mg/L 时，作用 2 h 即可。

环氧乙烷溶液可溶解聚乙烯、聚氯乙烯；而其气体则对塑料无损坏，也不损坏金属、棉毛、橡胶、合成纤维，但是却损坏赛璐珞制品。

（二）杀菌机理

环氧乙烷主要是通过对微生物的蛋白质、DNA 和 RNA 分子发生非特异性烷基化作用，如使蛋白质链上的羧基、氨基、巯基和羟基烷基化，使蛋白质参与的正常的生化反应和物质代谢受阻，导致微生物死亡。对环氧乙烷抵抗力最差的是酵母菌和霉菌，最强的是细菌芽孢，细菌繁殖体与病毒介于二者之间。在细菌繁殖体中，金黄色葡萄球菌的抗力比大肠杆菌为强。环氧乙烷杀灭细菌芽孢与杀灭细菌繁殖体所需浓度的比值较低，一般在 10 以内。环氧乙烷气体熏蒸也可以破坏肉毒毒素。

（三）使用

环氧乙烷沸点较低，在室温下即可汽化。小型消毒使用的药量较小，可依靠自然蒸发。大型消毒使用药量较多，可以加温促其蒸发。加温不得使用明火，只能用热水浴，温度不宜超过60℃。加温环氧乙烷铝罐或钢瓶时，应首先将容器阀门打开；然后向水浴容器中缓慢倒入热水。给药完毕时，应先将热水放掉或移走，再关闭容器阀门。

建议消毒操作人员佩戴防护面罩，穿防静电的工作服，戴橡胶手套。

五、醇类消毒剂

醇类消毒剂杀灭微生物依靠三种作用：

①破坏蛋白质的肽键，使蛋白质结构破坏、变性。

②侵入菌体细胞，破坏蛋白质表面的水化膜，使之失去活性，引起微生物新陈代谢障碍。

③溶菌作用。

（一）乙醇（C_2H_5OH）

乙醇别名为酒精，医用乙醇浓度通常为75%（mL/mL），为无色透明液体，容易挥发，有辛辣味，易燃烧。其沸点为78.5℃，闪点为9~11℃，与水能以任意比例混合。

变性酒精俗称工业酒精，由乙醇中添加了甲醇、甲醛、升汞等物质构成，可以用于除人体外其他对象的消毒，其效果与乙醇相同。

乙醇对细菌繁殖体、病毒与真菌孢子有杀灭作用，革兰氏阳性菌对乙醇的抗力比革兰氏阴性菌略强，乙醇对细菌芽孢无效。乙醇浓度为60%~70%作用5 min可杀灭细菌繁殖体（包括结核杆菌）；对于真菌孢子，则作用30~60 min。当乙醇浓度低于30%时，对细菌繁殖体的杀灭亦需延长到数小时以至1天以上。

（二）异丙醇（$CH_3CHOHCH_3$）

异丙醇别名为2-丙醇或第二丙醇，浓度不低于98.5%，为无色透明可燃性液体，有类似丙酮、乙醇混合的气味，味微苦。沸点为82.5℃，闪点为11.7℃，能与水、乙醇互相溶解。

异丙醇可以杀灭细菌繁殖体、部分病毒与真菌孢子等，不能杀灭细菌芽孢。消毒时，一般用75%乙醇水溶液或60%异丙醇水溶液浸泡，或表面涂擦，作用时间为5~60 min。乙醇、异丙醇也可以作为其他消毒剂的良好溶剂，还具有加强碘、氯己定、戊二醛等消毒剂的杀菌作用。

六、酚类消毒剂

酚类消毒剂可以杀灭细菌繁殖体、真菌与某些种类的病毒（主要是亲脂性病毒），常温下对细菌芽孢无杀灭作用，一般的浓度可以破坏肉毒毒素。

酚类消毒剂的杀菌作用机理：

①高浓度下可裂解并穿透细胞壁，与菌体蛋白结合，引起蛋白变性。

②低浓度下，较高分子量的酚类衍生物可以使细胞的主要酶系统（氧化酶、脱氢酶、催化酶等）失去活性，干扰了物质代谢。

③降低溶液表面张力，有利于酚类消毒剂积聚在菌体细胞上，同时增加细胞壁和细胞膜的通透性，使菌体内容物逸出，改变细胞蛋白的胶质状态，致细菌死亡；酚类消毒剂的表面活性越大，则降低溶液表面张力作用越大，杀菌能力也越强。

④酚类容易溶于细胞类脂体中，因而能积存在细胞内，酚烃基与蛋白的氨基起反应，破坏菌体蛋白的功能。

酚类衍生物中的某些烃基与卤素有助于降低表面张力，并且卤素还可以促进衍生物电离以增加溶液的酸性。因此，卤素与烃基的取代能增加酚类消毒剂的杀菌能力，而且卤素与烃基在对位上的化合物比在邻位上的化合物杀菌能力更强。

（一）甲酚皂溶液（$C_6H_4OHCH_3$）

甲酚皂溶液别名为煤酚皂溶液或来苏儿，是以三种甲酚异构体为主的煤焦油分馏物与肥皂配成的复方。甲酚皂溶液含甲酚 48%～52%（mL/mL），其配方为：甲酚 500 mL，植物油 173 g，氢氧化钠 27 g，加蒸馏水至 1 000 mL。在配制时，先以植物油与氢氧化钠制成肥皂，趁热加入甲酚与蒸馏水。甲酚皂溶液为黄棕色至红棕色黏稠液体，有酚臭味。沸点 191～201 ℃，熔点 30～36 ℃，可溶于水及醇中，溶液呈碱性，呈透明浅棕色。性质稳定，耐储存。

在使用时，一般多用 1%～5% 浓度的甲酚皂水溶液浸泡、喷洒或擦抹污染物体表面，作用 30～60 min。加强杀菌作用，可将药液加热至 40～50 ℃。若用甲酚皂溶液浸泡金属器械，可加 1.5%～2.0% 碳酸氢钠作为防锈剂。消毒皮肤时，可用 1%～2% 甲酚皂溶液浸泡。用 1% 浓度洗手 2 min，消毒效果优于肥皂流水洗手，但是远不及 0.2% 的过氧乙酸水溶液。

（二）滴露消毒药水

滴露消毒药水是含对氯间二甲苯酚、表面活性剂、香料等成分的复方消毒剂溶液。原溶液含对氯间一甲苯酚 4.8%（mL/mL），为黄色透明液体，具有皂酚气味；振摇时产生大量泡沫；可溶于水与醇中，溶液呈碱性。性质比较稳定，使用时用 1.9% 滴露水溶液浸泡衣物。对于结核杆菌，用 5% 浓度甲酚皂水溶液作用 1～2 h。对伤口、皮肤也可用 4.6% 滴露水溶液冲洗。

七、季铵盐类消毒剂

季铵盐类消毒剂是一种阳离子表面活性剂，其结构通式为

$$\left[\begin{array}{c} R_1 \\ R_4-N-R_2 \\ R_3 \end{array}\right]^{+} X^{-1}$$

其中，$R_1 \sim R_4$ 代表有机根，它们与氮原子结合成阳离子基团，为杀菌的有效部分；X^- 为阴离子，如卤素、硫酸根或其他类似的阴离子。用作消毒剂的季铵盐，在 $R_1 \sim R_4$ 中，一般有 1~2 个是碳链长达 8~18 的烷基（短于或长于此碳链者，杀菌能力差）。

季铵盐消毒剂具有抗菌谱广、毒性小、配伍性好、容易降解等性能，广泛用于医疗器械的杀菌消毒、工业循环水处理的杀菌灭藻、油田回注水的处理、林业和建筑行业的防腐。季铵盐消毒剂按其疏水基的结构一般可以分为烷基类、酰胺类、酯基类、咪唑啉型和其他类型的季铵盐，它们的阴离子大多数是氯离子和溴离子。季铵盐杀菌剂属于阳离子型表面活性剂，在水溶液中电离时生成的表面活性离子带正电荷，可与带负电荷的细菌细胞膜表面发生相互作用。杀菌性是季铵盐类杀菌剂分子中 N—烷基的主要功能之一，此烷基赋予季铵盐杀菌剂亲脂特性，还可以通过带正电荷的氮原子与细菌细胞膜上酸性磷脂相结合。浓度较高时，季铵盐杀菌剂又可以通过形成混合聚集体来溶解细胞膜的有效成分，导致细菌死亡。研究表明，季铵盐类消毒剂对革兰氏阳性菌的杀灭能力比对革兰氏阴性菌强。在实际应用中，抑菌浓度远低于杀菌浓度。

对污染物品表面消毒，可用 0.1%~0.5% 浓度的季铵盐类消毒剂溶液浸泡、擦抹或喷洒，作用时间为 10~60 min。对皮肤消毒可用 0.1%~0.5% 浓度的溶液涂抹、浸泡；黏膜消毒采用 0.02% 溶液冲洗。

季铵盐类消毒剂主要有苯扎溴铵（新洁尔灭）、苯扎氯铵（洁尔灭）、百毒杀与新洁灵消毒精。

（一）苯扎溴铵（$C_{22}H_{40}BrN$）

苯扎溴铵为溴化二甲基苄基烃铵（别名十二烷基二甲基苯甲基溴化铵）的混合物。常温下为淡黄色胶状体，低温下形成蜡状固体；具有芳香气味（不纯者有令人不愉快的气味），极苦。易溶于水或乙醇，溶液澄清，呈碱性，振荡时产生大量泡沫，具有表面活性作用。耐光、耐热，性质比较稳定，可长期储存。

（二）苯扎氯铵（$C_{22}H_{40}ClN$）

苯扎氯铵是氯化二甲基苄基烃铵的混合物，为白色蜡状固体或黄色胶状体；溶于水或乙醇，水溶液呈中性或弱碱性，振荡时产生大量泡沫，具有表面活性作用。

苯扎溴铵与苯扎氯铵对化脓性病原菌、肠道菌与部分病毒有较好的杀灭作用；对结核杆菌与真菌的杀灭效果不好；对细菌芽孢仅有抑菌作用。

（三）百毒杀

百毒杀化学名称为双十烷基二甲基溴化铵，别名双癸甲溴铵，为双长链季铵盐。容易与水混合，具有表面活性作用。原液浓度为50%（g/mL），性质比较稳定，对某些金属有轻微腐蚀。

百毒杀对金黄色葡萄球菌、大肠杆菌和绿脓杆菌等细菌繁殖体有一定的杀灭作用。

（四）新洁灵消毒精

新洁灵消毒精化学名称为溴化双十二烷基二甲基乙撑二铵，为双长链季铵盐，容易溶于水，具有表面活性作用。原液浓度为5%~10%（g/mL）。

新洁灵消毒精对金黄色葡萄球菌、大肠杆菌和白色念珠菌有一定的杀灭作用。

八、其他类消毒剂

（一）环氧乙烷

环氧乙烷（Epoxyethane，Ethylene oxide）又名氧化乙烯，分子式为 C_2H_4O，化学结构式为 $H-\overset{\overset{H}{|}}{C}\underset{\diagdown O\diagup}{}\overset{\overset{H}{|}}{C}-H$，是环氧类烷基化合物，相对分子质量为 44.05，可以用乙烯氧化成氯乙醇加碱制成，其纯度在98%以上，例如：

$$CH_2OHCH_2Cl + NaOH \longrightarrow C_2H_4O + NaCl + H_2O$$

1. 理化性质

环氧乙烷在低温下为无色液体，在常温常压下为无色气体，具有醚或氯仿的刺激性气味。其相对密度：4 ℃时为0.884，20 ℃时为0.871，其液体比水轻，其气体比空气重，沸点为10.8 ℃，冰点为 –110 ℃。其蒸气压为：在20 ℃、30 ℃及50 ℃时分别为1.095 mmHg、1.506 mmHg及2.967 mmHg，因而穿透力很强，5 min即能穿透0.1 mm厚的聚氯乙烯或聚乙烯塑料薄膜。如表

7 - 18 所示，22 min 能穿透 0.04 mm 的尼龙薄膜，26 min 能穿透 0.3 mm 厚的氯丁胶布，41 min 能穿透 0.39 mm 厚的丁基胶布，还能穿透硬纸盒及鸡蛋壳。

环氧乙烷能与水任意混合，能够溶解很多有机化合物，化学性质非常活泼，能够与很多化学物品起反应。遇水可以水解成乙二醇，例如：

$$C_2H_4O + H_2O \longrightarrow C_2H_4(OH)_2$$

当遇盐酸或氯化物水溶液时形成氯乙醇，例如：

$$C_2H_4O + HCl > C_2H_4OHCl$$

环氧乙烷与银、镁及其合金接触可以形成乙炔，引起爆炸。如果与空气混合，当空气中含有 3% ~ 80% 的环氧乙烷且有引火源存在时，可发生燃烧或爆炸，其引火源可以是高热、电、火焰或火花，因而常与二氧化碳、氟利昂11（氟三氯甲烷）、氟利昂12（二氟二氯甲烷）或溴化甲烷混合使用，以防爆炸。其混合比例如表 7 - 19 所示。

表 7 - 18 环氧乙烷对几种塑料薄膜的穿透力（884 mg/L）

塑料薄膜名称	厚度/mm	穿透时间/min	90%气体逸失时间/min
聚氯乙烯	0.10	5	105
	0.29	11	110
	0.43	43	480
	0.54	95	1 080
聚乙烯	0.10	5	180
	0.20	16	195
聚酯	0.03	20 天	>20 天
	0.07	20 天	>20 天

表 7 - 19 环氧乙烷的几种防爆炸剂成分

混合物名称	混合物成分（按质量比）				
	环氧乙烷	二氧化碳	氟利昂11	氟利昂12	溴化钾烷
环碳合剂 （Carboxide）	10	90	0	0	0
环氟合剂 （Cryoxide）	11	0	44.5	44.5	0
环溴合剂 （CMecb < OB >）	1	0	0	0	1.44

2. 杀菌作用及杀菌原理

环氧乙烷的液体及气体对各种微生物均有杀灭作用。曾有人将 35 株细菌分别在玻片上干燥，当温度为 46～48 ℃、相对湿度为 80%～100% 时，用环氧乙烷 1 200 mg/L 消毒，杀灭时间：革兰氏阴性菌为 10 min，嗜热脂肪芽孢杆菌为 10～15 min，产气荚膜杆菌和溶组织芽孢杆菌为 20 min，破伤风杆菌、枯草杆菌和炭疽杆菌芽孢为 60 min。抵抗力最强者为金黄色葡萄球菌，5 株中有 3 株能活 60 min，2 株能活 90 min。一般来说，霉菌对环氧乙烷的抵抗力比细菌弱，多数病毒对它的抵抗力不比细菌繁殖体强，细菌芽孢对它的抵抗力比繁殖体大 2～6 倍。

环氧乙烷的杀菌作用，主要是因其不仅能与蛋白质的巯基（—SH）起作用，而且能与蛋白质中的羧基（—COOH）、氨基（—NH$_2$）及羟基（—OH）起作用，取代其氢原子形成羟乙基（—CH$_2$CH$_2$OH）的化合物，蛋白质因而被烷基化，使微生物的新陈代谢发生障碍，从而达到灭菌目的。环氧乙烷也可破坏微生物的 DNA，抑制微生物的生长繁殖。例如：

环氧乙烷与溴化钾烷混合使用时，杀菌作用增强。例如，温度为 40 ℃，相对湿度为 80%～90%，在 45 min 内杀灭金黄色葡萄球菌，单用环氧乙烷需要 280 mg/L，单用溴化钾烷需要 364 mg/L，而用环氧乙烷与溴化甲烷按 1∶1.44 质量比的混合，则只需要 198 mg/L，若用 Cryoxide 则需要 1 120 mg/L。因此，环氧乙烷与溴化甲烷混合物的杀菌作用比其每个组成成分单独使用时强，比 Cryoxide 大 5～6 倍。

虽然环氧乙烷气体可以穿透玻璃纸，硬纸盒，聚乙烯、聚氯乙烯薄膜，或塑料管，多层布，浅层的油或水和未破的蛋壳，但是对玻瓶内的液体只能透过 3 mm，在塑料瓶内只能透过 12 mm 的液体，超过此厚度即使用 1 000 mg/L 消毒 24 h 也不能达到无菌。对于成捆的麻袋，使用环氧乙烷气体 18 h 也不能穿透到捆内 5 cm 深处，需要与 10% 溴化甲烷混合使用才行。

环氧乙烷气体对有孔的及能吸收环氧乙烷的表面如布及纸等，比无孔的及不吸收环氧乙烷的表面如玻璃、金属等容易达到灭菌。例如，用 880 mg/L 环氧乙烷在 300 ℃ 时，杀灭布片或纸片上的芽孢，3 h 可全部无菌；若杀灭玻璃片上的芽孢则 4 h 仍不能完全无菌，如表 7－20 所示。

3. 毒性及其对物品的损坏

环氧乙烷对人和动物的毒性比四氯化碳和氯仿高，比氯化氢和二氧化硫低，与氨气相似。其气体对动物的毒性如表 7 – 21 所示。

表 7 – 20　环氧乙烷对污染枯草杆菌芽孢的不同表面消毒效果

物品表面	消毒 1 h			消毒 2 h			消毒 3 h			消毒 4 h		
	阳性片数/片	平均存活菌数/片	杀菌率/%	阳性片数/片	平均存活菌数/片	杀菌率/%	阳性片数/片	平均存活菌数/片	杀菌率/%	阳性片数/片	平均存活菌数/片	杀菌率/%
玻璃片	11	199	99.994 0	8	148	99.995 8	47	82	99.996 7	4	40	99.998 8
铝片	7	152	99.995 5	5	108	99.996 9	0	133	99.996 1	4	69	99.997 9
布片	8	4	99.999 8	4	15	99.999 9	0	0	100.000 0	0	0	100.000 0
纸片	2	1	99.999 9	0	0	100.000 0	0	0	100.000 0	0	0	100.000 0
有机玻片	2	5	99.999 8	0	0	100.000 0	0	0	100.000 0	0	0	100.000 0
聚氯乙烯片	2	3	99.999 8	1	1	99.999 9	0	0	100.000 0	0	0	100.000 0
橡皮片	0	0	100.000 0	0	0	100.000 0	00	0	100.000 0	0	0	100.000 0

注：1. 各种物品菌片均为 14 片；

　　2. 每个菌片染菌量平均为 3.4×10^9。

表 7 – 21　环氧乙烷对污染枯草杆菌芽孢的不同表面消毒效果

动物名称	浓度		暴露时间	死亡时间
	mg/L	$\times 10^{-6}$		
家鼠	104	58 000	连续39 min	6 h
	180	100 000		24 h
	450	250 000		立即
豚鼠	9	5 000	1 h	40 h
	36	20 000	1 h	24 h
	90	50 000	连续	数分钟

双氧乙烷气体对人的毒性，如图 7 – 2 所示。可能安全的浓度及时间为：50×10^{-6}，每天暴露 7 h；100×10^{-6}，每天暴露 7 h，每周 2 天；150×10^{-6}，每天 1 h 或每周 1 天；600×10^{-6}，每次 1 h，每周 1 次。人在含环氧乙烷 20 mg/L 的空气中，10 s 鼻黏膜即可感到刺激。吸入其气体中毒后可发生头痛、头昏、恶心、呕吐、腹泻、呼吸困难及淋巴细胞增多等症状。

双氧乙烷液体接触皮肤局部有刺痛冰凉之感，随后可发生红肿、压痛、疹块、水泡及血泡，愈后遗留棕色至黑棕色色素沉着。以 40%～60% 溶液对皮肤损伤最严重，接触 1 h，可引起Ⅱ度烧伤及冻伤。接触 1% 溶液 20～25 h 或 100% 溶液 1～7 h 均无损伤。也有少数人重复接触而发生过敏性荨麻疹者。

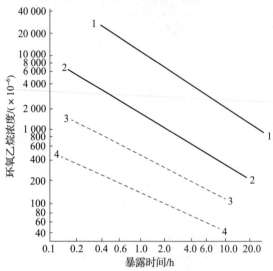

图 7－2　环氧乙烷气体对人引起中毒的浓度及时间

1－1，2－2 为严重损伤及死亡区；3－3 为一次暴露无损伤限度；4－4 为每天反复暴露无损伤限度

环氧乙烷对大多数物品如毛、皮、棉、木、纸、金属和化纤均无损坏。对塑料如聚氯乙烯用环氧乙烷浸泡 5 h 可变大变软，而聚乙烯、聚丙烯及尼龙均无变化。对于橡胶如丁腈橡胶，用环氧乙烷浸泡 4 h 可变长变宽，而天然橡胶、氯丁橡胶、丁基橡胶均无变化，丁基橡胶浸泡 7 天也无关系。直径为 8.5 mm 的橡皮管经用环氧乙烷 5 次消毒，则直径变小了 0.05 mm，而用煮沸消毒 5 次，则直径减小 0.08～0.13 mm；用高压蒸气消毒，则直径变小 0.08～0.17 mm。对于血液可使红细胞溶解，补体及凝血酶原灭活；对于食品灭菌后，食品中的维生素 B1、B2、B6 及叶酸等被破坏，组氨酸、蛋氨酸、半胱氨酸及赖氨酸等氨基酸含量降低，用其饲养动物，体重不增；对于药品如链霉素灭菌后效力降低 35%，但是对青霉素灭菌后未见有损害。

其他灭菌方法容易损坏或无法消毒的物品，均可以用环氧乙烷消毒，如电子仪器、光学仪器、生物制品、医疗器械、试验器材、书籍文件和皮、毛、棉、丝、化纤、塑料、木质、陶瓷及金属制品，有些橡胶、药品及食品，以及人工心肺机、人工肾、气管镜、膀胱镜、胃镜及宇宙飞船等均可以用其灭菌。

九、常用的消毒器械和消毒剂

(一) 常用的消毒器

1. 防疫车

防疫车消毒喷雾机性能：

启动方式：反冲式启动器；发动机功率：2.7 ps/1 800 r/min；

压力：最高 3.5 MPa；正常：2.1 MPa；最大喷雾量：22.5 L/min；

使用燃料：汽油；燃料桶容量：2.5 L；

药液桶容积（车载）：420 L；射程：10 m；手持式喷射。

2. 手推车式喷雾器

手推车式喷雾器性能：

压力：2.1~3.5 MPa；最大喷洒量：22.5 L/min；

药箱容量：100 L；软管：50 m；

雾粒射程：10 m 以上。

3. 气溶胶喷雾器

气溶胶喷雾器性能：

喷量：0~19 L；

雾粒：5~50 μm；

药箱：3.8 L。

4. 常量喷雾器

常量喷雾器性能：

药箱：3.8 L；

桶为不锈钢。

(二) 常用消毒器械的选择

室外地面、道路、广场等地面大面积喷洒可选用喷洒车；室外大型物体表面、车辆表面选用消毒车等喷枪喷刷；室外局部表面或地面选用常量喷雾器喷雾；室内密闭环境物体表面选用气溶胶喷雾器喷雾。

(三) 常用的消毒剂

（1）高效消毒剂。可以杀灭各种微生物的消毒剂（环氧乙烷、过氧乙酸、戊二醛等）。

（2）中效消毒剂。可以杀灭芽孢以外微生物的消毒剂（碘酊、乙醇、含氯消毒剂)。

(3) 低效消毒剂。只能杀灭繁殖体、部分病毒和真菌的消毒剂（新洁尔灭、洗必泰等）。

1. 环氧乙烷

(1) 特点。杀菌力强，广谱；穿透性强；腐蚀性小；易燃易爆；对人有毒性。

(2) 用途。怕湿、怕热物品的灭菌。

(3) 用法。气体熏蒸，55 ~ 60 ℃，相对湿度 60% ~ 80%，8 000 ~ 1 000 mg/L作用 6 h。

2. 过氧乙酸

(1) 特点。杀菌力强，广谱；低毒；腐蚀性大；受有机物影响比较大；稳定性差。

(2) 用途。耐腐蚀物品、场所的消毒。

(3) 用法。浸泡、擦拭、喷洒。浸泡消毒繁殖体污染物品：0.1%，15 min；病毒：0.5%，30 min；芽孢：1.0%，30 min；气溶胶喷雾：0.8%，30 ~60 min。

3. 二氧化氯

(1) 特点。杀菌力强，广谱；速效；中等腐蚀性；受有机物影响比较大；稳定性差。

(2) 用途。医疗器械、餐具、饮水、场所的消毒。

(3) 用法。浸泡、擦拭、喷洒。浸泡消毒繁殖体污染物品：100 mg/L，30 min；病毒：500 mg/L，30 min；芽孢：1 000 mg/L，30 min。

4. 含氯消毒剂

(1) 种类。漂白粉、次氯酸钠、次氯酸钙、三合二、二氯异氰尿酸钠、三氯异氰尿酸等。

(2) 特点。杀菌力强，广谱；低毒；腐蚀性大；受有机物影响比较大；稳定性差（粉剂稳定）。

(3) 用途。餐具、饮水、公共场所的消毒。

(4) 用法。浸泡、擦拭、喷洒。浸泡消毒繁殖体污染物品：200 mg/L，10 min；病毒、芽孢：2 000 mg/L，30 min 以上。

5. 碘伏

(1) 特点。中效、低毒，对皮肤无刺激无感染；对金属有腐蚀性；受有机物影响大；稳定性好。

(2) 用途。皮肤、黏膜消毒。

(3) 用法。浸泡、擦拭。浸泡：250 mg/L，30 min；擦拭：500 mg/L，3 ~

5 min。

6. 洗必泰

（1）特点。低效、低毒、对皮肤无刺激；对金属无腐蚀性；受有机物影响大；稳定性好。

（2）用途。皮肤、黏膜消毒。

（3）用法。浸泡、擦拭。浸泡：5 000 mg/L，1～3 min；擦拭：500 mg/L，2～3 min。

（四）消毒剂使用的注意事项

1. 适用性

消毒剂的种类很多，每种消毒方法都有各自的特点，杀菌能力和使用方法差异较大，应根据消毒对象选择适宜的消毒剂和消毒方法。选择时，在保证消毒效果的前提下，首先考虑对消毒物品的损坏；其次是经济、使用方便及对环境的影响等。

2. 腐蚀性、毒性

消毒剂对物品、对人均有不同程度的腐蚀性和毒性。随着浓度增加，杀菌消毒增加，腐蚀性和毒性也相应增高。消毒后及时用清水擦拭，可以减少对物品的腐蚀性。使用时应注意，并做好个人防护。

3. 有效性

消毒剂的浓度均以有效成分含量表示，如过氧乙酸原液浓度为 10%～20%，而不是 100%，碘伏原液浓度为 0.5%，次氯酸钠原液浓度只有 10%～12%。稀释使用时应该注意以保证消毒效果。

4. 易失效性

消毒剂有效期除与消毒剂本身的特点有关外，与存放状态、存放条件都有很大关系。含氯消毒剂液、过氧化物类消毒剂及二氧化氯消毒剂稳定性差，应现配现用。稳定性较好的消毒剂，如碘伏、碘酊、戊二醛等消毒剂也应存放在密闭性较好的容器内，定期更换。

5. 易污染性

消毒剂使用液也常常污染不同的微生物，随着存放时间延长，污染程度加重。配制、存放消毒液的容器应该清洁，必要时应该先消毒。消毒液存放时间也不宜过长。

(五) 常用的消毒方法

1. 环氧乙烷简易熏蒸消毒法

(1) 适用范围。适用于棉衣、书信、皮革制品、电器及电子设备等耐湿、热和易被腐蚀物品的消毒。

(2) 操作方法及注意事项。将物品放入丁基橡胶消毒袋中，排尽袋中空气，扎紧袋口。通入环氧乙烷气体。待作用至规定时间 (16~24 h)，在通风处打开消毒袋，取出物品，使残留环氧乙烷自然消散。环氧乙烷为易燃易爆药品，使用过程中室内不得有明火或产生电火花。本消毒方法不得用于对房间的消毒。

2. 过氧乙酸熏蒸消毒法

(1) 适用范围。适用于密闭性较好房间内污染表面及空气的消毒。

(2) 操作方法及注意事项。充分暴露拟消毒的表面，取出腐蚀物品，将过氧乙酸盛装容器放于加热源上，关闭好门窗，接通加热源，药物熏蒸完后关闭热源，作用预定时间后开窗通风 (约30 min)。

过氧乙酸对人有很强的刺激性，熏蒸后进入房间关闭热源或开门窗时应戴防毒面具。熏蒸时如室内相对湿度较低，可以喷洒一定量的水以提高室内相对湿度。

3. 消毒液喷雾消毒法

(1) 适用范围。适用于室内空气、居室表面和家具表面的消毒。

(2) 操作方法及注意事项。用普通喷雾器进行消毒剂溶液喷雾，以使物品表面全部润湿为度，作用至规定时间。喷雾顺序宜先上后下，先左后右。喷洒有刺激性或腐蚀性消毒剂时，消毒人员应戴用防护口罩和眼镜，并将食品、餐 (饮) 具及衣被等物收放好。

十、人员污染的消除

(一) 卫生整顿

暴露人员按如下次序和要求进行卫生整顿。

(1) 着装的受感染者，对着装及随身携带装备实施表面喷雾消毒。

(2) 用皮肤消毒剂擦拭或搓洗暴露部位的皮肤。

(3) 卸下随身携带的装具物品，脱衣 (衣物集中存放处理)，淋浴。淋浴时，用肥皂搓擦一次，温水 (38~40 ℃) 冲洗8 min，可将体表生物因子去除99%以上；肥皂搓擦两次，温水 (38~40 ℃) 冲洗15 min，体表生物因子污染的去除率更高。不用肥皂，用温水冲洗15 min，体表生物因子的去除率可达90%以上。

（4）换上洁净的衣服。

（5）换下的衣服、装备等经消毒后才可再使用。

（二）手及皮肤的消毒

（1）0.5%碘伏溶液（含有效碘5 000 mg/L）或0.5%氯己定醇溶液涂擦，浸泡1~3 min。

（2）75%乙醇或0.1%苯扎溴铵溶液浸泡1~3 min。

（3）必要时，用0.2%过氧乙酸溶液至少浸泡3 min。

（三）服装、装具的消毒

（1）煮沸或流通蒸气消毒。细菌芽孢与毒素类战剂污染，应煮沸30 min以上。对于细菌繁殖体类污染者，煮沸15 min。消毒时水中加1%~2%碳酸氢钠、0.5%肥皂或洗衣粉，可以提高消毒效果。

（2）消毒剂浸泡。用含氯消毒剂（有效氯1 000~2 000 mg/L）或0.3%过氧乙酸浸泡30 min以上，可以杀灭各种生物剂。在消毒后，立即用清水漂洗，以免衣物被腐蚀。

（3）环氧乙烷气体熏蒸消毒。适用于各种棉、毛与合成纤维以及皮毛、皮革、金属制品等怕湿怕热的衣物，对各种生物剂都有很好的杀灭作用。在处理时，将要消毒的衣物放入约0.25 mm厚的聚乙烯塑料袋或丁基橡胶环氧乙烷消毒袋中，将袋内空气排出，封好袋口，由进气管通入环氧乙烷气体，每立方米体积用药0.7 kg，15 ℃以上作用20~24 h。操作时一定要避开明火，防止爆炸。在消毒后，应把被消毒的衣物彻底通风，待残余环氧乙烷扩散消失后才能使用。

十一、场所及物品的污染消除

（一）室外环境的消毒

一般地面温度越高，消毒药的用量越小，所需的消毒时间也越短。冬季消毒液中需要加氯化钠或乙醇防止冻结。

（1）污染道路及室外地面，可用喷洒车喷洒1%次氯酸钙或1%~2%二氯异氰尿酸钠或三合二或1 000~2 000 mg/L二氧化氯水溶液喷洒，每平方米500~1 000 mL，可杀灭各类生物因子。对于肉毒杆菌毒素，喷洒1%氢氧化钠溶液，作用0.5~24 h，可以达到消毒的目的。

（2）在缺水条件下的消毒，如大气潮湿或有露水时，可直接喷洒次氯酸钙、二氯异氰尿酸钠或三合二粉剂进行消毒，用量 10~50 g/m²，作用时间 2~24 h。喷粉最好在气温回增和风速 2 m/s 以下时进行。

（二）污染房屋的消毒

消毒污染房层重点是室内表面和空气。房屋外部表面一般只洗消门窗，其余部分以自净处置为主。

1. 室内表面消毒

（1）擦拭。常用 1% 二氯异氰尿酸钠或三合二水溶液等含氯消毒剂、0.2%~0.5% 过氧乙酸、1 000~2 000 mg/L 二氧化氯等擦拭，用量以表面湿润为准。

（2）喷洒。用普通压缩喷雾器进行喷雾消毒，选用消毒剂同擦拭法，以喷湿为准，一般每平方米喷洒 200~300 mL。

（3）气溶胶喷雾。对密闭性较好的房间，可以用气溶胶喷雾器喷雾消毒，用 0.2%~0.5% 过氧乙酸，每立方米喷洒 20 mL，作用 60 min。对于非芽孢生物剂，也可用 1.5%~3% 过氧化氢。

2. 室内空气消毒

结合室内表面消毒法进行消毒，再打开门窗彻底通风。

（三）交通工具的消毒

（1）用 0.2% 过氧乙酸溶液或 5 000~10 000 mg/L 有效氯的含氯消毒剂或 1 000~2 000 mg/L 二氧化氯溶液喷洒至表面湿润，作用 60 min。

（2）交通工具的密闭空间，可用 0.2% 过氧乙酸进行气溶胶喷雾，用量为 20 mL/m³，作用时间为 60 min。

第三节　消毒效果的评价

消毒效果的评价包括消毒对象的消毒效果和污染区的污染消除效果，后者以前者为基础。直接评价指标是微生物学指标，也可以采用化学指标间接反映消毒效果。以下重点介绍微生物学评价。

一、评价指标及标准

全部符合以下要求者，可判为消毒处理的微生物学评价合格：

（1）消毒后消毒对象中不应检出相应的致病菌。

（2）消毒后消毒对象中自然菌的杀灭率应不小于90%。杀灭率按下式计算：

$$杀灭率 = \frac{消毒前菌落数 - 消毒后菌落数}{消毒前菌落数} \times 100\% \quad （\%） \quad （7-1）$$

（3）有关指标菌残留菌量，不能超过国家的有关规定。

二、检测方法

1. 物体表面的检测方法

1）采样

（1）消毒前采样。将无菌棉拭在含 10 mL 磷酸盐缓冲液（PBS）试管中浸湿，并于管壁上挤压至不出水后，对无菌规格板框定的被检物体表面涂抹采样（采样面积为 5 cm×5 cm），横竖往返各 8 次，使棉拭四周都接触到物体表面。以无菌操作方式将棉拭采样端剪入原 PBS 试管内，充分振打，进行活菌培养计数。对于不适宜用规格板采样的物体表面（如门把手、热水瓶把等）可以按实际面积采样。

（2）消毒后采样。消毒至规定的时间后，在消毒前采样点附近的类似部位进行棉拭涂抹采样。步骤和方法与消毒前采样相同。将消毒前后样本 4 h 内送实验室进行活菌培养计数以及相应致病菌或相关指标菌的分离与鉴定。

2）细菌总数检验

采样管用力敲打 80 下，用无菌吸管取 1 mL 采样液接种于无菌平皿内，加入已熔化的营养琼脂，摇匀、凝固后在 37 ℃培养箱中培养 48 h 后计数。

3）结果计算

细菌总数按下式计算：

$$细菌总数 = \frac{平板上菌落数（cfu）\times 稀释倍数}{采样面积（cm^2）} \quad （cfu/cm^2） \quad （7-2）$$

按照式（7-2），对相应致病菌与相关指标菌的采样、分离与鉴定，参见有关传染病诊断、消毒等方面的国家标准和规范，由具备检验资格的专业实验室进行。

2. 空气检测方法

1）采样

（1）消毒前采样。将拟消毒房室的门窗关好，用空气采样器采样。采样时间根据空气污染菌数决定。

（2）消毒后采样。消毒结束后，按消毒前采样的方法再次采样。

2）培养计数

将消毒前后的样本和阴性对照样本尽快送到实验室，在 37 ℃培养箱中培养 48 h 后计数。

3）结果计算

空气中菌数按下式计算：

$$空气中菌数 = \frac{样本中总菌落数（cfu/m^3）}{采样流量（L/min）\times 采样时间（min）} \times 1\ 000 \quad （cfu/m^3）$$

$$(7-3)$$

细菌消亡率按下式计算：

$$细菌消亡率 = \frac{消毒前空气中菌落数 - 消毒后空气中菌落数}{消毒前空气中菌落数} \times 100\% \quad （\%）$$

$$(7-4)$$

注意：各种致病菌与相关指标菌的采样、分离与鉴定，按照传染病诊断、消毒等国家标准和规范，由具备检验资格的专业实验室进行。

3. 水检测方法

1）采样

（1）消毒前采样。取拟消毒水源水样于两个无菌采样瓶，每瓶 100 mL。

（2）消毒后采样。消毒至规定作用时间后，分别将消毒后水样采入两个装有与消毒剂相应中和剂的无菌采样瓶中，每瓶 100 mL，混匀并作用 10 min。

2）培养检验

将消毒前后的水样于 4 h 内送达实验室进行检测。将水样注入滤器中，加盖，在负压为 0.05 MPa 的条件下抽滤。抽滤完后，再抽气 5 s，关闭滤器阀门，取下滤器。用无菌镊子夹取滤膜边缘，移放在品红亚硫酸钠琼脂培养基平板上。滤膜的细菌截留面朝上，滤膜与培养基完全紧贴。将平皿倒置，放于 37 ℃ 恒温箱内，培养 22 ~ 24 h，观察结果。计数滤膜上生长的带有金属光泽的黑紫色大肠杆菌菌落。

3）结果计算

水中含菌量按下式计算：

$$水中含菌量 = kN/WV \quad （cfu/mL） \tag{7-5}$$

式中　k——稀释量；

　　　N——平板上细菌落数，cfu；

　　　W——试验样本质量或体积，mL；

　　　V——接种量，mL。

饮用水以消毒后水样中大肠菌群下降至 0 为消毒合格。污水消毒后，大肠菌群不大于 500 个/L，连续三次采样未检出相应致病菌为消毒合格。

各种致病菌的采样、分离、培养与鉴定，按照传染病诊断、消毒等国家标准和规范，由具备检验资格的专业实验室进行。

4. 手和皮肤的消毒效果检测

1）采样

（1）消毒前采样。

①手采样，被检人五指并拢，用浸有含相应中和剂的棉拭子在手掌面从手指根到手指端（一只手约 30 cm²）往返涂擦两次，并随之转动采样棉拭子。

②皮肤采样，用 5 cm×5 cm 的标准灭菌规格板贴在被检皮肤处，用浸有含相应中和剂的棉拭子在规格板内横竖往返均匀涂擦各 5 次，并随之转动采样棉拭子，剪去操作者手接触部分，其余部分投入 10 mL 含有相应中和剂的采样液。

（2）消毒后采样。消毒至规定的时间后，在另一只手相应部位用棉拭涂抹采样。除用采样液代替 PBS 外，其余步骤和方法与消毒前采样相同。将消毒前后样本于 4 h 内送达实验室进行活菌培养计数以及相应致病菌与相关指标菌的分离与鉴定。

2）细菌总数检验

采样管用力敲打 80 下，用无菌吸管取 1 mL 采样液接种在无菌平皿内，加入已熔化的营养琼脂，摇匀、凝固后放置 37 ℃温度下培养 48 h 后计数。

3）结果计算

细菌总数按下式计算：

$$细菌总数 = \frac{平板上细菌落数（cfu）\times 稀释倍数}{采样面积（cm^2）} \quad （cfu/cm^2）$$

各种致病菌的采样、分离、培养与鉴定，按照传染病诊断、消毒等国家标准和规范，由具备检验资格的专业实验室进行。

5. 餐具消毒效果监测

1）采样

（1）消毒前采样。将 2.0 cm×2.5 cm 灭菌滤纸片放在无菌洗脱液中浸湿，贴在食具表面 5 min 后取下，每 10 张滤纸合为一份样本（相当于 50 cm² 采样面积）。投入含 50 mL 生理盐水（或相应中和剂）的三角烧瓶中。

（2）消毒后采样。消毒至规定的时间后，按消毒前的法采样。除了用采样液代替 PBS 以外，其余步骤和方法与消毒前采样相同。将消毒前后样本 4 h 内送达实验室进行活菌培养计数以及相应致病菌与相关指标菌的分离与鉴定。

2）细菌总数检测

将采样瓶充分振荡后，用无菌吸管取 1 mL 采样液接种于无菌平皿内，加入已熔化的营养琼脂，摇匀、凝固后置 37 ℃培养 48 h 后计数。

3）结果计算

细菌总数可按式（7-2）计算。

4）大肠菌群的检测

取 1 mL 采样液加到相应的单倍或双倍乳糖胆盐发酵管内，置入 37 ℃ 温箱中培养 24 h。若乳糖胆盐发酵管不产酸不产气，则可以报告大肠菌群为阴性。如果有怀疑则进一步进行分离培养。

各种致病菌的采样、分离、培养与鉴定，按照传染病诊断、消毒国家标准和规范，由具备检验资格的专业实验室进行。

6. 注意事项

（1）试验操作必须采取严格的无菌技术。

（2）每次试验均需要与阳性和阴性对照，绝对不可以省略。

（3）消毒前后采样（阳性对照组和消毒试验组）不得在同一区块内进行。

（4）棉拭涂抹采样很难标准化，为此应尽量使棉拭大小、用力均匀，吸取采样液的量、洗菌时敲打的轻重等先后一致。

（5）现场样本应及时检测。室温存放不得超过 2 h，否则应放在 4 ℃ 冰箱内，但是不得超过 4 h。

（6）消毒人员应做好个人防护：一方面可以预防消毒场所污染病原微生物的感染；另一方面防止消毒因子可能对人体造成的伤害。

①应当穿好防护服、靴子，戴好帽子、口罩、手套、防护眼镜等。

②进入 P3 等高危实验室，还应当按照规定做好相应的个人防护。

③在消毒过程中，不得吸烟、饮食；不得随便走出消毒区域，禁止无关人员进入消毒区内。

④消毒后用 0.3% ~ 0.5% 的碘伏等皮肤消毒剂消毒，作用 3 min 后，再用肥皂流水洗手。

⑤消毒工作完毕，对消毒用具等用消毒剂进行擦洗消毒处理。

⑥消毒人员携带回来的污染衣物应立即分类做最终消毒处理。

三、2019—nCoV 消毒效果评价

1. 评价方法

根据 GB 15981—1995 评价。

2. 适用范围

适用消毒剂对 2019—nCoV 消毒后效果评价。

3. 评价方法

采样和检测需要在全身防护的情况下进行，样品检测需要在 P3 级实验室进行。

（1）采样。针对重点污染区选取特征样本，使无 RNA 酶的拭子和储存管进行采样，加入抗生素低温保藏，后送检。

（2）样品前处理。对样品进行洗脱、纯化、离心，取上清。

（3）病毒 RNA 的提取（RT—PCR）。严格按照病毒 RNA 提取试剂盒说明书提取病毒 RNA。

（4）评价标准。

阴性：无 Ct 值或 Ct 值为 40。结论为消毒合格。

阳性：Ct 值小于 37。结论为消毒不合格。

可疑：Ct 值为 37~40，建议进行重复试验，若重做试验的结果：Ct 值小于 40，扩增曲线有明显起峰，该样本判断为阳性，结论为消毒不合格；否则为阴性，结论为消毒合格。

第四节　污染区和疫区的划定

生物恐怖活动，是恐怖势力以直接或间接使用致病微生物，或者通过袭击生物设施及运送工具为手段，对社会公众实施袭击或恐吓，从而达到制造广泛影响、引起社会动荡的一种恐怖活动样式。防化兵在参加反生物恐怖行动中，应当充分利用编配的取样、分析检测仪器设备，深入恐怖袭击现场，实施快速取样，协同卫勤人员准确分析检定，查明袭击事件性质；提出防、消、救等对策建议，组织对源区管控；集中洗消力量，组织对受染人员、装备和场所等进行彻底洗消去污。大规模的疫情爆发，通常是由于自然或人为因素，致使生物病毒、细菌变异入侵人畜并交叉感染引起的，其危害范围广、侵害对象多。防化兵在大规模疫情防控行动中，主要是协助地方防疫部门及时掌握疫情，迅速控制传染源，切断生物媒介传播链。重点担负的任务是：通过运用生物危害信息评估系统，对突发疫情危害范围、人员伤害等情况进行评估预测；通过设立监测网系，对疫区进行实时监测，随时获取疫情扩散数据；会同卫勤力量和地方有关部门，对疫情传播媒介进行扑、杀、打、埋；利用防疫车、喷洒车等实施消毒灭菌等行动。

一、定义

1. 污染区

广义地说，生物武器袭击的污染区是指生物战剂气溶胶污染而形成的对人群造成危害的区域范围；当通过投放媒介昆虫、动物和其他生物战剂载体物进行生物武器袭击时，污染区还包括投放媒介动物分布及其活动而使污染扩散，对人体有害的区域范围。

2. 疫区

疫区是指在遭受生物武器袭击后，造成传染病发生和流行时，患者（病畜）发病前后居住和活动的场所，包括家庭、院落、工作场所等；也就是指患者排出病原体污染的范围，以及可能与患者密切接触者涉及的范围。在实际情况发生时，根据病原体的特点、传播方式等进行划定。烈性传染病，特别是呼吸道传播疾病，疫区范围要适当划得大一些，同时要注意包括所有可能的污染源。使用生物毒素的袭击，因其毒素危害无传染性，则一般不划定疫区。

二、污染区和疫区的划定

生物战剂污染的能力和范围，受生物战剂自身、施放方式、施放时温度和风力的影响。当场馆、商场、办公场所、地铁、车站等室内或相对封闭的场所遭受生物武器袭击时，整个场馆、建筑、地铁线路均应视为污染区。当敌人在室外环境施放生物战剂时，污染范围与施放方式以及施放时的气温、风向和风力等气象条件，地形、地貌等因素密切相关。如果敌人通过投放媒介昆虫、动物及杂物进行生物袭击，其污染范围一般依据这些投放物的分布情况而定；同时，应当考虑到昆虫、动物的本身活动范围及投放后的持续时间。对于媒介昆虫和动物来讲，投放后持续时间越长，它们的活动范围可能就越大，污染范围也就越大。但是要注意，疫区划定应该适当、合理，不能过大或过小。如果过大即难以处理，也会对当地居民的正常生活造成不必要的影响；如果过小就不能杜绝疾病的扩散，甚至引起更大范围的流行。确保疾病不外传、疫情不扩大是划定疫区的原则。

1. 污染区的划定

1）生物媒介污染区的划定

攻击一方投下昆虫、动物、杂物的污染区，大部分划在敌人投掷容器或撒布地点周围不远的地方，或者投下的生物活动的地方。一般昆虫（如蚤类）、田鼠活动范围不大，其污染区即可划在发现这些动物的地点。对于蚊类，划定污染区时则应将其飞行距离考虑在内。例如，伊蚊每日飞行约100 m，库蚊约1 km，平均每周2~3 km。个别蚊在一个月内飞行最长可达17.5 km。如果能早期发现，昆虫的污染区就不会太大。

2）生物剂气溶胶污染区的划定

微生物气溶胶污染区的划定，根据美国陆军生物学研究所的试验结果，在7.55 km/h风速下，海岸3 km外一艘喷洒气溶胶的船在沿海岸行进的3 km行程中喷洒一条气溶胶线源。在该线源下风的35 km处，如果一个人每分钟呼吸15 L空气时，他就可能吸入100~1 000个感染剂量的微生物气溶胶（图7-3）。由此可见，气溶胶污染范围比昆虫、动物的污染范围大得多。

现将美国陆军野战手册 FM-21-40（1972 年版）中关于生物武器污染区（微生物气溶胶污染区）的划定方法介绍如下：包括点源释放（小生物弹头攻击）的污染区的划定，以及空中线源释放（飞机喷洒）的污染区的划定。点源释放污染区的划定：点源释放是在目标区一个点内直接投掷装有生物战剂的炸弹、航弹或各种气溶胶发生器，产生生物战剂气溶胶以达到杀伤之目的。此种划定方法一般用于风向不稳定或不能预测时。污染区的划定方法为：

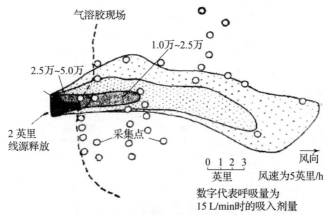

图 7-3　美国在沿海地段释放模拟剂气溶胶的污染范围

（1）在地图上找出弹着点（又称释放点），做一个记号，用透明纸盖上，再在地图的记号上画个"+"字。然后根据当日天气预报或当日的风向，从弹着点画一条直线（称为风向线），使之长约 30 km（按地图比例计算）。

（2）以释放点为圆心，以 5 km 为半径画一个圆，在与风向线垂直处画出该圆直径，与圆周交于 A、B 两点。

（3）在 A、B 两点各画一条该圆的切线和风向线平行。从这两条切线在 A、B 处各向外转 20°角，再各画一条线，长约 30 km。

（4）按地图比例尺将风向线按千米标明距离，直到 30 km 处。

（5）再以释放点为中心，10 km 为半径，画一更大的同心圆，重复步骤（2）（3），并在外圆的圆周上，每 45°画一个标记，以便将来容易寻找具体的地点（图 7-4）。

按下列公式计算点源施放的下风污染距离 L：

$$L = 风速 \times 气溶胶云团的危害时间 \quad (km)$$

式中：风速的单位为 km/h；气溶胶云团危害时间的单位为 h。

3）空中线源释放污染区划定

线源释放是在目标区上风向一定的距离处，用飞机喷一条与风向垂直的生物战剂气溶胶带，依靠风力覆盖目标区。此种方法一般用于风向稳定，需要大面积污染时，其污染区可以直接画在位置图上。

（1）在位置图上，按该图比例尺，对每一架飞机都画一条约 100 km 的喷洒线。画线时应根据空情确定飞行路程和走向。在喷洒线中点，根据当天的天气预报或当天的风向，画一条风向线，一般与喷洒线垂直。

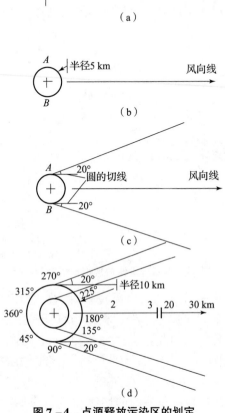

图 7 - 4　点源释放污染区的划定

（2）在喷洒线两端（图 7 - 4）A、B 处各画一条喷洒线的垂直线与风向线平行，并且需要与它同一个方向。

（3）在两条垂直线外侧，从 A 和 B 两点各画一线与垂直线呈 20°角，并将外线延长。

（4）根据公式计算出下风方向同的污染距离；按这个距离在风向线上找出一个点，并通过这个点画一条与风向线垂直（与飞行线平行）的横线，使该横线两条外线延长交叉于 C 和 D 两点。

（5）从地图上找出喷洒线和横线交叉的两端的 A、B、C、D 点的真实地点。这四个点中间的范围就是空中线源释放的污染范围。按下式计算空中线源施放时下风污染距离：

$$L = 风速 \times 气溶胶云团危害时间 \times 4 \quad (km)$$

式中，常数 4 为风速因数，即由平均地面风速换算成运送风速的因数。

　　根据长度 L，自喷洒线中点在风向线上找出一个点，通过此点画一条风向线的垂直线，与扩散边界线相交于 C、D 两点。A、B、C、D 四点连线构成的区域即空中线源施放气溶胶的污染范围，如图 7-5 所示。同样，在风向不稳定或地形变化很大时，应及时予以修正。

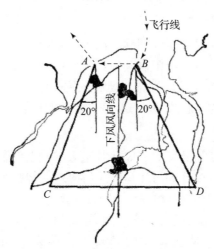

图 7-5　线源释放污染区的划定

　　2. 疫区的划定

　　疫区是指生物战剂所引起的病人在发病前后居住和活动的地方，如家庭、院落、办公室、部队班排宿舍等。

　　疫区一般根据病人居住的具体情况划定，主要是病人及其密切接触者经常居住的房间、院落、建筑物单元。也要根据生物战剂的传染性，如烈性传染病、鼠疫、天花、霍乱等，疫区就要稍大一些；天花疫区应包括病人发病前和发病时所住的整个建筑物或院落；霍乱应包括院落和病人用的水塘、水井；鼠疫应包括整个街道或自然村。人与人之间传染性不大的疾病，如炭疽、类鼻疽，疫区只包括病人住过的房间。疫区不应划得过大，过大不容易处理疫情问题，有时会影响社会生产和居民生活；也不宜太小，太小会使疾病传出、扩散，应以保证不至于将生物战剂外传为原则。

　　根据生物战剂的不同种类，其疫区的范围也有所不同。

三、污染区和疫区的处理

　　对于污染区和疫区要根据具体的情况进行处理，防止生物战剂和所致疾病的传播和蔓延。

1. 封锁

对于非重要的污染区域进行封锁，待其自净。封锁时间根据生物剂的施放方式及生物剂的种类而定。一般微生物气溶胶污染空气的自净时间在晴朗的白天为 2 h，夜间或阴天为 8 h。对于地面和物体表面的污染自净时间要稍长一些；对于某些种类的致病微生物如炭疽芽孢则必须经消、杀、灭后才能解除封锁。封锁时间一般为生物战剂所致疾病的最长潜伏期。

2. 医学观察与留验

对于污染区内可能受到生物剂感染的人员均应进行医学观察。对于一般传染病原体的接触者，可不必限制其在污染区内的活动；对于烈性传染病病原体接触者进行留验时，不得与外人接触。观察与留验的期限，从最后一名病人隔离时算起，应为生物战剂所致疾病的最长潜伏期。

3. 隔离

在对污染区、疫区的处理中，应针对病人，根据病种和当地情况对病人在其居住地、传染病医院或临时隔离所进行隔离。隔离期相当于该病的最长潜伏期，或连续三次微生物学检查均为阴性为止。

隔离区的划定：设立红线、黄线和绿线隔离区。

（1）红线（热区）是紧邻事故污染现场的地域，一般用红线将其与其外的区域分隔开来，在此区域救援人员必须装备防护装置以避免被污染或受到物理损害（图 7-6）。

红色警示线　　禁止进入提示线
图 7-6　隔离区的划定

（2）黄线（温区）是围绕热区以外的区域，在此区域的人员要穿戴适当的防护装置避免二次污染的危害，一般以黄线将其与其外的区域分隔开来，此线也称为洗消线，所有离开此区域的人必须在此线上进行洗消处理（图 7-7）。

黄色警示线　　有害区域提示线
图 7-7　黄色警示线与有害区域提示线

（3）绿线（冷区）在洗消线外，患者的抢救治疗、支持指挥机构设在此区。事故处理中要控制进入事故现场的人员，公众、新闻记者、观光者和当地居民可能试图进入现场，防止对他们本人和其他人带来危险。所以，首先要建立的分离线是冷线（绿线），控制进入人员（图 7-8）。

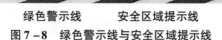

绿色警示线 　　　 安全区域提示线

图7－8　绿色警示线与安全区域提示线

根据遂行生防任务需要，生物防护行动可分为迹象判定、技术侦察、源区管控、采样检测、污染规避和消毒灭菌6个方面。

四、生物防护行动

（一）迹象判定

迹象判定是为可疑生物战特征迹象进行的侦察行动，对概略判定生物战剂种类、快速查明袭击性质将提供重要依据。实施迹象判定时，既要利用红外或微光夜视器材进行观察，也要利用光学目视装置进行观察，还要利用野战就便器材进行初步判定；既要注重整个观察地域或空域的观察，又要加强对主要方向、重点目标的观察。迹象判定通常包括空情侦察、地情侦察和疫情侦察三种方式。当发现可疑征候时，应结合敌我势态、地形、气象，与现地法定传染病统计、病媒动物分布、自然疫源地监控及大气环境监测数据等情况进行比对分析和判断，并通过新建的生物防护预警报知系统，适时发布生物袭击预警信息。

（二）技术侦察

技术侦察是生防分队利用制式的生物战剂侦察、报警类先进装备，对受染的空气、水源、土壤、沉降物、动植物分泌物等进行初步侦察，确认生物战剂种类，概略判定生物战剂浓度，为组织污染规避和人员救治行动提供重要依据。实施技术侦察时，可自动报警生物袭击信息，并通过数传装置与生物防护预警报知系统相连，适时发布生物战剂种类等信息。此外，还应当会同卫勤和地方环保力量，对危害范围和危害浓度实施不间断的监测，为决定解除和开始防护时机提供可靠的依据。

（三）源区管控

根据生物袭击（疫情）的种类、方法与现场气象条件，划定生物战剂气溶胶或带菌媒介动物所造成的重点危害范围，并派出警戒力量对污染源区进行控制。在封控时，对罕有人员活动的重点污染区域，通过设岗哨与特殊标志牌（带），禁止人员进入；在交通要道与人群聚居处，应当协助卫勤力量设立检疫站，限制封锁区人员出入，采取防疫措施，监督离开者进行洗消处理。此外，可视情协助其他力量对重度污染区内伤员进行抢救及现场处置等任务。

（四）采样检测

采样检测是利用生物战剂采样类器材，采集可疑的生物战剂气溶胶、疫区沉降物、沾染物和媒介物，并利用生物检验类装备器材，对其进行技术分析和检定。采样通常在迹象侦察行动的同时展开，主要由生防分队负责，也可由防化兵等其他分队承担。由于其技术难度较大，对样品保存的温度、湿度、容器及保存剂的选择等，都有非常精细的要求，以免样品中的生物战剂死亡或丧失活性；要对样品进行合理分类、包装和标识，迅速送交进行检验。在生物检验和评估结果确定后，应当迅速组织对疫区、隔离区、缓冲区和安全区进行标志，重点标志主要通路，并且利用生物防护预警报知系统发布标志信息。

（五）污染规避

对人员呼吸道和体表进行防护是污染规避的重要内容。在疫区，防化兵应当重点指导人员利用佩戴防风眼镜、防毒面具、专用口罩，扎紧袖口、领口、裤脚口等方法，进行器材防护和机械、药物驱避防护等；同时，应教育督促人员尽量减少与隔离人员、物品的接触，并在防疫力量指导下注射预防疫苗。对武器装备、物资器材特别是精密设施设备等的规避，通常采取工事掩蔽、加装防护罩等防范措施进行。此外，还负责指导合成军和群众遭生物袭击时的污染规避行动。

（六）消毒灭菌

消毒灭菌是生物防护行动的重点环节，其结果将直接影响到战斗力的恢复及疫区环境恢复；消毒灭菌力量通常由生防灭菌、喷洒、淋浴分队编成。消毒灭菌方法分为物理和化学两种：物理法主要包括溶剂清洗、铲（擦）除、掩埋等方法；化学法是利用化学反应实施的消毒方法。根据具体任务，用制式的灭菌装备器材，采取直接喷洒、喷枪冲洗、喷刷擦拭、简易喷淋、手工擦拭、空气熏蒸等方法进行消毒灭菌。对人员、装备或物资器材实施消毒灭菌，以开设洗消站和机动灭菌的方式进行。对场所及受染空气实施消毒灭菌，通常采取分片、分段、分目标的方式实施。对道路实施消毒灭菌时，应根据道路的长度、宽度、数量、路面状况和污染程度，合理使用力量。

第八章

生物武器的防护与预防

生物防护是综合性的系统工程，包括五个关键环节：侦（察）、检（验）、消（毒）、防（护）、（伤员救）治（图8-1）。本章所指的防护是指在事发前和事发后所采用的避免、减轻污染和感染的措施，包括非医学手段和医学手段。

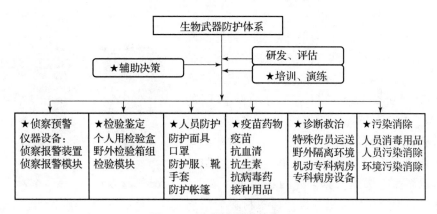

图8-1　生物武器防护体系

非医学手段指利用物理措施将人体与污染的外环境隔离开，以避免人体受感染的物理防护措施；医学防护措施指通过疫苗、抗血清或药物来预防或减轻损伤，减少发病或死亡。

第一节　物理防护

物理防护是通过适当的防护用品和装备实现的。在有准备和来得及的情况下，往往采用效果可靠的制式装备；在紧急情况下，也可以采用附近的简易用品进行防护，达到尽量避免吸入、食入和通过皮肤黏膜感染的目的。

一、防护装备

防护装备主要指用于个人和集体避免污染的防护装备，分为个人防护装备（personal protective equipment）和集体防护装备（collection protective equipment）。个人防护装备，包括个人用防护面具、口罩、眼罩、手套、防护服及防护靴等用于保护口鼻、皮肤和黏膜的用品用具；集体防护装备，包括帐篷、方舱等移动式遮蔽掩体，以及用于保证一定空间封闭式建筑物和空间内环境不受生物污染的空气过滤装置以及隔离用防护门窗等。

（一）个人防护装备

个人防护装备用来保护呼吸道、面部、眼、手和身体其他暴露部位，防止污染的空气、液体通过吸入或经口感染，或通过皮肤、黏膜感染。

1. 呼吸道防护装备

呼吸道防护装备包括生物防护口罩、防护面具等。

1）生物防护口罩

以高效过滤材料为保护层的一种能滤除直径 0.3 μm 以上颗粒达 99.5% 的高效防护口罩（图 8-2）。它对微生物气溶胶的滤除率高达 95% 以上。目前，劳动防护用的 N95、N99 口罩和军事医学科学院微生物流行病研究所研制的 S-2003-A 生物防护口罩是较理想的用品。S-2003-A 生物防护口罩周边有垫圈，鼻梁处的垫圈可以调节，加强脸型适应性和密封性。口罩材料为三层结构，对直径 0.3 μm 微生物气溶胶粒子的

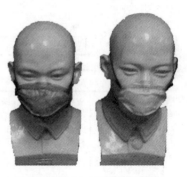

图 8-2　生物防护口罩

滤除率高达 99.52%。这类防护口罩使用简单、携带和处理方便，适用于在生物污染严重的环境工作的人员的呼吸道防护，包括现场处置、防疫和临床救护人员等。

注意事项：防护口罩本身具有一定的粒子过滤和防护作用，但是佩戴要正确，特别是要与面部密切接触，不留缝隙。如果出现图 8-3 所示的情况，与面部结合不紧密，口罩周围，特别是鼻梁处、面颊、下颚等部位留有缝隙，则起不到防护作用；同时，缝隙处的气体流速快、流量大，实际上增加了吸入污染的危险性。

有些生物防护口罩或面具会在口罩、面具等器具所含材料中添加某种抗菌成分，赋予口罩主动抗菌功能。

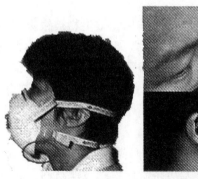
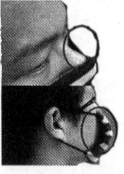

图 8-3 防护口罩的不正确佩戴

（1）纳米银抗菌。纳米银，是利用前沿纳米技术将银纳米化，即将粒径做到纳米级的金属银单质。纳米银粒径一般为 25~50 nm，大多数为 25 nm。纳米银颗粒通过超强的渗透性，可迅速渗入皮下 2 mm 处，纳米银颗粒与病原菌的细胞壁/膜结合后，能直接进入菌体。纳米银颗粒利用专利技术加有一层保护膜，在人体内能逐渐释放，所以抗菌持久，粒径越小，杀菌性能越强。

杀菌的主要机理如下（图 8-4）：

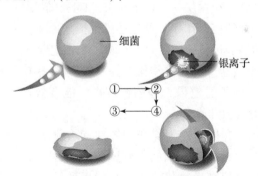

图 8-4 银离子抗菌过程

①干扰细胞壁的合成。细菌细胞壁的重要组分为肽聚糖，银离子抗菌剂对细胞壁的干扰作用，主要抑制多糖链与四肽交联，从而使细胞壁失去完整性，失去了对渗透压的保护作用，损害菌体而死亡。

②可损伤细胞膜。细胞膜是细菌细胞生命活动重要的组成部分，因此，如细胞膜受损伤、破坏，将导致细菌死亡。

③抑制蛋白质的合成。蛋白质的合成过程变更、停止，使细菌死亡。

④干扰核酸的合成。总的来说，是阻碍遗传信息的复制，包括 DNA、RNA 的合成，以及 DNA 模板转录 mRNA 等。

⑤能直接进入菌体，迅速与氧代谢酶的巯基（—SH）结合，使酶失活，

阻断呼吸代谢使其窒息而死。

银对液体中的微生物具有吸附作用，微生物被银吸附后，起呼吸作用的酶就失去功效，微生物就会迅速死亡。银离子的杀菌能力特别强，每升水中只要含亿万分之二毫克的银离子，即可杀死水中大部分细菌。美国一位科学家曾做过试验，他将4.5 L的污水（每毫升含大肠杆菌7 000多个）经过3 h的银电极处理后，所有大肠杆菌全部死亡。伤寒菌在银片上只能活18 h，白喉菌在银片上只能活三天。

最近，国内研发的几款抗病毒的口罩多是采用添加纳米银的方法制备的。如使用纳米抗菌纤维加工成无纺布制作口罩过滤材料，起到过滤和抗微生物的双重作用，对细菌真菌等微生物有强大的抑制杀灭作用。中国台湾银嘉公司研制的溅镀纳米银无纺布，已通过华南农业大学对"H5N1亚型禽流感病毒"抑制效果试验，效果较好，该公司已将其加工成抗病毒口罩。中国科学院理化技术研究所、军事医学科学院微生物流行病研究所等单位采用含银纳米材料技术和纳米复合技术，研发了高效安全抗病毒口罩。

（2）抗菌剂抗菌。据报道，许多病毒包括流感病毒都与人类细胞膜表面的唾液酸残基末端相结合。Filligent生物科技公司采用该技术研发了防传染医用口罩"BioMask"。其抗菌层——BioFriend（TM）纺织物中的接合剂正是模拟了唾液酸与流感病毒的接合作用，首先通过模拟病原体附着的人类细胞的部位来捕获病原体；然后通过破坏其表面（病毒）和细胞壁（细菌）来消灭它们。

（3）有机硅季铵盐。有机硅季铵盐是一类新型阳离子表面活性剂，具有耐高温、耐水洗、持久的效果，抑菌范围广，能有效地抑制革兰氏阳性菌、革兰氏阴性菌、酵母菌和真菌。

其杀菌机理：以有机硅作为媒介，将具有杀菌性能的铵阳离子基团强有力地吸附于细菌的表面，改变细菌细胞壁的通透性，使菌体内的酶、辅酶和代谢中间产物溢出，使微生物停止呼吸功能而致死，从而达到杀菌、抑菌的作用，即发生了"接触死亡"。

有机硅季铵盐除了具有优异的抑菌抗菌性外，还可以用于织物亲水整理并且赋予织物良好的柔软性、回弹性、平滑性和明显的抗静电效果。

（4）卤胺盐。卤胺（N - halamine）是一类含有氮卤（N - X）官能团的有机化合物。通过共价键结合在氮原子上的卤原子由于带有正电荷而具有氧化性。根据它们的化学结构，卤胺化合物可以分成三类。

抗菌机理：卤胺化合物的杀菌功效是通过整个卤胺分子和有害微生物细胞接触的方式来实现的，也有可能是通过释放出氧化性的卤正离子，然后转移到微生物细胞上来实现的。卤胺类化合物在杀灭细菌和病毒的过程中，氧化态卤原子被消耗导致卤胺分子中的N—X键转变成N—H键而失去活性，但是经过浓度很稀的漂白液（有效成分为次氯酸盐）简单漂洗后，其中的 N−H 键又可以被氧化为 N—Cl 键而重新获得杀菌功能。

抗菌性能优异广谱，可以在很短的时间内杀死绝大部分葡萄球菌、大肠杆菌、绿脓假单胞菌等常见病菌，甚至对某些病毒也有杀灭作用。

一些新颖的带有键合基团的卤胺前置体已被成功接枝到各种基体材料如棉纤维、硅胶、聚苯乙烯树脂、聚乙烯、聚氨酯等的表面来制备各种抗菌材料和产品。

小分子卤胺化合物虽有着良好的稳定性和很强的抗菌性，但是由于其不能直接被固载到各种基体材料的表面以形成非溶出型抗菌材料或各种需要抗菌功能的材料上，从而使其应用范围受到很大限制。该领域的科学工作者首先通过合成带有键合基团的卤胺前置体，然后把其键合于相关载体或待杀菌材料表面上，最后通过和次氯酸盐作用而获得非溶出型卤胺抗菌材料或产品，这样就能大大拓宽卤胺抗菌材料的应用范围。

作为高级别医用防护用品，生物防护口罩可以防止病原菌进入人体呼吸道以保护人体不受感染。评价口罩防护性能的指标主要是过滤效率、呼吸阻力和密合度。过滤效率表征口罩对微生物气溶胶等的防护性能，是口罩的关键性指标之一，过滤效率的高低直接影响着佩戴者的安全。然而，呼吸阻力通常与过滤效率成正比，纤维越细，过滤材料的比表面积越大，过滤效果越好，但是呼吸阻力也会随之增大。除此以外，在使用过程中不断有颗粒物沉积在口罩表面，也会造成呼吸阻力的增加，使人感觉呼吸困难。所以，在保证过滤效率的同时也要考虑口罩的呼吸阻力。口罩防护效果的另一影响因素是防护口罩面部密合度，通常用泄漏率表示。密合度越高，则泄漏率越低。

为了使生物防护口罩更符合人脸形特征，将脸形测量数据进行四分位处理，以颧点距和形态下面长 3/4 分位为最大型号的基本设计尺寸。一般可以设计大、中、小三个型号，以适应更多的人群。为了提高口罩的密合度，降低泄漏率，人们采取了一些措施，如在鼻梁部采用可调节的双层反向锯齿形密封结构；采用可以延长至自身 1 000% 的弹性体作为口罩的密封圈；采用膨胀材料来做口罩的密封结构，其提高了口罩的防护性能，而且使用方便；采用软的弹性包装，该弹性包装内装有凝胶物质，可以提高人员佩戴的适合度和佩戴的舒适性。另外，在佩戴一种新口罩前，应当按照密合性和泄漏率检验程序，选择适合于佩戴者脸型的口罩，以增加密合性，减少泄漏。

2）防护面具

该防护面具是一类比防护口罩保护面积更大的制式防护装备，与防毒面具相似，对头面部实施有效防护，保护鼻、眼、口、耳和头颈部皮肤（图 8−5）。

图 8 – 5   防护面具与防护服

实际上，一些防毒面具多数有过滤细菌的功能，在过滤材料有效时间内提供防护生物气溶胶的效能。有的防护面具可用于核、化学和生物三种污染环境的人员防护。

防护面具由罩体和空气滤器（高效粒子过滤功能）组成，由于罩体与人的面部结合紧密，不漏气，吸入的空气都经过高效过滤器。

使用者可以根据自己的情况选择适合的防护面具。防护面具还具有良好的视野。

注意事项：防护面具有很多种，应根据性能选择使用。要注意更换消耗部件，按照使用说明书使用，确保过滤材料在有效期内，保证防护效果。

3）防护面罩

图 8 – 6 和图 8 – 7 所示为简易的正压防护面罩。图 8 – 6 所示的防护面罩带有供气装置。图 8 – 7 所示封闭式的面罩上装有空气过滤阀门，利用佩戴人员自身的呼出气体，使得防护面罩内充满气体而形成正压，当压力达到一定数值时，气体自动排出防护面罩之外，适用于应急救护或逃生时短时间使用。

图 8 – 6   带供气装置的
　　　　　正压防护面罩

图 8 – 7   带空气过滤装置
　　　　　的正压防护面罩

2. 皮肤、黏膜防护用品装备

1）眼罩

用于保护眼睛不受感染。眼罩有多种形式，简易型的眼罩只能防止液体飞溅入眼，不能防止气溶胶的进入（图8-8）。气密性好的眼罩能与面部结合紧密，既能防止液体飞溅入眼，又能防止气溶胶的进入，有些类似于游泳防水镜，而且容易消毒。使用者可以根据实际需要进行选择。

2）手套、靴及鞋套

手套种类较多，常用的有短筒医用手套、长臂厚橡胶手套等，甚至一次性手套也可短时用于防护。使用者可以根据防护对象进行选择。严重污染环境和实验室进行微生物培养操作、诊断等工作时，可以选择医用手套，捕捉野生动物、饲养试验动物（包括感染动物）时应选择长臂厚橡胶手套（图8-9）。

图8-8　防护口罩和防护眼镜　　　图8-9　防护手套、靴、鞋套

有条件时，应该穿防护靴，尤其是穿正压防护服时。使用塑料薄膜制成的鞋套，也可达到一定的防护目的。

注意事项：

①防护眼镜和手套受到污染时，摘下防护镜和手套，尽快先对外表面进行化学消毒，要避免污染内面和体表。

②防护靴和鞋套都应覆盖裤脚口。

3. 全身防护装备

1）隔绝式防护服

从形式结构上，隔绝式防护服通常可分为连身式和两截式两种。隔绝式防护服有良好的防护性能，可以对液滴状、气溶胶状的战剂进行有效防护。但是，由于这种防护服在阻止了战剂的同时，也可以阻止空气和水蒸气的透过，几乎没有散热和透湿作用，穿着也很笨重，使人员的作战能力丧失。因此，隔绝式防护服的应用受到限制。

　　制式的隔绝式防护服通常采用丁基胶或氯化丁基胶的双面涂层胶布制成，对生物致病微生物和毒素均有较好的防护能力，并具有良好的耐寒、抗老化、耐洗消等性能。隔绝式防护服和防护面具、防护手套、防护帽垫配套使用时，能使人体全身表面达到有效的防护，具有较高的气密性，是一种可靠的皮肤防护器材，适用于对大量的生物战剂在短时间内进行处理的场合。采用隔绝式防护服的最大问题是，制作隔绝式防护服所用的材料不透气。因此，穿着隔绝式防护服的人员虽然是非常安全的，但是在炎热条件下使用时，汗水蒸发受到阻碍，人体容易因过热而中暑。在要求长时间工作的情况下，必须改善防护服的生理穿着性能。通常配有吸水性能好的轻质材料制成的湿罩服，使用时应当泼上冷水，套在防护服的外面，利用水的蒸发带走热量，可以延长穿着时间 3 ~ 4 倍。此外，还有带微型滤毒通风装置的供气式防护服、带冷却服或冷却背心的防护服、带微气候控制装置的热平衡防护服，以及在防护服的局部开有通风栅口并覆盖滤毒材料的部分透气防护服，这些防护服结构复杂、笨重、造价昂贵，只能在某些特殊情况下使用。

　　2）透气式防护服

　　透气式防护服是由能透气的材料制成的防护服装，通常由外层织物、吸附层和内层织物构成，能够阻挡雾滴状和蒸气状毒剂渗透，避免与皮肤接触引起人员中毒，又能够使人体产生的热量和水汽散发，让人感到凉爽，达到防毒、透气、散热的目的。另外，该防护服还具有伪装、防雨、阻燃、防光辐射等功能。透气式防护服可以作为普通军服或作战服穿着，是特别适宜合成军使用的一种防护服（图 8 - 10）。

图 8 – 10　身着透气式防毒服和面具的士兵

　　透气式防护服对各种皮肤作用性毒剂（主要是芥子气、梭曼和 VX）的蒸气和雾滴都有较好的防毒能力，并且对毒剂液滴在外压作用下透过织物的压透现象具有一定的耐压透能力，能够满足军服的强度、柔软性、透气性和重量等基本要求，还具有伪装、防雨、阻燃等性能，必要时可以作为战斗服使用。

　　德国的萨拉托加防护服采用微球形活性炭作为吸附剂，具有防毒能力好、强度高、透气性好、穿着舒适等优点（图 8 - 11）。日本用碳纤维制成透气的防毒材料，由于不使用黏合剂，

图 8 – 11　德国防毒服

其透气性能和吸附性能显著提高，可以代替粘炭织物作为防护服的内层材料。

3）生物专用防护服

生物专用防护服是防止病原微生物污染或传染病媒介动物叮咬的服装，一般在生物战剂污染区或疫区穿着。该防护服一般用质密并耐消毒处理的棉布制作，分为连身式和分截式两类。

防护服表面褶皱少，无装饰物，以减少微生物与媒介动物的藏匿，并便于消毒处理。为了保持密闭性能，开口处通常装拉链，颈部安有扣带，袖口缝以松紧带或系带。防护服在穿用后，应及时用煮沸或化学药物浸泡方法进行消毒处理。

（1）抗菌材料。

①抗细菌薄膜。随着公众健康意识（如疾病传播、交叉感染、微生物产生的臭气）的增强，抗菌材料的应用越来越多。目前，这些新型抗菌材料在运动服、内衣及其他与健康相关的产品中得到很多应用，在医用防护服中的应用尤其值得关注。与此同时，也开发了多种抗菌产品的生产途径，如采用添加微生物不能透过的整块聚合物薄膜或涂层的物理加工方法，该加工过程可以通过控制微孔薄膜的孔径尺寸，以限制病原体和病毒的渗透；也可以通过添加抗菌剂等化学方法，如在基质表面或者内部施加抗菌剂来杀灭或者抑制细菌的生长。

纺织面料通常采用的抗菌剂有抗菌素、银离子、季铵盐，以及N－卤胺盐。含氮－卤键的化合物可作为氧化剂使用，是一种性能优异的抗菌素。创新的4－咪唑啉酮衍生物的抗菌性能也已投入研发。N－卤胺和环胺如噁唑烷酮和咪唑啉酮已用于水的净化以及纺织品的抗菌整理剂。其抗菌机理是N－卤胺中的卤正离子直接转移至细菌细胞中的生物受体。杀死病菌后，化合物经可释放出卤素的试剂处理，如次氯酸盐溶液漂洗后，重新获得杀菌功能。

为了提高抗菌产品的抗菌性能，采用N－卤胺制备了抗菌微孔薄膜。如果将2,5,5-四乙基4-咪唑啉酮（TMIO）接入到微孔聚氨醋薄膜中，以锡为催化剂，将聚氨酯催化生成带六甲基二异氰酸酯基（HMDI）官能团，TMIO再与HMDI进行反应，得到TMIO改性的聚氨酯薄膜。再经过氯化处理，可以得到氯化TMIO改性聚氨酯薄膜。革兰氏阴性菌大肠杆菌和革兰氏阳性菌金黄色葡萄球菌与该薄膜接触处理2 h后大大减少，表明微孔薄膜具有很好的抗菌性能，而且透气性能良好。

若在静电纺丝溶液中添加N－卤胺，则可以制备抗菌纳米纤维薄膜。N－卤胺通常带有一个或多个亚胺、酰胺或者胺的卤胺键。研究发现，N－卤胺的抗菌能力依次为亚胺＞酰胺＞胺。在尼龙6的纺丝原液中，以88%甲酸为溶剂，通过添加不同结构的N－卤胺，制备了系列抗菌材料。N－卤胺可以是带亚胺和酰胺卤胺的氯化 5,5-二甲基海因（CDMH），也可以是带酰胺和胺基卤胺的氯化 2,2,5,5-四甲基 4-咪唑啉酮（CTMIO），或者是带酰胺卤胺和长链烷基的氯化 3-十二烷基-5,5-二甲基海因（CD-DMH）。这些 N-卤胺均匀地分布在纳米纤维薄膜中，纤维尺寸为 100~500 nm。将纳米薄膜接触大肠杆菌或者金黄色葡萄球菌，即使接触时间仅为 5~40 min，细菌也可以大大减少。该抗菌材料的杀菌能力主要取决于 N-卤胺的活性和氯含量，在相同的氯含量下，CDMH 的杀菌效果最好，时间最短。提高静电纺丝原液中 N-卤胺的用量，抗菌速率和效率都得到提高。在以 CDMH 和 CTMIO 为抗菌剂时，试验中观察到有少量的甲酸渗出，而 CDDMH 则无甲酸渗出。

在静电纺纳米纤维薄膜中添加 N-卤胺具有如下优点：由于是在纺丝原液中添加抗菌剂，因此只需要一步即可完成，以较低的生产成本即可获得抗菌性能。由于 N-卤胺系添加在纤维内部，因此其氯含量高于纤维表面处理工艺，而且其抗菌性能持久。

②抗真菌薄膜。人们已经开始意识到室内空气质量对健康的影响。室内空气污染物的来源有多种，包括加热制冷系统、霉菌等。常见的影响室内空气质量的霉菌有青霉菌、枝孢菌、曲霉菌、链格孢菌和毛霉菌，它们产生的挥发性代谢物会诱发呼吸系统综合征，如哮喘、支气管炎和鼻炎等。在医院，对免疫缺陷的病人，曲霉菌的入侵将会导致致命的感染，曲霉菌孢子会使这些病人产生致命的肺部感染。研究人员发现，服装在孢子的传递和释放中起到非常重要的作用。孢子在服装上的滞留和释放主要取决于纤维的表面形态、含水率，以及织物上暴露的纤维表面积。棉纤维的物理结构可以成为孢子的天然储存设备（图 8-12）。

图 8-12　棉纤维上的黑曲霉孢子

改善室内空气质量和控制感染的有效途径主要有控制源头、稀释污染物，或者采用抗菌材料和工艺。例如，采用来自植物的天然抗菌产品作为抗菌剂对纤维进行整理或涂层，或者在纤维的生产过程中添加，以获得抗真菌效果。通常在醋酸纤维纺丝原液中添加抗菌剂皂草苷来生产具有抗菌效果的纳米纤维薄膜。皂草苷具有强烈的抗菌和杀菌效果（图 8-13）。

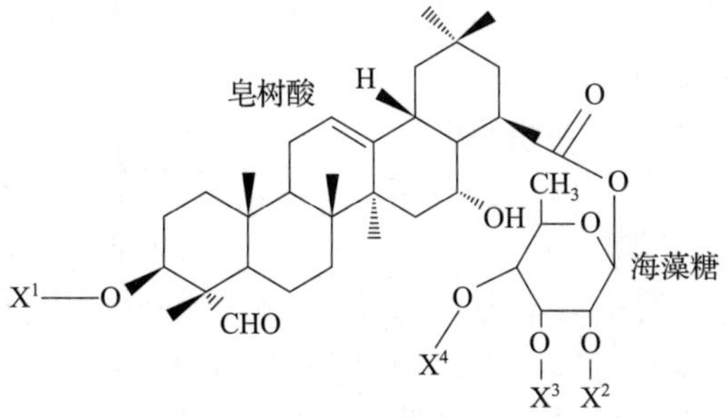

图 8 - 13 皂草苷的化学结构

在醋酸纤维素的丙酮/二甲基甲酰胺/水溶液中，添加 1.5% 的皂草苷生产静电纺纳米纤维。将这些纳米醋酯纤维素纤维网采用 0.05 mol/L 的 NaOH 在甲醇溶液中脱乙酰化，得到负载皂草苷的纤维素纳米纤维薄膜。该薄膜对娄地青霉菌和赭曲霉菌的抑制率可分别达到 84.6% 和 53.4%。因此，负载皂草苷的纳米纤维薄膜可应用于家用和医用领域。

（2）防护服原材料的技术动向。

①选择性透过膜。用于核化生防护服的选择性透过膜能防止环境中的化学毒剂和生物战剂透过，而允许衣服内的水蒸气透过并向体外排出。作为防护服原材料使用时，将选择性透过膜夹在保护层中，其日透湿性达到 3 500 g/m²，而且有望更高。与此同时，有可能去掉原来防护服中使用的活性炭等吸附剂，这样就有望大幅度降低防护服的质量以减轻生理负担。

②纳米纤维材料。纳米纤维是直径为 1 nm 到几百纳米，纵横比为 100 ～ 1 000 的纤维，因为与通常的材料相比纳米纤维的直径非常小，所以希望其作为防护服材料时能获得各种各样的效果。纳米纤维材料具有以下特性：高粒子除去性能（提高针对生物战剂的防护性能）；由于特殊聚合物的使用，其具有耐热性、阻燃性、耐药性等性能；由于高透气性和透湿性，降低了生理负担。

③具有自消功能的材料。美军正在研究自身带有化学去污功能的防护服材料。这些材料具有和化学毒剂接触时能中和化学毒剂、对于生物战剂能使细菌或病毒失能等功能，它的构造是在具有反应选择性的衬垫和具有杀菌性、防水性的外层之间黏附上金属氧化物的纳米粒子或者氯胺等。

④防护服用活性炭。现在，大多数防护服是在无纺布中加入粒状或珠状的活性炭，但是已证实近年来欧洲已经使用纤维状活性炭的防护服，因为纤维状活性炭的吸附点凸出在纤维表面，其具有吸附速度快等特点，对于防护服的轻量化很有效。

二、防护技术

随着材料工程和军事科技的发展，透气防护服已向多功能方向发展，不仅防护，而且具备阻燃、迷彩伪装、抗静电、防风防雨等功能，具有良好的穿着性能和生理舒适性能。

（1）美国 Lifetex International 公司研制的 CD3030 和 CD3040 防护织物。CD3030 材料组成：外层为 Nomex/PBI（聚丙并咪唑织物），吸着层为浸渍炭压缩泡沫，内层为 PA（聚酰胺）。用 DB-3 法测定防护能力，载量为 10 g/m^2 时，在 6 h 以后，战剂穿透最大量为 4 $\mu g/cm^2$，战剂穿透最大量 CT 值为 500 $\mu g/$（min·cm^3）（按 NATO 标准方法）。各种新材料 CD3040，外层为 Nomex/聚苯并咪唑织物，中间层为活性炭纤维织物，内层为聚醚砜，防护性能优越。美国（Chemviron Corbon）公司研制并投入使用两种无铬浸渍活性炭，即 ASZMT（Cooperite）和 URC 浸渍活性炭。ASZMT 浸渍活性炭由烟煤浸渍以铜、银、锌、铂和 TEDA 制成，用于个体防护和集体防护器材，它具有较高的活性（滤毒罐较小、质量较轻、气流阻力较低）。ASZMT 活性炭符合美国军用规范，URC 浸渍炭用于民用。美国 Du Pont LANX 织物系统 NBC 防护服产品包含吸附剂，由一种耐久、透气、舒适并且阻燃的材料制成。吸附技术基于聚合物覆盖的活性炭———一种新的独特技术，它提供极均匀的炭分布和化学防护性能。LANX 具有较强的透气性，并能促进蒸气冷却从而降低热应力。该织物改进 I 型用于制作防护制服或防护衣内衬。

（2）英国 Lantor（UK）公司研制出两种无纺炭织物。C-Knit 织物是一组柔软、舒适、很好权衡防护性能且舒适性好的织物。Lantor C-Knit 有两种形式：一种是基于炭处理的针织物；另一种是活性炭纤维工艺。C-knit 织物有单层和叠层两种，可以制成符合用户特定要求的产品，还可以制成内衣、外层织物、罩衣和整体战斗服，并且可用于其他核生化防护制品。Lantor 产品 LR4 对于浓度为 10 g/m^3 的 HD（使暴露 40 h 后）有很好的防护能力，可以耐洗 20 次而性能不下降。这些织物有独特的结构，可以防护剂液滴、蒸气，并能排汗，从而大大改善了其制成的服装在穿着时的生理性能。英国 Charcoal Cloth 公司研发的 ACC 活性炭布织物对毒物具有较高的吸附速率，其比表面积可达 1 600 m^2/g。该公司 20 世纪 70 年代开始研制，现已应用于制作各种个体防护器材、医疗产品、伤口包扎 Ostomy 过滤器等产品。英国 Remploy Textile Group 公司在 Mark IV NBC 防护服基础上推出了 LR4 NBC 防护服。它是两截式服装，能够对 CB 战剂防护 24 h，并能够耐洗消 20 次而性能不降低。LR6 NBC 隔绝式防护服是将经特殊处理棉花层附加到聚酰胺的一种不透气阻燃服装，质量仅为 1.2 kg，专为民防设计。现在又研制出"战士"1995（Combat Soldier 1995），以及救护伤员的全身伤员袋（Casualty Bag）和上截式带鼓风伤员袋 Casually Bag（Half）。另外，还有 TFR1 型 NBC 液滴防护斗篷、TFR2 型 NBC 战斗雨衣以及洗消服等。

（3）法国 Framico 公司制造的聚亚胺酯（聚氨基甲酸乙酯）薄膜是理想的活性炭载体，活性炭分布在其构成的三维网状蜂窝结构中。它比单层结构安全因素高，对毒物吸附效率高，可透空气，舒适性好。法国 Paul Boye 公司推出的 TOM NBC 轻型作战服，其过滤材料 CICC（Charcoal Impregnated Compressed Colts）在美国进行芥子气和梭曼实毒试验表明：在所有情况下，包括 10 次洗涤之后，HD 浓度为 10 g/m³ 时，在 24 h 后，透过量仍低于 0.075 μg/cm²。

（4）德国的萨位托加防护服采用微球形活性炭作为吸附剂，具有防护能力好、张度高、透气性好、穿着舒适等优点。日本用碳纤维制成透气的防护材料，由于不使用黏合剂，其透气性能和吸附性能显著提高，可代替粘炭织物作为防护服的内层材料。德国 Blucher 改进 SARATOGA 微球活性炭织物吸附材料，具有较高的吸附容量、可洗涤性和机械耐久性，确保长时间穿着不降低化学防护性能。它是由德国 Blucher 公司和美国 Winfield 公司以及欧洲国家联合研制成功的。Saratoga 系统使用微球形活性炭技术，使其具有高吸附能力、低热阻、高空气渗透性、抗汗等特点。德国 Karcher 公司开发的 Safeguard 3002 - A1 VBCF 透气防护服，由若干层织物纤维构成外层，具有阻燃及短期防护热效应，同时具有疏油和疏水特性可以阻止有害物质穿透。内层（叠层过滤）是经特殊研制的活性炭纤维，用以防护有害气溶胶和气体物质。该服装能洗涤、洗消、抗火焰。近年来又开发出加强 Safeguard 6004 型服装，以提高可靠性。

（5）瑞典 New Pac Safety AB 公司推出的 Cover Dress S/97 防护服被认为是"最先进的不透气 NBC 防护服"，从 1997 年开始用于瑞典海军。

随着现代科学技术的迅猛发展，纳米技术也对核化生防护产生了重大影响。美国"纳米化生防护 2030 研讨会"上，计划 2030 年美军将无须在军装外加穿生化防护服，军装本身就能提供可靠的化生防护。借助于生物纳米技术和纳米工程材料，未来的个人防护将能够识别冲击波、轻武器和核、化、生物质，并对威胁物质及时做出反应，并且能够监视士兵的生理状态，有效地调节身体湿度和温度，以维持身体热平衡。

三、技术运用

20 世纪 20 年代，一种用氯化石蜡将消毒剂浸渍在普通军服上的新式防护衣在美国研制成功。这是一种化学吸收型透气防护服，主要依靠织物上浸渍的化学活性剂与毒剂产生化学反应生成无毒物质阻止毒剂透过。这种服装在第二次世界大战期间曾被部分国家大量装备。这种服装的缺点是：毒剂的吸收有选择性；氯酰胺本身对皮肤有刺激作用；化学浸渍剂对织物有腐蚀作用，影响服装寿命。在此期间，美国还研究装备了由内外两层组成，属于铺展 – 吸附型的防护服。第二次世界大战以后，又出现了 C 类、V 类以及失能剂等毒剂，不仅毒性大，而且还具有皮肤渗透性强、作用迅速、中毒途径广等特点。为此，各国陆续开展了皮肤防护器材的研制，并将工业上出现的一些新技术和新材料应用于皮肤防护的装备和研究上。20 世纪 70 年代，英国研制出用活性炭布织物与衬布复合后作内层材料。这种材料的黏结剂不会对活性炭造成污染，吸附作用和透气性比较好，已经应用于多种防护装备中。至 20 世纪 80 年代，英国和美国共同努力，研制了用纤维状活性炭制作透气式防护服，解决了纤维状活性炭强度差、不耐洗涤的缺点。这种防护服被称为"21 世纪防护服"。

1985 年，德国成功研制了一种新防护服，为两截式，服装分为两层，外层用拒油剂和拒水剂进行处理，内层为粘有微球形活性炭的棉织物，这种核生化防护服防性能优良，正在广泛生产。

（一）生物防护服

生物防护服用于防护身体表面污染的物理隔离用品。有一次性防护服和可多次使用的两种。从结构上又可以分为全身一体式和分体式两种（图 8 – 14）。不管是哪一种防护服，都要求面料和成品能有效地阻断液体、固体、气体等不同状态的污染物，达到防护的目的。一次性防护服和反复使用的防护服国内都有生产和销售。可以多次使用的生物防护服最好，可以反复使用数十次，单向透气性好，阻水，表面可以用消毒剂清洗消毒，有一定的透气性，穿着比较舒适。

全封闭分体式防毒衣

图 8 – 14　可多次使用的生物防护服（左、中为连体式，右为分体式）

（二）连体橡胶防护服

这种防护服是用橡胶制作的密不透气的隔离服，表面可以用消毒剂洗消，可用于化学毒剂气溶胶、生物战剂气溶胶攻击时的人员防护。但是，这种防护服不透气，舒适性差，影响人员行动，作业能力受到限制。

（三）正压防护服

这是一种全身密闭式防护系统（图8-15），人员处于防护服内的正压环境内，所供气体由氧气瓶供给或由供气系统（空气通过高效粒子过滤器过滤）供给。正压防护服适用于 BSL-3 实验室和 BSL-4 实验室，以及严重污染现场使用，工作时间和活动范围受供气系统限制，而且人员行动不便。这两种正压防护服的表面都可以用消毒剂洗消。

注意事项：脱防护服时一定要避免扩散污染和产生二次气溶胶，最好先进行表面消毒（消毒液喷雾或擦拭）。

图8-15　着正压防护服的人员在野外演习

（四）救治人员防护用品

救治人员在诊断、治疗生物战剂致伤者时，如埃博拉出血热、肺鼠疫等传染性强的疾病时，在协助伤病员离开污染场所、转移后送和治疗的全过程中都应做好个人防护，使用隔离防护用品、用具。患者转运时和治疗时应置于带有控制过滤装置、符合空气隔离的病房内，或者有空气过滤装置的担架或担架舱内（图8-16）。

1. 防护原理

负压隔离保护装置（Negative Pressure Isolation Protection Apparatus）是通过空气隔离系统、空气过滤净化系统、负压生成系统和控制监测系统，在监测状态下使装置内的空气静压低于装置外相邻区域空气静压，并且使空气经

图 8 - 16　传染性伤病员运送装备

过严格的过滤净化才能进出的装置。该装置主要用于防止病原微生物（包括细菌、病毒、真菌等）通过气溶胶传播，起到保护医护人员、试验操作人员、居民，防止病原微生物及毒物污染装置以外的环境的作用。

负压隔离保护装置由空气隔离系统、空气过滤净化系统、负压生成系统和控制监测系统4个系统组成。

1）空气隔离系统

空气隔离系统是负压生成的前提条件，也是切断微生物污染以及有毒物质通过空气或者接触传播的重要措施。该装置可以将微生物污染以及有毒物质留置于负压环境内，经过滤器净化后排出，可以避免污染空气外泄，并且将装置内的微生物污染和有毒物质与装置外的空气及人严格隔离。其主要分为屏障隔离、压差隔离等。

（1）屏障隔离。用屏障将装置内空气与装置外隔离开，除了固定的舱室及隔离病房以外，现有的便携式隔离装置材料主要有聚氯乙烯（Polyvinyl chloride，PVC）塑料薄膜、有机玻璃等。

（2）压差隔离。通过负压生成系统使装置内空气静压低于装置外相邻空气静压，既让污染区的空气压力低于非污染区的空气压力，使空气经有序的气流组织为定向流动，按一定压力梯度，从非污染区流向污染区，从而使装置外的空气不会被污染。

2）空气过滤净化系统

空气过滤净化系统主要为高效空气过滤器，高效空气过滤器主要用于捕集粒径大于等于0.3 μm的颗粒灰尘及各种悬浮物。该装置采用超细玻璃纤维纸作滤料，胶版纸、铝膜等材料作分割板，与木框铝合金胶合而成，具有过滤效率高、阻力低、容尘量大等特点，能够有效保证负压隔离保护装置内的空气经过严格的过滤后排出装置外，将被污染的气溶胶全部滞留在装置内，防止了微生物污染以及有毒物质的外泄。

3）负压生成系统

在装置相对密闭的污染空间内，装置内污染的空气经过滤净化系统净化后，方可由风机以优化的气流量排至外界，而该装置内污染空间所需的补充空气经预置的进风口直接从外界引入，在排风量大于进风量的情况下，即可在污染空间内形成负压环境。负压生成技术也可用于对传染病人的隔离。

4）控制监测系统

控制监测系统由控制系统和监测报警系统组成，控制系统包括显示仪表、开关以及负压大小调节器等，用于对负压隔离保护系统的控制。监测报警系统起着对负压隔离保护装置内压力的监测功能，主要由负压监测传感器组成，该系统可显示负压隔离保护装置的负压值，当负压小于预设值时报警。

2. 负压防护的运用

目前，负压隔离保护装置主要有传染病人运送负压隔离舱、负压隔离检疫室、高等级生物安全实验室、移动三级生物安全实验室、生物安全柜、负压层流净化病床、负压隔离病房以及封闭负压隔离防护罩（箱）等几大类。

1）负压隔离检疫室

通过使其内部对外界保持负压状态，即空气只能从外向内单向流动，阻止了病原微生物的扩散，达到隔离的目的。由于其隔离对象是病原微生物或有毒物质，系统的安全运行至关重要。原理同密闭负压隔离防护罩（箱），都是利用负压隔离原理，在抽风口上加一个防护罩，罩内空间被抽风口的负压控制，并处于密封状态中，可用于病原微生物样品添加、分装等简单试验操作。并留有适当的操作口，便于手臂进出操作。对于小的负压箱体，可以使用玻璃、聚乙烯等透明材料制作罩体，有利于观察内部操作。如果是大的负压箱体，则可预留操作视窗，以便观察操作。

2）高等级生物安全实验室

生物安全实验室（Biosafety Laboratory，BSL）对应着不同要求的生物安全防护水平，根据所处理对象的危险性、传染性以及对人类的致病性程度的不同把生物安全实验室分为四级：一级生物安全实验室（BSL-1）、二级生物安全实验室（BSL-2）、三级生物安全实验室（BSL-3）、四级生物安全实验室（BSL-4）。其中，四级生物安全实验室必须具有负压隔离装置。

对人类无明显损害的病原体的研究可使用一级生物安全实验室，它不需要特殊的装置去限制气溶胶的播散。

二级生物安全实验室主要用于对人类有轻微致病作用，可以通过接种疫苗或其他经过认可的方式进行的病原体的研究，主要通过生物安全柜的防护预防气溶胶扩散。

三级生物安全实验室是用于在临床、诊断、研究或生产工作中，可能接触到潜在的通过呼吸道传播但非高度接触传播的、可致命的传染性疾病的病原体。密闭的实验室包含负压装置和生物安全柜。

BSL-3实验室的防护功能，主要有三个原理：第一个为负压的隔离，从辅助区域到防护区域再到工作区域，越往核心，气压就越低，BSL-3核心工作区域的压力与大气压的压差值为不得小于40 Pa，动物三级生物安全实验室（ABSL-3）不得小于60 Pa；第二个为生物安全柜的防护；第三个为个体防护装置的防护，如防护衣、防护口罩、护目镜、鞋套、手套等。BSL-3实验室通过这三项防护措施达到减少气溶胶的生成与播散，降低了感染试验人员及污染外部环境的风险。

四级生物安全实验室（BSL-4）也称为最高封闭实验室，是指用来检测或研究通过气溶胶传播，严重威胁个人生命安全或有高度接触致病性疾病的病原体，如埃博拉病毒。实验室的入口装有气阀，出口通道有淋浴设备。研究人员工作时必须穿着正压服，通过无线电彼此联系。实验室配备双扉高压蒸气灭菌器，所有实验室物品（包括废水、废气、废物）须经现场彻底消毒灭菌后才能离开实验室，是最严格、最安全的防止微生物扩散的实验室。

3）生物安全柜

生物安全柜（Biological Safety Cabinets，BSCS）是利用空气净化技术，实现第一道物理隔离的装置。该装置必须符合三项基本要求：第一是保护进行感染性微生物学试验的操作者，避免其吸入空气中的传染性颗粒；第二是保护试验材料不被环境污染；第三是避免安全柜中的试验材料交叉污染。操作者使用时通常还佩戴防感染手套、护面罩、护目镜等，使其避免暴露于上述操作过程中可能产生的感染性气溶胶和溅出物。

生物安全柜一般包括Ⅰ、Ⅱ、Ⅲ三个等级：Ⅰ级和Ⅱ级生物安全柜可对实验室人员和环境提供保护；Ⅱ级生物安全柜还可保护受测试样品；而Ⅲ级生物安全柜则是采用完全密闭的设计，可给实验室人员和环境提供最全面的保护。正确使用生物安全柜可以有效减少由于气溶胶暴露所造成的实验室感染以及培养物交叉污染。

3. 医院常用负压隔离保护装置

1）负压层流净化病床

利用负压层流净化的原理，在病床附近较小的空间内集中首先收集传染病病人呼出的液体、气体和具有挥发性的污染的空气；然后经过加载特种药物的活性炭纤维（Activated Carbon Fiber，ACF）净化及滤过单元的处理；最后排放到室外。独立式负压层流净化病床，可以使病人附近1 m范围内的空气单向流入净化处理系统，从而避免污染的空气流入中央空调系统以及隔离病房内，导致污染大面积扩散。此外，该系统还在烈性传染病患者的手术中使用。

2）负压隔离病房

负压隔离病房是对抗空气传染性疾病的基本工具。负压隔离病房是指借助净化空调系统，使排风量大于进风量，在病房内形成负压，即病房内空气静压低于病房外相邻环境，并采取定向气流和缓冲间等措施，使具有传染性的空气微粒被阻隔在病房内，防止病原微生物向外扩散。同时，定向气流可以让流动的洁净空气保护在病床边工作的医护人员，使病房处于一种高效的动态隔离，也使病房内受污染的空气不能泄漏到其他区域。

在 SARS 流行期间，国外很多研究人员利用 PCR 方法分析负压隔离病房对于 SARS 病毒的隔离效果。8 份研究样本的结果显示，负压隔离病房对于 SARS 病毒的隔离率达到100%。目前，国外还有与此原理相同的负压隔离急诊室。

3）突发公共卫生事件应急现场常用负压隔离保护装置

负压隔离舱适用于短途人力搬运及疫区运送至运输车辆上转运传染病患者。隔离舱为密闭结构，内有负压空气净化系统，通过滤毒净化装置，可以使隔离舱内被污染的空气不泄漏到舱外。此外，还可满足患者的供氧、医护人员对患者生命体征的监测及初步救护。

移动三级生物安全实验室利用 12 m³标准集装箱建造，由主实验舱、发电装置及供水舱三个部分组成。其中主实验舱分更衣间、气锁缓冲间、主实验室、设备控制室 4 个部分。该实验室有三种主要的工作模式，即正常模式、消毒模式及紧急安全模式。正常模式通过空调通风系统维持主实验室内的负压；消毒模式主要用于甲醛消毒；紧急安全模式是在停电或发电机出现故障时，在实验室运行的情况下立即停止实验室运行，同时启动备用发电机，维持实验室负压。

4. 负压隔离保护装置的发展趋势

到目前为止，大部分负压隔离保护装置主要是针对传染病患者的隔离设计的，而针对试验操作中由于气溶胶所致的实验室感染及培养物交叉污染，主要应用生物安全柜防止及保护。

我国已于 2005 年开始自主研发移动式生物安全三级实验室，在一年半的时间内完成了研制任务，并于 2009 年通过验收。该移动式生物安全三级实验室按照不低于我国固定式生物安全三级实验室标准进行设计和建造，经检测达到了我国生物安全三级实验室的标准要求。

目前，尚缺乏便携式的在现场能够同时保护操作人员、样本以及周围环境，同时能满足在试验操作中多次添加试剂及仪器要求的负压隔离保护装置。目前，最接近于此项要求的设备是移动三级生物安全实验室，但其缺点是便携性较差，成本高，主要为进口，而且不能广泛应用于突发公共卫生事件应急。未来负压隔离保护装置应满足以下要求：

（1）可以在负压保护装置内直接进行试验操作，保证操作人员及环境不被污染，可以在现场进行采样及检测，并可用于暂时保存样品。

（2）携带方便，使用简单，可以多次进行样品的添加或提取，方便试验操作的进行。即使在断电或其他突发情况下，也能保证空间的密闭，做到无污染扩散。

（3）在试验结束后，可在装置中将病原体杀灭。

（4）成本低廉，可以一次性使用。

（5）可配备在机场、火车站等地，而不仅仅在救护车上。并可应用于事发现场的证据采集，包括证物防尘、指纹痕迹保护等。

第二节　集体防护

集体防护装备是指军队和居民集体用于防止毒剂、放射性灰尘和生物战剂气溶胶伤害的各种器材的统称。

一、集体防护原理

集体防护（Collective Protection）是集体为避免或减轻核、化学和生物武器的伤害所采取的防护措施，主要是在工事、帐篷、车辆、飞机和舰船中安装密闭、滤毒通风、洗消和报警等设施来进行防护。其防护方式可以分为隔绝式防护和过滤式防护两种。

隔绝式防护（Isolated Type Protection）是依靠密闭设施，将防护工事或车辆、舰船等的内室与外界受染空气隔绝的防护方式。其实施时机包括：工事遭核、化学、生物武器袭击时；工事口部附近空气受污染严重或进风口处大面积失火时；外界受染情况尚未查明时；滤毒通风装置发生故障、失效或其他原因不能使用时。

过滤式防护（Filter Type Protection）是利用滤毒通风装置将外界受染空气净化后送入防护工事或车辆、舰船等的内室的防护方式。其实施时机包括：隔绝密闭空间内空气成分达不到要求时；外界空气受染情况下，人员需要出入隔绝密闭空间时；发现外界受染空气透入隔绝密闭空间时。

二、集体防护技术

集体防护装备主要包括设置在工事、帐篷、车辆、飞机和舰船中的密闭设施、滤毒通风装置和空气再生装置等，用以保证人员在不使用个人防护器材情况下能连续遂行作战和保障任务。

（1）滤毒通风装置（Filtration Ventilation Unit）。该装置可用于净化受染

空气，供给人员清洁空气的集体防护器材。通常安装在各类防毒工事、"三防"车辆和舰船中。滤毒通风装置可分为永备工事用、野战工事用和"三防"车辆用等类型，每种类型又可按通风量大小分为多种型号系列。永备工事滤毒通风装置由粗滤器、预滤器、过滤吸收器、风机、密封阀门、通风管道等构成（图8-17）。有些工事还配备空气流量计、压差控制器和毒剂指示器等设备。一般是将各类过滤器分开设置在不同的房间中，风机设在过滤吸收器之后，使整套装置在负压下工作，防止污染空气外溢。野战工事滤毒通风装置是将预滤器、过滤吸收器、风机等设备合为一体，成套使用的装置。风机可以电动、手动两用，也可以单独配备专用电动机或汽油发动机。车用滤毒通风装置分为个人式、超压式、混合式和综合式等形式。个人式滤毒通风装置是车内乘员佩戴面具，导气管连接在车内专用的滤毒通风装置上，获取清洁空气。超压式滤毒通风装置利用车辆自身的动力设备，配以离心式预滤器和过滤吸收器。它将过滤后的清洁空气直接送到车内，并在车内造成超压阻止受染空气的透入。混合式是将个人式与超压式相结合的方式；综合式是将超压式滤毒通风装置与空调换气系统合为一体的装置。

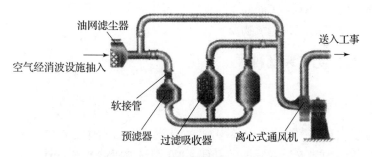

图 8-17　滤毒通风装置示意图

（2）过滤器（Filter）。过滤器是安装在通风系统中，用吸附和过滤方法滤除空气中的有害气体、蒸气和气溶胶粒子的集体防护器材。它包括粗滤器、预滤器、精滤器、滤毒器和过滤吸收器等。

（3）过滤吸收器（Filter Absorber）。过滤吸收器是滤除受染气流中的毒剂、生物战剂和放射性灰尘的过滤器（图8-18、图8-19）。

（4）滤毒器（Gas Filter）。滤毒器是吸着受染气流中的有害气体、蒸气的过滤器。

（5）精滤器（Fine Filter）。精滤器是高效滤除受染气流中气溶胶粒子的过滤器。

（6）预滤器（Pre-filter）。预滤器是滤除受染气流中较大颗粒的毒烟、毒物及放射性灰尘的过滤器。

图 8 – 18　俄罗斯 ФП – 300 型
过滤吸收器

图 8 – 19　中国 77 型
500 过滤吸收器

（7）粗滤器（Rough Filter）。粗滤器是滤除气流中的大颗粒烟尘和杂物的过滤器。

（8）空气再生装置（Air Regeneration Unit）。空气再生装置是吸收空气中的二氧化碳，放出氧气，保证人员正常呼吸的集体防护器材，主要用于防毒工事和舰船中。

（9）氧烛（Oxygen Candle）。氧烛是将生氧剂、生热剂和辅助物质按照一定配比压制成型的烛状生氧物质。

三、集体防护装备种类

（一）工程防护

目前，世界各国装备于永备工事的有代表性的集体防护装备有：美军的组装式集体防护装置，俄罗斯的 ФП – 300 型过滤吸收器和 ФП – 1000 型预滤器，我国的 77 型 500 过滤收器和 1000 型预滤器。

野战阵地防御中的集体防护主要利用各类临时构筑的工事，如装配式工事、轻（重）型掩蔽部、短洞、防毒帐篷、方舱等，配以滤毒通风装置进行。野战集体防护装备的作用主要是在核、化、生威胁环境中，保证野战工事、掩蔽部、方舱等内部待蔽人员在不着个人防护器材时能实施正常指挥、通信、医疗救护以及进食和休息，免受核、化、生武器的伤害。

（二）飞机座舱防护

美军在第三代直升机集体防护的设计中采用了变压吸附技术（图 8 – 20），其他重要的武器系

图 8 – 20　美国变压吸附系统

统中如 B – 1B 隐身轰炸机等都装备了或拟装备 NBC/PSA 系统。

(三) 防毒帐篷

1. 美军单元式防化帐篷 (Unit – Type Chemical Defence Tent of U. S. Armed Forces)

该防化帐篷是美军装备的一种多用途、框架支撑的集体防护装置 (图 8 – 21)。其特点是四面壁板都是活动的,可以互换;可以灵活地将其构架成指挥所或其他设施。与活动壁板一起的还有一个气密式通道和一个车辆连接装置门厅。一个帐篷面积为 11.3 m^2,用含氟高聚物制成,可以防毒剂而且便于洗消,该帐篷每小时需 342 m^3 的过滤空气。

图 8 – 21　生化防护掩蔽部系统

2. 英军沙漠 "三防" 掩蔽部 (Desert NBC Defence Shelter of British Armed Forces)

该掩蔽部是英军装备的一种满足沙漠地区化学战需要的集体防护装置。该设施包括外部帐篷,其内部面积为 12 m × 4 m,全质量 150 kg,可供 30 人吃饭或 24 人睡觉,配有两个配对的 100 cm × 5 cm 通道,配有 AC300 型轻便式空气过滤增压装置,一台 30 kV·A 的发电机和空调系统,另外配一台专门运输全套装置的 1.5 t 拖车。8 个人可在 30 ~ 35 min 内将整个设备展开。

3. 法军化学伤员接收帐篷 (Chemical Wounded Receiving Tent of French Armed Forces)

该接收帐篷是法军装备的用于接收伤员,防放射性沾染、毒剂和生物战剂的双层织物和构架组成的集体防护装置。该帐篷占地面积为 45 m^2,采用双层结构。表层为棉制品,防日晒雨淋,表面与内层相配在中间构成保温层。内层可持续防毒剂 24 h 不侵入。用一台通风过滤机保持帐篷内的超压,一部降温机保持 20 ℃温度。化学伤员在帐篷内分类。卫生员用 AP2C 型检测仪寻找和辨认受染伤员。用撒粉手套除去伤员衣服上的毒液斑点以防止毒剂扩散,不使接收站被污染。污染物放置 50 m 外下风处战壕,用浓缩次氯酸钙消毒。

另外备有芥子气和神经性毒剂消毒剂及人员皮肤消毒剂。

(四) 防毒方舱

移动式集体防护装备已经越来越多地应用到军事领域的各个专业。鉴于未来战争环境迅速多变，事前不可能构筑足够的防毒掩蔽部。为此，外军正在研制和装备各类轻便式野战防毒掩蔽部，如帐篷式、集装箱式（方舱）以及钢筋混凝土预构件式等。

目前，军用防毒方舱在各国军队中已经广泛装备使用，并把各种多用途的方舱正式纳入军用标准和设计规范。我国早在 20 世纪 70 年代就率先研制用于地面接收站的防毒方舱，空军在研制雷达方舱成功的基础上，又研制电站方舱，并且负责编制有关军用标准电子方舱通用规范和 F4 方舱系列及其技术要求。

美军应用最多最广的是 S－250 和 S－280 通用电子设备方舱（表 8－1），其标准化程度最高。非标准型方舱，主要受配套车辆、运输工具限制，因此种类多、型号杂，必须向尺寸标准化发展。

表 8－1　美军防毒方舱气密性要求

标准	方舱类型	舱内外压差/Pa	空气泄漏量/（m³·min⁻¹）
MIL－S－55541 MIL－S－55286 MIL－STD－907	S－250	1 470	0.5
	S－280	1 470	0.5
	不可扩展式	294	0.56
	可扩展式	75	0.56

防毒方舱主要用于保证舱内人员在不穿个人防护器材的情况下能正常工作，通风方式的转换由舱内人员控制。滤毒通风装置主要由防爆阀、密闭阀、粗滤器、过滤吸收器、风机、流量测量控制装置等组成。

(五) 安全实验室

生物安全三级实验室可以通过空调系统、空气过滤系统、一用一备送排风系统、管道定变风量阀、自控监控系统和电力供应系统（双路供电、在线EPS），形成恒温恒湿的定向负压滤过性气流，保证空气流动（包括送风、排风、大型工艺设备工作时的抽吸排气等）安全。通过传递系统（传递窗、双门转移切换装置）、消毒灭菌系统（双扉灭菌器）控制物流（试验用品、试验动物、污染物品等物质传递）安全。通过反渗透水消毒系统、独立排污管网（高温高压灭菌罐、化学消毒池）掌控液体流动（包括上下水、软化水等）安全。通过一级防护屏障（生物安全柜、隔离器）、二级防护屏障（围护结构）、三级防护屏障（个体防护装备）、实验室通信系统以及监视与报警系统保护工作人员活动（包括走动、完成试验操作、更衣、呼吸等生理活动）安全。

四、集体防护技术运用

第一次世界大战期间，人们就开始了工事防护技术的研究。当时的工事防护措施比较简单，这种设有密闭空间、滤毒通风及防护通道的工事，基本构成了现代集体防护工事的雏形。

第二次世界大战期间，由于高毒性化学毒剂的出现，许多国家采用浸渍铜、铬、银作为催化剂的浸渍活性炭和滤烟纸板作为过滤材料制作更先进的过滤器，以提高对放射性灰尘和化学毒剂的防护能力。

从 20 世纪 80 年代起，各国积极开展集体防护新技术、新原理的研究。目前，已经研制成功以变压吸附技术为基础的军用变压吸附系统和以膜为材料的人员掩蔽部生命支持系统等新型集体防护装备，能防护目前已知和以后可能出现的新毒剂的威胁。这是目前集体防护技术的最新进步，是在技术原理上的一次大飞跃。目前，美军已经在主战坦克和武装直升机上装备了军用变压吸附系统。

（一）集体防护装备的分类

目前，集体防护装备按作战样式和战场建设情况分类较为合适，可以分为坚固阵地防御的集体防护装备、野战阵地防御中的集体防护装备、运动进攻中的集体防护装备三大类。

（二）新型集体防护装备技术

1. 军用变压吸附系统

变压吸附系统是通过高压吸附、低压解吸再生的技术途径，不断重复吸附—解吸附过程，实现对空气中有毒有害气体的分离净化。

军用变压吸附系统采用机电一体化的自动控制系统，具有防护谱宽、结构紧凑、安全可靠、使用寿命长、不受任何使用环境的限制、后勤负担轻等优点。这种系统适于需要长期高质量防护的军事设施，如军事指挥、医疗救护所、健机预备室、战斗掩蔽部以及各种车辆等。

2. 人员掩蔽部生命支持系统

人员掩蔽部生命支持系统以膜分离技术为基础，利用膜装置具有的高选择性，能透过氧气，其他所有的化学毒剂都被阻留而排出掩蔽部外部，从而为内部待避人员提供一个安全、可靠、可连续工作与生活的环境。

3. 无动力源防护装置

瑞士正试验在风道及掩蔽部内壁敷设吸附材料来净化空气。它是根据吸附原理研制的，能有效吸附来自任何方向的任何类型的化学毒剂蒸气。这种装置安装于掩蔽部通道可防止毒气从不严密处渗入内室，进而提高掩蔽部的防护能力，保证出、入掩蔽部人员的安全。据试验，通道可使空气中的沙林浓度降低至 10^{-5}。

（三）　国外先进的集体防护装备

先进的可展开的集防装备使用可再生的防护技术，同时可给各种掩蔽部和帐篷提供加热和冷却，可以供野战使用。其主要任务是给加固的帐篷提供干净的、空调的呼吸空气。这种综合集成系统包括加热/冷却、除尘、除污以及毒剂蒸气和气溶胶的过滤器。通风量为 3 000 ft^3/min 的空气从帐篷持续不断地循环，同时将温度调节到所需的舒适水平。该系统还会产生必需的超压，以确保防护载有扩散化合物。复合加热/冷却系统甚至在温度很低的情况下均能使用。两级微粒过滤器（标准微粒/IPA）用于防护载有毒剂的气溶胶。使用先进的变温吸附系统滤除气态毒剂。

用于战斗车辆的最先进技术是变压吸附技术。变压吸附技术通过按压力条件先后顺序控制吸附剂床，排除蒸气和气态毒剂，同时保持和排放气流。产生的一部分无沾染气体清除一直滞留在吸附剂床上的浓缩气体。吸附剂可以使用各种材料，为达到最佳性能，常常需要混合物。

1. 装甲车辆生命支持系统

以色列 KINETICS 公司提出 M60 坦克采用 LSS。LSS 包括以下子系统：NBC 防护，空调，辅助动力装置（APU），个人或工作间供暖。NBC 防护有两种模式：超压防护和集体防护；空调有下列形式：微气候/个人冷却（使用冷却背心/工作服），工作间冷却。

2. 防护帐篷

法国 TMB 公司生产的过滤通风防护帐篷，是在常用帐篷内设置防护剂的气密衬垫。

3. 装甲车过滤通风集体防护装置

GIAT 公司提出用于装甲车辆的 NBC 滤毒通风装置具有如下特性：气密系数小于 5×10^{-5}（对于颗粒），炭过滤器泄漏率小于 5×10^{-5}，NBC 型流量为 170 m^3/h，通风流量为 250 m^3/h，采用圆筒形过滤器。AMX30B2 和 AMX 系列坦克采用流量为 180 m^3/h，超压 350 Pa 的分离气溶胶和蒸气过滤器。这种过滤器在水中不透水。

4. NaC/AC 过滤器

法国 GIAT 公司研究开发的各种集防滤器（包括防护气溶胶的 HEPA 过滤和防蒸气的浸渍活性炭）符合 NIO 和法国标准。NBC 过滤器规格如下：流量分别为 12 m³/h、60 m³/h、90 m³/h、170 m³/h 和 340 m³/h；结构有圆柱形、圆筒形、矩形等。该公司还提出集防结合空调，开展人机工程研究，以提高士兵在各种环境中的作战能力。

五、防护装备使用时机

（一）个人防护装备

在生物污染环境中的处置人员、受袭击人员及伤病员都应该使用。

1. 处置人员

处置人员包括前往生物武器袭击现场进行指挥、采样、检测、医疗救援、现场消毒等及伤病员救护等人员。在有条件时，可按下面建议选用，条件不具备时应采用简便器材进行防护。

（1）指挥人员。穿一次性防护服、戴生物防护口罩。

（2）采样、检测人员。穿一次性或多次使用的防护服，戴生物防护口罩或防护面具，戴手套、眼罩等；必要时穿戴连体的、自供气式正压防护服。

（3）医疗救治人员。穿一次性或多次使用的防护服，戴生物防护口罩或防护面具，戴手套、眼罩等。

（4）现场消毒人员。穿一次性或多次使用的防护服、生物防护口罩或防护面具，戴手套、眼罩等；也可以穿戴连体的、自供气式正压防护服。

2. 伤病员

根据情况戴口罩，置于隔离环境。

3. 其他人员

戴口罩，通过体表清洗消毒等卫生整顿措施，消除体表污染，换上洁净的服装或防护服。卫生整顿后抵达洁净区，换上洁净的服装。

（二）集体防护

1. 一般人群

收到警报或发现施放生物战剂时，施放点（线）下风向的人群可以选择密封程度高、通风系统有高效过滤器的建筑物进行集体防护；人数不多时，可以在上风向的密封程度高的建筑物暂时躲避；也可以选择大型工事等集体防护设施。

2. 受袭人员

受袭人员可以集体在同一个环境和设施中隔离，无论是否是伤病员。

（1）伤病员。在生物武器袭击发生后，用负压救护担架、车辆将其送到指定传染病医院隔离观察、治疗。

（2）大量受袭人员。在生物武器袭击发生后，受到感染的人数较多，难以及时送到传染病医院隔离时，可以采取临时搭建帐篷，将人员进行集中隔离，并划定警戒区。受袭人员在隔离帐篷中接受观察、治疗，也可以暂时隔离，再用隔离车分批送到指定的传染病医院观察、治疗。或者选择居民区下风向，远离居民区的地点，搭建临时隔离观察点，接受处置和观察。

第三节　医学防护

生物战剂种类较多，涉及微生物（细菌、立克次体、衣原体、病毒、真菌）、毒素及寄生虫等，采用疫苗抗血清接种和化学药物防治等多种方法进行综合医学防护具有重要意义。

一、医学防护的种类

医学防护主要包括免疫防护和药物防护，其中免疫防护又包括特异性免疫预防和非特异性免疫预防。特异性免疫预防（immunoprophylaxis）可分为人工自动免疫（artificial active immunization）和人工被动免疫（artificial passive immunization）。

（一）特异性免疫预防

特异性免疫预防是根据特异性免疫原理，采用人工方法将疫苗、类毒素等或抗体（免疫血清、丙种球蛋白等）制成各种制剂，注射人体使其获得特异性免疫能力，达到预防某些疾病的目的。免疫血清称为人工自动免疫，也称为预防接种，如接种天花疫苗预防天花、皮肤划痕接种炭疽减毒毒苗预防炭疽等，主要用于预防。预防接种产生作用需要时间，有时需要多次接种，但是效果持续时间较长，如数月、数年，甚至终生。丙种球蛋白称为人工被动免疫，主要用于紧急预防和治疗，如用肉毒抗血清，可以使受袭者立即获得相应的免疫力，但是不持久。免疫预防是控制传染病和威慑生物武器袭击的有效措施（图8-22）。

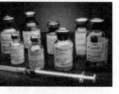

（a） （b）

图 8 – 22 特异性免疫预防药物与操作

（a）注射；（b）药物

（二）非特异性免疫预防

非特异性免疫预防是应用某些生物制剂或药物调节机体的免疫状态，增加机体抗生物战剂病原体的非特异性免疫力，从而达到一定的预防作用，如使用干扰素、胸腺肽等非特异性免疫增强剂，提高机体抵抗力。

（三）药物预防

药物预防又称为化学预防，是生物武器医学防护工作中的一项重要应急措施。生物武器袭击后一般有一段潜伏期，不会立即发病，在这段时间内，可以对特定人群进行药物预防或预防性治疗。药物预防的目的是根据初步判断的生物战剂病原体种类，让受到生物武器袭击的人群服用相应的药物，预防发病，降低发病率和病死率。

二、免疫防护

（一）使用原则

由于生物武器袭击的不可预测性，提高机体免疫力是预防的关键。对于已经具有有效疫苗的生物战剂病原体，预防接种能提供较持久的保护力。目前，许多生物战剂并没有可靠安全的疫苗，但是却有有效和可靠的抗血清。在生物武器袭击发生前或发生早期，可以通过人工被动免疫的方法达到紧急预防，减少发病和减轻病情的目的。然而，对于无疫苗和（或）被动免疫制剂的病原体，除了应用物理防护和一般药物防护以外，还可以应用非特异性的免疫制剂，以提高机体的天然免疫力，预防或减轻感染发病，减轻危害。

（二）特异性免疫预防

1. 疫苗接种

1）种类

不同的疫苗通过不同途径接种后，诱导机体产生针对相应病原体的特异性的免疫应答，从而使机体获得完全或部分的免疫预防能力。一种有效的疫苗，其抵御病原体感染的能力应达到75%以上。

　　疫苗产生有效反应必须具备免疫原性和免疫记忆性。一种疫苗若能诱导机体产生很强的免疫记忆反应，则接种一次即可获得终生的免疫能力，如天花疫苗。目前，已经研制出多种有效疫苗（表8-2），但是其防护的致病微生物种类有限，大多数严重威胁健康的病毒还缺乏有效的疫苗。

表8-2　主要生物战剂所致疾病的疫苗及特性

疫苗名称	预防接种	接种方法 （成人剂量）	免疫形成 时间/天	免疫力维持 时间/年
皮肤划痕鼠疫活菌苗	鼠疫	皮肤划痕，一次接种50 μm， (7~9) ×10⁸	10	0.5~1
皮肤划痕炭疽活菌苗	炭疽	皮肤划痕，一次接种50 μm， 含菌 (1.6~2.4) ×10⁸	2~14	1
皮肤划痕土拉活菌苗	土拉菌病	皮肤划痕，一次接种50 μm	14~21	5
皮肤划痕布氏活菌苗	布氏菌病	皮肤划痕，一次接种50 μm， (9~10) ×10⁸	14~21	1
吸附霍乱类毒素、全菌体疫苗	霍乱	肌内注射，初次 0.5 mL， 4~8 周后第二针 0.5 mL 每年 流行前加强一次	7	0.5~1
精制吸附甲乙二联肉毒类毒素	肉毒中毒	皮下接种两次，初次 0.5 mL，60 天后再接种 0.5 mL	20	2~3
Q热疫苗	Q热	皮下接种三次，分别为 0.25 mL、0.5 mL、1.0 mL	7~14	1
斑疹伤寒疫苗	斑疹伤寒	皮下接种三次，分别为 0.25 mL、1.0 mL、1.0 mL， 各间隔5~10天	14	1
黄热病减毒活疫苗	黄热病	皮下接种一次，0.5 mL	14	10
天花疫苗	天花	皮肤划痕法	14~21	3

疫苗名称	预防接种	接种方法 （成人剂量）	免疫形成 时间/天	免疫力维持 时间/年
委内瑞拉马脑炎病毒灭活疫苗	委内瑞拉马脑炎	皮下接种两次，每次 2 mL，间隔 7 天	14～28	0.5
东部马脑炎病毒灭活疫苗	东部马脑炎	皮下接种两次，每次 2 mL，间隔 7 天	14～28	0.5
西部马脑炎病毒灭活疫苗	西部马脑炎	皮下接种两次，每次 2 mL，间隔 7 天	14～28	0.5
森林脑炎病毒灭活疫苗	森林脑炎（蜱传脑炎）	皮下接种两次，分别为 2.0 mL、3.0 mL，间隔 7～10 天，以后每年注射一次	14～21	3
Ⅰ型肾综合征出血热灭活疫苗		肌内注射，基础免疫三次，分别为 0、7 天、28 天，一年后加强一次，每次剂量为 1.0 mL	21	1
Ⅱ型肾综合征出血热灭活疫苗	肾综合征出血	肌内注射，基础免疫三次，分别为 0、14 天、28 天，一年后加强一次，每次剂量为 1.0 mL	28	1
双价肾综合征出血热灭活疫苗	热（流行性出血热）	肌内注射，基础免疫三次，分别为 0、7 天、28 天，一年后加强一次，每次剂量为 1.0 mL	21	1
乙型脑炎病毒减毒活疫苗	乙型脑炎	皮下注射一次，剂量为 0.5 mL，接种后的第二年和第七年各加强一次	30	2

　　疫苗接种是目前预防流感的唯一有效措施。为了控制人流行的爆发，研究有效的疫苗更是势在必行。常见的流感疫苗有灭活疫苗、减毒活疫苗、重

组疫苗（或称载体疫苗）、亚单一位疫苗、合成寡肽疫苗和核酸疫苗。

2）疫苗接种时机

（1）平时，根据国家卫生部门规定和驻地流行病学情况，做好主要传染病的预防接种，如霍乱疫苗，伤寒、副伤寒甲乙三联疫苗，破伤风类毒素等。

（2）需要时，针对生物武器袭击可能使用的生物战剂，如炭疽杆菌、鼠疫杆菌、黄热病病毒以及肉毒杆菌毒素等，做好相应的基础免疫接种。

（3）遭受生物武器袭击后，如确认使用的生物战剂为受袭人群已进行过基础免疫的，可以根据需要，进行加强免疫，以迅速提高机体免疫水平。

3）接种方法

皮肤划痕法和皮下注射法的接种方法使用较为普遍。为了适应大量人群的疫苗接种，皮下接种可用无针注射器进行。这种方法操作简便，速度快，由 2~3 人组成接种小组，每小时可注射 600~800 人。

此外，气雾免疫法也是一种简便、快速、无痛的接种方法，而且对某些微生物的气溶胶攻击有较好的保护作用。但是由于剂量不易控制，效果不太满意，可以使用的疫苗种类正在研发之中。

4）注意事项

（1）严格遵守产品说明书的规定，严格消毒、无菌操作。注意体质不同者的接种剂量应有差别。接种后两天内不宜从事剧烈的体力劳动。

（2）接种前必须进行健康检查并测量体温，以排除过敏体质和急性病等禁忌证。

凡是高热、严重心血管疾病、急性传染病、恶性肿瘤、肾病、活动性结核、活动性风湿病、甲亢、糖尿病和免疫缺陷等患者，均不宜接种疫苗，以免引起病情恶化。

为防止流产或早产，孕妇应缓接种，可采取其他预防措施。

（3）合理选用疫苗，短时间内集中接种多种疫苗时，疫苗之间可能存在干扰作用。生物武器袭击可使用的微生物、毒素种类多，而且事先无法获知准确的微生物种类，一个人身上同时接种多种疫苗需要慎重。

（4）接种反应常在接种后 24 h 发生，表现为局部红肿、疼痛、淋巴结肿大、全身发热、头痛、恶心等，数天后即可恢复正常。引起反应的主要原因是疫苗中的异种蛋白、培养基成分或防腐剂等。一般无须处理。少数人可产生严重的超敏反应及全身性疾病，如过敏性休克、接种后脑炎等，需要对症救治处理，必要时送医院治疗。

（5）在遭受核或放射袭击后，不宜立即进行活疫苗接种。

5）疫苗免疫预防的特点

（1）针对性好、特异性强、效果明确，但是只对特定的病原体有效。

（2）可以预先接种，提高机体免疫力，以减轻甚至避免生物武器袭击造成的危害。有的疫苗一次接种所获得的免疫力可以持续几年甚至终生，如牛痘苗、黄热病疫苗和野兔热疫苗等；有的采用适宜的接种方法和方案可使保护力持续数月至数年，如肉毒类毒素、炭疽疫苗和Q热疫苗等。

（3）免疫力产生需要有一段过程，一般首次接种需要2～14天才能产生初次免疫应答；而再次接种同一种疫苗时，机体会产生更为迅速和强烈的二次免疫应答。因此，保证全程免疫十分必要。

6）必须注意的问题

（1）短时间内接种多种疫苗可能存在免疫干扰和不良作用叠加现象，因此在疫苗接种前要充分了解各种疫苗的特点。目前，使用的疫苗有活苗、死苗、类毒素，接种次数、途径不同，产生免疫力的潜伏期和有效期也不相同，预防接种实施的过程较为复杂，给预防接种工作带来一定困难。因此，联合免疫方案及联合疫苗的研究具有重要意义。

（2）对现有的疫苗进行改进，并开发新型疫苗迫在眉睫。

（3）生物武器袭击可能使用的病原体种类多，疫苗种类多，用量大，需要冷链传递和冷库储备；制备周期较长，工艺复杂，紧急制备和储备都存在一定困难；研制快速生产工艺是生物防护能力建设的另一个重点。

（4）受到生物武器威胁时，人群处于紧张、疲劳等非正常状态，机体的免疫应答能力可能会受影响，免疫接种是否能起到预想的作用值得注意。

（5）疫苗接种途径多采用注射方式，较难满足大规模人群应急免疫的要求。

2. 特异性被动免疫制剂

与疫苗不同，使用含特异性抗体的被动免疫制剂可直接转移抗体，快速地使接受者获得免疫力，理论上与宿主的免疫状态无关，就可以达到预防和治疗的目的。用于特异性被动预防和治疗的抗体有动物源性抗血清、人特异性免疫球蛋白、单克隆抗体等。

1）动物源性抗血清

动物源性抗血清包括抗血清和抗毒素。抗血清是用灭活、减毒或保护性抗原免疫马后，取其带有高效价特异抗体的血清分离纯化而成，用于治疗和紧急预防相应病原体所致疾病。

目前，我国应对生物战剂的抗血清制剂品种如下：

（1）炭疽抗血清。用炭疽杆菌抗原免疫的马血浆经胃酶消化后，用硫酸铵盐析法制得的液体或冻干免疫球蛋白制剂，具有特异性中和炭疽杆菌的作用，用于炭疽病的治疗与预防。

用法用量：预防用皮下或肌内注射，一次20 mL；在治疗时，根据病情采取肌内注射或静脉滴注。原则是早期大剂量给予，第一天注射 20～30 mL。待体温恢复正常、水肿消退后，可以根据病情给予维持量。

（2）肉毒抗毒素。用肉毒类毒素免疫马，马血浆经胃酶消化提纯制得液体或冻干抗毒素球蛋白制剂，含有特异性抗体，具有中和相应毒素的作用，用于 A、B、E 型毒素的预防和治疗。美国制备有 A、B、C、D、E、F、G 七价肉毒毒素抗血清。凡是已经显现肉毒中毒症状者，应当尽快使用抗毒素进行治疗。对于可疑中毒者应尽早使用抗毒素进行预防性治疗。一般情况下，人的肉毒中毒多为 A 型、B 型或 E 型，中毒的毒素型别尚未得到确定之前，可同时使用两个，甚至三个型的抗毒素。

一般情况下，注射疫苗的用法和用量如下：

（1）皮下注射应在上臂三角肌附着处，同时注射类毒素时，注射部位需分开。

（2）肌内注射应在三角肌中部或臀大肌外上部，只有经过皮下或肌内注射未发生异常反应者方可做静脉注射。静脉注射应缓慢，开始每分钟不超过 1 mL，以后每分钟也不宜超过 4 mL。成人一次静脉注射不应超过 40 mL，儿童每千克体重不应超过 0.8 mL。静脉注射前应将安瓿在温水中加温至接近体温，注射中如果发生异常反应，应立即停止。也可将抗毒素加入葡萄糖注射液、氯化钠注射液等输液中静脉滴注。

● 预防：一次皮下或肌内注射 1 000～20 000U（指一个型），若情况紧急，亦可酌情增量或采用静脉注射。

● 治疗：采用肌内注射或静脉滴注。第一次注射 10 000～20 000U（指一个型），以后视病情调整剂量，可每隔 12 h 注射一次。只要病情开始好转或停止发展，即可酌情减量（如减半）或延长注射间隔时间。

2）人特异性免疫球蛋白

人特异性免疫球蛋白来源于恢复期患者及高效价特异性抗体供血者血浆以及接受类毒素和疫苗免疫者血浆。其特点是血清中含有高效价的特异性抗体。与动物免疫血清比较，人特异性免疫球蛋白在体内持续时间长，超敏反应发生率低。因此，常用于过敏性体质及丙种球蛋白治疗效果不佳的病例。

3）单克隆抗体

单克隆抗体具有很强的特异性和均一性，分为鼠源性单抗、嵌合性单抗和人源化单抗。动物试验结果表明，单克隆抗体治疗效果较抗血清等多克隆抗体差。此外，鼠单抗用于人体会出现很强的 HEME 反应。而人源化单抗的低亲和性尚未解决。

4）DNA 疫苗

DNA 疫苗在烈性传染病特异性预防中有明显优势，目前生产 DNA 质粒的方法已较成熟，一些商业化的兽用 DNA 疫苗已用于大动物。在 DNA 疫苗免疫原性增强（如通过改善接种方法、修饰基因结构或加入细胞因子基因等）、生产方法和纯化技术改进，以及应用树突状细胞靶向、促进 DNA 核转运、控释技术延长基因表达等研究取得突破后，一批用于生物防御的获得批准的人用 DNA 疫苗陆续上市。目前，被批准用于人体的炭疽疫苗为 AVA。埃博拉病毒（Ebolavirus，EBOV）疫苗安全性的 EBOV DNA 疫苗 I 期临床试验显示，用 ZEBOV GP、ZEBOV NP 和 SEBOVGP 三种质粒混合而成的联合疫苗接种，志愿者体内都至少产生一种抗体；细胞内细胞因子染色显示，EBOVDNA 疫苗对人安全，并有一定的免疫原性。痘病毒 DNA 疫苗、猴痘病毒和天花病毒 DNA 疫苗的免疫原性和保护性，在小鼠和非人灵长类动物模型中得到证实。

5）注意事项

（1）注意过敏反应。注射前需详细询问既往过敏史，凡是本人及其直系亲属曾有支气管哮喘、花粉症（枯草热）、湿疹或血管神经性水肿等病史，或某种物质过敏，或本人过去曾经注射过马血清制剂者，均应当特别提防过敏反应的发生。过敏试验为阳性反应者慎用，必须使用时采用脱敏注射法。

（2）早期、足量。只有在毒素尚未结合组织细胞前使用抗毒素，才能发挥其中和毒素的作用；若毒素已与组织细胞结合，抗毒素就不再发挥中和毒素的作用，因此要尽早使用而且用量要充足。

（3）每次注射应详细记录，包括姓名、性别、年龄、住址、注射次数、上次注射后反应情况、本次过敏试验结果及注射后反应情况、所用血清的生产单位及批号等。

6）不良反应及处理

（1）过敏休克。可以在注射中或注射后数分钟至数十分钟内突然发生。轻者注射肾上腺素后可缓解，重者需输液吸氧，使用升压药物维持血压，并且使用抗过敏药物及肾上腺素等进行抢救。

（2）血清病。主要症状为荨麻疹、发热、淋巴结肿大、局部水肿，偶有蛋白尿、呕吐、关节痛，注射局部可出现红斑、瘙痒及水肿。一般在注射后 7~14 天发病，称为延缓型。也有在注射后 2~4 天发病，称为加速型。对血清病应进行对症治疗，使用钙剂或抗组胺药物，一般数天至十数天即可痊愈。

（3）脱敏注射法。可用氯化钠注射液将待用血清稀释 10 倍，分小量多次皮下注射，每次注射后观察 30 min。第一次可注射 10 倍稀释的血清 0.2 mL，观察无发绀、气喘或显著呼吸短促、脉搏加速时，即可第二次注射 0.4 mL，如仍无反应则可第三次注射 0.8 mL，如仍无反应即可将安瓿中未稀释的血清全量皮下或肌内注射。有过敏史或过敏试验强阳性者，应将第一次注射量和以后的递增量适当减少，分多次注射，以免发生剧烈反应。注射血清后应当至少观察 30 min。

（三）非特异性免疫预防

对于某些没有特异性免疫制剂的生物战剂病原体，通过应用生物制剂或药物来调节机体的免疫状态，以达到减轻生物武器危害的作用。常用的制剂有以下几种。

1. 正常人丙种球蛋白和胎盘丙种球蛋白

正常人丙种球蛋白是正常人血浆提取物，含 IgG 和 IgM；胎盘丙种球蛋白则是健康孕妇胎盘血液提取物，主要含 IgG。由于多数成人已隐性或显性感染过多种传染病，或接种过多种疫苗，血清中含有多种抗体。因此，这两种丙种球蛋白可用于潜伏期治疗或紧急预防，以达到防止发病、减轻症状或缩短病程的目的。此种方法没有特异性，但也具有一定的预防效果。

2. 细胞因子

细胞因子是由造血系统、免疫系统或炎症反应中的活化细胞产生的，能够调节细胞分化增殖和诱导细胞发挥功能，是高活性多功能的多肽、蛋白质或糖蛋白。细胞因子作用范围广泛，可以增强机体非特异性免疫力。其中应用于病毒感染的主要有干扰素（IFN），是真核细胞对病毒感染应答所产生的天然产物，对某些病毒有效，如 IFNγ、IFNα2b 等对多种病毒具有抑制作用。

3. 化学合成制剂

左旋咪唑对免疫功能低下的机体具有较好的免疫增强作用，对正常的机体作用不明显。三氯合碲酸铵（AS-101），能刺激淋巴细胞增殖，产生白细胞介素 2（IL-2）和集落细胞刺激因子（CSF），提高淋巴细胞对丝裂原的敏感性。胞壁酰二肽是分枝杆菌胞壁中最小免疫活性单位，具有非特异性抗感染和抗肿瘤作用。异丙肌苷（isoprinosine，ISO）是 N-二甲基氨基-2-丙醇和肌苷组成的复合物，是抗病毒药，能够干扰和抑制病毒 RNA 的复制；有类似胸腺素样活性，能够诱导 T 细胞成熟，增强其对丝裂原的敏感性，促进 T、B 细胞的活化、增殖和分化；激发体内巨噬细胞和 NK 细胞的生物活性。

4. 中药和提取物

黄芪、人参、枸杞子和香菇、灵芝等的多糖成分和复方等都有明显的免疫增强，能提高机体的细胞免疫和体液免疫功能。

三、药物预防

药物预防又称为化学预防，是生物武器袭击医学防护工作中的重要应急措施。受到生物武器袭击后一般有一段潜伏期。在这段时间内，可以对暴露人群进行药物预防，以预防发病，降低发病率和病死率。

（一）药物预防的对象

在初步判定遭受生物武器袭击，并明确污染区和疫区后，在进行调查、检验、消毒、杀虫、灭鼠和预防接种的同时，可以对特定的人群进行药物预防。药物预防的对象包括：与生物战剂有密切接触的人员；已吞入或吸入生物战剂或触摸、吞食受到污染的物品、食物及饮水的人员；污染区或疫区内，被媒介昆虫叮咬过的人员；曾经参与或将要参与救治、护理和照顾传染病人的人员；可能在污染区和疫区停留的人员。这些人员一旦确定，即给予药物预防，见表8-3。

表8-3 几种生物战剂所致疾病的药物预防

疾病名称	药物名称	用法	成人用量	用药时间
鼠疫	四环素	口服	每天四次，每次500 mg	7天
	多西环素	口服	每天两次，每次100 mg	7天
	环丙沙星	口服	每天两次，每次500 mg	7天
	磺胺嘧啶	口服	每天四次，每次4 g	第一天
炭疽	四环素	口服	每天两次，每次2 g	2~4天
		口服	每天四次，每次2 g	5~6天
	多西环素	口服	每天两次，每次200 mg，并开始接种疫苗	连续4周
	环丙沙星	口服	每天两次，每次500 mg，并开始接种疫苗	连续4周
土拉菌病（野兔热）	青霉素	肌注	每天160万单位，分两次	5~6天
	四环素	口服	每天四次，每次500 mg	14天
霍乱	多西环素	口服	每天两次，每次100 mg	14天
	链霉素	肌注	每天一次，每次1 g	7天
	四环素	口服	每天四次，每次1 g	5天
Q热	多西环素	口服	第一天200 mg，以后每天100 mg	3天
	呋喃唑酮	口服	每天两次，每次200 mg	4天

续表

疾病名称	药物名称	用法	成人用量	用药时间
落矶山斑点热	氯霉素四环素	口服	每天四次，每次 0.5 g	5~7 天
	多西环素	口服	暴露前 8~12 天开始，每天两次，每次 500 mg	连续 5 天
	氯霉素四环素	口服	每天四次，每次 0.5 g	5~7 天
鸟疫衣原体布氏菌病天花拉沙热	多西环素	口服	暴露前 8~12 天开始，每天两次，每次 500 mg	连续 5 天
	四环素	口服	每天四次，每次 0.5 g	12 天
	多西环素 + 利福平	口服	每天多西环素 200 mg，利福平 750 mg	
	甲靛半硫脲	口服	每天两次，每次 3 g，间隔 12 h	3 天
	利巴韦林	静脉注射和口服	病程早期用 10 天，每天 60 mg/kg，连续四天，以后每天 30 mg/kg，口服	

（二）药物预防的原则

在进行群众性药物预防时，由于规模较大，可能会出现毒性反应、抗药性及双重感染等。因此，必须在医务工作者的指导和监督下有组织、有计划地进行，对用药的种类、剂量、反应及效果等应有详细的记录，以备查询。药物预防必须遵循如下原则：

1. 有针对性

服用一种抗致病微生物的药物不可能杀灭或抑制所有致病微生物，也不可能预防所有生物战剂引起的疾病。因此，药物预防必须有针对性，在初步判定生物战剂种类的情况下，对症用药。在紧急情况下，可使用广谱抗菌药物进行预防。

2. 注意时效性

药物预防的用药期不应拖得很长，一般控制在 3~5 天，不宜超过 10 天。如果延长服药期或不规则地继续服药，可能引起病原体的抗药性或服药者的耐药性，从而影响预防效果；长期服药，还可能引起不良反应。

3. 注意抗药性或耐药性

在对生物战剂进行检验鉴定时，应做药物敏感试验。药物预防对无抗药性的生物战剂有效，但是当致病微生物具有抗药性时，不应当采取传统的药物预防措施，而应该进行积极的药物治疗。

4. 掌握用药剂量和方式

在暴露后使用药物实际上是一种预防性治疗，所需剂量应接近治疗剂量，否则不易达到预防效果。而剂量过大既浪费药物，又可能造成难以预料的毒性反应。

在生物武器袭击已经确认而病原尚未查明时，应该对易感人群及高危人群使用广谱抗生素，如多西环素或青霉素和链霉素配伍用于预防各种革兰氏阳性或阴性细菌的感染。为了节省药物、减少投药次数及获得长期预防效果，也可使用长效磺胺，如复方磺胺甲噁唑（复方新诺明）等。

5. 注意药物的不良反应

一般情况下，要从药物过敏反应、直接毒性、双重感染、诱发抗药性和药理配伍禁忌等方面密切关注药物预防过程中的不良反应，避免造成不必要的损失。不良反应主要有以下几种：

（1）过敏反应。有些人对青霉素、链霉素或头孢菌素等过敏，接触药物后（滴眼、口服或注射），可引起荨麻疹、血管神经性水肿、发热、皮疹等，重者可致休克，甚至死亡。在用药前，应当询问药物过敏史，按要求做皮内过敏试验。

（2）直接毒性。过量及长期服用磺胺药及氯霉素可损伤造血系统，严重者可能引起再生障碍性贫血。四环素可引起幼儿牙齿黄染。

（3）双重感染。长期服用抗菌药物后，可抑制口腔及肠道内的正常菌群，从而使原来不致病的条件菌如真菌等繁殖，引起双重感染，如念珠菌腹泻及口腔糜烂等。

（4）抗药性。注意查明病原体的药物敏感性，针对性用药。长期使用四环素及磺胺类，可能诱导产生抗药性。

6. 注意用药的配伍禁忌

联合用药时，注意配伍禁忌和毒性、效能的改变。例如，磺胺类可使口服降糖药及肝素从血清蛋白变位而引起毒性。还要考虑药物代谢及排泄引起的问题，如服用磺胺类时需同时服用碳酸氢钠并多饮水，以防磺胺类结晶潴留于肾小管中阻断泌尿。

7. 注意考虑重点人群

在药物不足的情况下，应首先保证在污染区和疫区长期停留的医务人员和现场处置人员，以及当地易感的儿童、老人和妇女等。总之，在进行群众性药物预防时，由于费用大，可能有毒性反应或产生抗药性及双重感染等问题。必须在医师的指导和监督下，有组织、有计划地进行，对用药的种类、剂量、反应及效果，应有详细的记录。

应该强调的是，生物武器的医学防护应该采取综合措施。例如，在生物战剂感染后的潜伏期内，实施预防性治疗，以预防部分人员发病或减轻损伤的严重性。对于可能接触的人员应当根据情况，可以联合应用免疫预防与药物预防措施，但是要注意不良反应。

（三）药物作用机制

药物作用机制是说明药物为什么能引起作用和如何产生作用的问题。学习药物作用机制，有助于了解药物作用和不良反应的本质，从而为提高药物疗效和防止不良反应提供理论基础。

（1）改变理化性质。药物通过改变细胞周围环境的理化性质而发挥作用。如口服氢氧化铝中和胃酸，可以用于治疗胃酸过多症。

（2）对酶活性的影响。有些药物通过抑制或增强体内某些酶的活性而发挥作用。如阿司匹林可抑制前列腺素合成酶，使前列腺素合成减少，从而呈现解热镇痛作用。

（3）影响细胞膜通透性。有些药物可直接影响细胞膜内外离子，主要是影响 K^+、Cl^- 和 Ca^{2+} 等通透性而发生作用。例如，局部麻醉药抑制钠通道而且阻断神经传导。

（4）药物与受体作用。随着分子药理学的发展，对受体的认识逐渐深入，目前已有许多药物可以利用受体学说来解释其作用机制。

①受体概念。能与配体发生特异性结合并产生特殊效应的蛋白质。目前，已知的受体种类较多，如肾上腺素受体、胆碱受体、多巴胺受体、组胺受体、强心苷受体、吗啡受体、糖皮质激素受体等。

②药物与受体的结合。药物与受体结合引起生物效应必须具备两个条件，即亲和力和内在活性。亲和力是指药物与受体结合的能力，亲和力大则与受体结合的多，亲和力小则结合的少；内在活性是指药物与受体结合时能激活受体产生特异性药理活性的能力。药物与受体结合产生两种不同的结果，即产生内在活性或不产生内在活性。对受体既有亲和力又有内在活性的药物称为受体激动剂。例如，肾上腺素能与 P 受体结合，激活 α 受体引起心率增快、心缩力增强等效应。对受体有亲和力而无内在活性的药物称为受体阻断剂或受体抑制剂。例如，普萘洛尔能与归受体结合，但是不能激活该受体，使体内的肾上腺素不能激活 β 受体，引起心率减慢、心缩力减弱等效应。

机体对药物的作用表现为药物在体内过程中的吸收、分布、生物转化和排泄。它们可以影响血浆中药物浓度，并表现出血药浓度随时间变化的规律，为临床制定合理的给药方案提供理论依据。

1. 药物的跨膜转运

药物通过生物膜的过程称为药物的跨膜转运。药物在吸收过程中或吸收后转运时都需要透过生物膜，药物透过生物膜转运方式主要有被动转运和主动转运两种。

1）被动转运

被动转运是一种不耗能的顺浓度差转运的方式。药物由高浓度侧向低浓度侧转运，膜两侧浓度差越大，药物转运的速度越快。

（1）简单扩散。简单扩散又称为脂溶扩散，药物以其脂溶性溶入细胞膜脂质层，从而透过细胞膜，大多数药物用这种方式转运。

（2）膜孔扩散。小分子水溶性药物可通过细胞膜的膜孔而扩散，它受渗透压的影响。

（3）易化扩散。易化扩散包括不耗能的载体转运和离子通道转运。一些不溶于脂质而与机体生理代谢有关的药物如葡萄糖、氨基酸、核酸等均用此种方式转运。

2）主动转运

主动转运是一种耗能的逆浓度转运，药物与泵结合后，可以由低浓度侧转向高浓度侧，将药物释放。这种转运需要消耗能量，并且表现出高度特异性、饱和现象和竞争性抑制现象。

3）基团转位

基团转位是一种主动运输方式，有一个复杂的运输系统完成物质的运输，而物质在运输过程中会发生化学变化。需要特异性的载体蛋白和能量，但是它的能量来源是磷酸烯醇式丙酮酸（PEP）。在研究大肠杆菌对葡萄糖和金黄色葡萄球菌对乳糖的吸收过程中，发现这些糖进入细胞后以磷酸糖的形式存在于细胞之中，表明这些糖在运输的过程中发生了磷酸化作用，其中的磷酸基团来源于胞内的磷酸烯醇丙酮酸（PEP）。因此，也将基团转位称为磷酸烯醇丙酮酸—磷酸糖转移酶运输系统（PTS），简称磷酸转移酶系统。PTS通常由5种蛋白质组成，包括酶Ⅰ、酶Ⅱ（包括a、b和c三个亚基）和一种低相对分子质量的热稳定蛋白质（HPr）。酶Ⅰ和HPr是非特异性的细胞质蛋白，酶Ⅱ$_A$是可溶性细胞质蛋白，亲水性酶Ⅱ$_B$与位于细胞膜上的酶Ⅱ$_C$相结合。在糖的运输过程中，PEP上的磷酸基团逐步通过酶Ⅰ、HPr的磷酸化与去磷酸化作用，最终在酶Ⅱ的作用下转移到糖，生成磷酸糖释放于细胞质中。

主要用于糖的运输，脂肪酸、核苷、碱基等也可以通过这种方式运输。

详细反应如下：

PEP + EⅠ→EⅠ – P + Pyruvate

EⅠ – P + HPr→HPr – P + EⅠ

HPr – P + EⅡ$_A$→EⅡ$_A$ – P + HPr

EⅡ$_A$ – P + EⅡ$_B$→EⅡ$_B$ – P + EⅡ$_A$

EⅡ$_B$ – P + Sugar（ext）→EⅡ$_B$ + Sugar – P（int）

真核生物中不存在基团转位。

2. 药物的体内过程

1）吸收

药物从给药部位进入血液循环的过程称为吸收。吸收快而完全的药物，血药浓度升高快，因而作用快，作用强；反之，吸收慢的药物，则作用慢，维持时间长。

机体的许多部位都可引起药物吸收，如消化道吸收、皮肤黏膜吸收和呼吸道吸收。消化道吸收的给药途径包括口服给药、直肠给药、舌下给药。影响吸收的因素有很多，这里主要介绍影响消化道吸收的因素。

（1）药物的理化性质。药物的分子量、脂溶性、溶解度和解离度等均可影响药物的吸收。一般认为，药物分子越小，脂溶性越高，越容易吸收；反之则不容易吸收。脂溶性高低与药物化学结构及 pH 值有关。弱酸性药物在酸性环境下，解离减少，极性降低，脂溶性增高，容易吸收。弱碱性药物在碱性环境下，解离少，极性低，脂溶性高，容易吸收。因此，在临床上可以通过调节体内 pH 值来改变药物吸收量。

（2）首过效应。首过效应又称为首关消除，是指某些口服的药物经肠黏膜吸收和肝脏代谢后，进入体循环的药量减少，药效降低，这种现象称为首过效应。某些药物由于口服后首过效应明显，吸收极小，因而需要舌下给药。

（3）生物利用度。生物利用度是指药物制剂被机体吸收利用的程度和速度，即一种药物其不同类型的制剂进入体循环的相对数量的速度。虽然，药物制剂中的主药含量相等，但是由于制剂类型不同，或相同制剂而生产的厂家不同，应用后药物吸收的量可能有差别。

生物利用度的计算公式如下：

$$生物利用度 = \frac{实际吸收药量}{给药量} \times 100\% \quad （\%）$$

（4）吸收环境。在口服药物时，肾的排泄功能、肠蠕动的快慢、pH 值高低、肠内容物的多少及局部血流量供应等对药物的吸收均有影响。

2）分布

药物被吸收后，经过血液循环到达各组织器官。一般来说，药物分布与药物作用关系密切，分布浓度高的部位，药物在此部位的作用强。有许多因素可能影响药物的分布。

（1）药物的理化性质。药物分子大小、脂溶性、极性、与组织亲和力及稳定性等均可能影响药物分布。

（2）药物与血浆蛋白结合。药物进入血液后可与血浆蛋白结合，结合型药物暂时不能发挥作用，也不容易透过生物膜。但是，这种结合是可逆的，结合型变成游离型再发挥作用。与血浆蛋白结合率高的药物，生效慢，作用维持时间较长。不同的药物，与血浆蛋白亲和力也不相同，因而两种药物同时使用可能竞争与同一种蛋白结合而发生置换现象。

（3）药物与组织的亲和力。有些药物与某些组织细胞有特殊的亲和力，使药物在这些组织中的浓度较高，如碘在甲状腺中的浓度比其他部位高。

（4）某些特殊屏障。体内有许多屏障，如血脑屏障、胎盘屏障、血眼屏障等。由于有这些屏障，某些药物不易透过这些屏障而到达组织，如血脑屏障可阻止某些大分子、水溶性和极性高的药物通过，阻止其进入脑组织而影响其疗效。

3）生物转化

药物在体内发生的化学变化称为生物转化或代谢。多数药物经过生物转化后失去活性，并转化为极性高的代谢物而排出体外，只有极少数药物经转化后作用增强，如环磷酰胺转化成磷酰胺氮芥后抗癌作用增强。所以，药物的生物转化可以看作是药物失活的过程。

药物在体内的生物转化方式有氧化、还原、水解和结合，转化主要在肝脏进行，因为肝脏细胞的内质网中存在着能代谢药的酶称为药酶。药酶具有专一性（特异性）差，催化外来物质和肝功能下降时其活性降低的特点。现在已经分离出 70 余种药酶，能对近 300 种药物起反应。

肝药酶的活性和含量是不稳定的，而且个体差异性大，又容易受到某些药物的影响。凡是能使药酶合成加速、活性增强的药物称为药酶诱导剂，它可加速自身和其他某些药物的代谢，从而使其疗效下降。例如，苯巴比妥能使药酶活性增强，连续用药能加速自身的代谢和抗凝血药华法林的代谢，使其药效下降。凡是能使药酶合成减少、活性降低的药物称为药酶抑制剂，它能够减慢其他药物的代谢。例如，氯霉素为药酶抑制剂，能够减慢苯妥英钠的代谢，在两种药物同时服用时可以使苯妥英钠代谢失活减慢，血药浓度升高，药效增强，甚至出现毒性反应。

4）排泄

血浆中的药物及其代谢产物主要经肾脏排泄，也可以经胆道、呼吸道、乳腺、汗腺等排泄，口服未被吸收的药物经肠道随粪便排出。

（1）肾排泄。肾是排泄药物的主要器官。肾功能是否正常可以直接影响药物的排泄，肾功能不良时，药物排泄速度减慢，反复用药可致药物蓄积，甚至中毒，故应注意。药物排泄快慢可影响作用持续时间，排泄快的药物，作用时间短，反之则长。为了维持药物的疗效，可以反复多次给药或采用长效制剂。

（2）胆汁排泄。某些药物及其代谢产物在胆汁中浓度较高，有利于胆道感染的治疗。有的抗菌药物经胆汁排泄在肠道中，再次被吸收而形成肝肠循环，可使药物的作用时间延长。

（3）乳汁排泄。药物经简单扩散的方式进入乳汁，某些脂溶性和弱碱性药物如吗啡、阿托品等可自乳汁排出，因而哺乳期妇女用药应当注意，以免引起婴儿不良反应。

（四）药物消除与蓄积

药物的消除是指药物经生物转化和排泄使药物活性消除的过程，药物消除的快慢与药物的半衰期 $t_{1/2}$ 长短有关。所谓的半衰期，是指血药浓度下降 1/2 所需要的时间。半衰期的意义在于决定给药间隔，半衰期长的药物给药间隔长，每天给药次数少；另外，用药物的半衰期可推算出体内残存的药量。

药物蓄积是由于反复多次用药，体内药物不能及时消除，血药浓度逐渐升高而产生的。临床上可利用药物的蓄积，使血药物浓度达到有效水平。但是药物在体内蓄积过多，则会引起蓄积中毒。

抗微生物药是指对微生物有抑制生长繁殖或杀灭作用，用于防治病原微生物感染性疾病的一类药物。抗生素是由某些微生物在代谢过程中产生的，能干扰其他生活细胞发育功能的化学物质（表 8-4）。

表 8-4 抗生素的分类

分类	一级抗菌药物	二级抗菌药物	三级抗菌药物
青霉素类	盘尼西林、甲氧西林	阿莫西林、氨苄西林	美罗培南
头孢菌素类	头孢氨苄、头孢替安、头孢羟氨苄、头孢西丁、头孢唑啉、头孢拉定、头孢克洛、头孢呋辛、头孢匹胺、头孢硫脒	头孢丙烯、头孢曲松、头孢克肟、头孢米诺、头孢他啶、头孢地尼、头孢拉氧、头孢替唑、头孢美唑、头孢噻肟、头孢哌酮、头孢孟多	头孢匹罗、头孢吡肟、头孢唑喃
β-内酰胺酶抑制剂	阿莫西林克拉维酸钾、阿莫西林舒巴坦	头孢哌酮舒巴坦、派拉西林舒巴坦、头孢哌酮他唑巴坦	亚胺培南西司他丁、帕尼培南倍他米隆

续表

分类	一级抗菌药物	二级抗菌药物	三级抗菌药物
氨基糖苷类	丁胺卡那、庆大霉素、阿米卡星、链霉素	奈替米星、妥布霉素、依替米星、大观霉素、异帕米星	
酰胺类		氯霉素	
糖肽类			万古霉素、去甲万古霉素、替考拉宁
大环内酯类	红霉素、琥乙红霉素、吉他霉素、乙酰吉他霉素	阿齐红霉素、罗红霉素、克拉霉素	泰利霉素
四环素	四环素、多西环素、土霉素	米诺环素	
磺胺类	磺胺甲恶唑、甲氧苄啶		
喹诺酮类	环丙沙星、氧氟沙星、诺氟沙星、左氧氟沙星	氟罗沙星、依诺沙星、洛美沙星、加替沙星、司帕沙星、莫西沙星	帕珠沙星
呋喃类	呋喃妥因、呋喃唑酮		
抗真菌药	制霉菌素、克霉唑、联苯苄唑、特比奈酚、酮康唑、氟胞嘧啶	氟康唑、咪康唑	伊曲康唑、两性霉素B
硝咪唑类	甲硝唑、苯酰甲硝唑、替硝唑	奥硝唑	

注：主治医师以下职称使用一级抗菌药物，使用二级抗菌药物需要主治医师或分管院长审批，三级抗菌药物需要科内讨论或分管院长审批。

1. 抗生素作用机制

抗菌药物的作用机制主要是通过干扰病原体的生化代谢过程，影响其结构和功能，使其失去正常生长繁殖的能力而达到抑制或杀灭病原体的作用。

1）抑制细菌细胞壁的合成

细菌细胞壁位于细胞浆膜之外，是人体细胞所不具有的。它是维持细菌细胞外形完整的坚韧结构，能够适应多样的环境变化，并能够与宿主相互作用。细胞壁的主要成分为肽聚糖（peptidoglycan），又称黏肽，它构成网状巨大分子包围着整个细菌。革兰氏阳性菌细胞壁坚厚，肽聚糖含量为 50%～80%，菌体内含有多种氨基酸、核苷酸、蛋白质、维生素、糖、无机离子及其他代谢物，因而菌体内渗透压高。革兰氏阴性菌细胞壁比较薄，肽聚糖仅占 1%～10%，类脂质较多，占 60% 以上，而且胞浆内没有大量的营养物质与代谢物，因而菌体内渗透压低。革兰氏阴性菌细胞壁与阳性菌不同，在肽聚糖层外具有脂多糖、外膜及脂蛋白等特殊成分。外膜在肽聚糖层的外侧，由磷脂、脂多糖及一组特异蛋白组成，它是阴性菌对外界的保护屏障。革兰氏阴性菌的外膜能阻止 penicillin 等抗生素、去污剂、胰蛋白酶与溶菌酶的进入，从而保护外膜内侧的肽聚糖。

青霉素类（penicillins）、头孢菌素类（cephalosporins）、磷霉素（fosfomycin）、环丝氨酸（cycloserine）、万古霉素（vancomycin）、杆菌肽（bacitracin）等，通过抑制细胞壁的合成而发挥作用。青霉素类与头孢菌素类的化学结构相似，它们都属于 β–内酰胺类抗生素，其作用机制之一是与青霉素结合蛋白（penicillin binding proteins，PBPs）结合，抑制转肽作用，阻碍了肽聚糖的交叉联结，导致细菌细胞壁缺损，丧失屏障作用，使细菌细胞肿胀、变形、破裂而死亡。

2）改变胞浆膜的通透性

多肽类抗生素如多黏菌素 E（polymyxins），含有多个阳离子极性基团和一个脂肪酸直链肽，其阳离子能与胞浆膜中的磷脂结合，使膜功能受损；抗真菌药物制霉菌素（nystatin）和两性霉素 B（amphotericin），能够选择性地与真菌胞浆膜中的麦角固醇结合，形成孔道，使膜通透性改变，细菌内的蛋白质、氨基酸、核苷酸等外漏，造成细菌死亡。

3）抑制蛋白质的合成

细菌核糖体的沉降系数为 70S，可解离为 50S 和 30S 两个亚基，而人体细胞的核糖体的沉降系数为 80S，可解离为 60S 和 40S 两个亚基。人体细胞的核糖体与细菌核糖体的生理、生化功能不同，因此，抗菌药物能选择性影响细菌蛋白质的合成而不影响人体细胞的功能。

细菌蛋白质的合成包括起始、肽链延伸及合成终止三个阶段，在胞浆内通过核糖体循环完成。抑制蛋白质合成的药物分别作用于细菌蛋白质合成的不同阶段。

（1）起始阶段。氨基苷类（aminoglycosides）抗生素阻止 30S 亚基和 70S

亚基合成始动复合物的形成。

（2）肽链延伸阶段。四环素类（tetracyclines）抗生素能与核糖体30S亚基结合，阻止氨基酰tRNA在30S亚基A位的结合，阻碍了肽链的形成，产生抑菌作用。

（3）终止阶段。氨基苷类（aminoglycosides）抗生素阻止终止因子与A位结合，使合成的肽链不能从核糖体释放出来，致使核糖体循环受阻，合成不正常无功能的肽链，因而具有杀菌作用。

4）影响核酸代谢

喹诺酮类（quinolones）抑制DNA回旋酶（gyrase），从而抑制细菌的DNA复制和mRNA的转录；利福平（rifampicin）特异性地抑制细菌DNA依赖的RNA多聚酶，阻碍mRNA的合成；核酸类似物如抗病毒药物阿糖腺苷（vidarabine）、更昔洛韦（ganciclovir）等抑制病毒DNA合成的酶，使病毒复制受阻，发挥抗病毒的作用。

5）影响叶酸代谢

细菌不能利用环境中的叶酸（folic acid），而必须利用对氨苯甲酸和二氢蝶啶在二氢叶酸合成酶的作用下合成二氢叶酸，再经二氢叶酸还原酶的作用形成四氢叶酸。磺胺类（sulfonamides）和甲氧苄啶（trimethoprim）可以分别抑制叶酸合成过程中的二氢叶酸合成酶和二氢叶酸还原酶，影响细菌体内的叶酸代谢。由于叶酸缺乏，细菌体内氨基酸、核苷酸的合成受阻，导致细菌生长繁殖不能进行。抗结核药对氨基水杨酸（para-aminosalicylic）竞争二氢叶酸合成酶，抑制结核杆菌的生长繁殖。

第九章

生物防护技术与装备的发展

近年来，国际上不断爆发的埃博拉、登革热以及疯牛病、禽流感等疫情，使生物防护成为整个国际社会关注的一个重点，各国都加强了应对生物危机的对策和措施，并提出加强国际核、化、生安全战略的统一行动，形成国际合力的重要性。

美国重新确定了应对核、化、生威胁的国家战略目标，制定了多个政策文件指导核、化、生防护，为保护国土安全勾画战略框架，并积极发展技术和决策指导工具，更新防御理念，保卫国土安全。俄罗斯在联邦政府目标计划中增加了"俄联邦核、化、生安全国家系统"计划。俄罗斯还特别强调旨在破坏农牧业的生物恐怖主义，并列举了俄罗斯为确保生物安全、打赢生物恐怖之战而采取的诸多措施。

第一节　生物防护技术的发展

生物工程技术、材料科学技术、微电子技术、计算机技术、遥感技术、激光技术、光学和光纤传感器、无人机、机器人技术等在防化装备领域中的应用，为研制下一代新式生物装备提供技术储备。激光、红外、机器人等技术的发展导致了快速报警、自动侦检技术的进步，已经明显改变了战场识别的战术和步骤。目前，应急反应人员已经能够依靠手持探测仪器直接进行现场快速识别，而无须从危险区域提取样本。傅里叶变换红外光谱分析技术、拉曼光谱技术得到广泛应用，使得生物检测手段更加多样化。法国正在研制的新概念生物识别系统，实现了从空气样本收集到分析结果识别的全程自动化，并成为可实时、持续监测的空气监视系统。为了加强整个欧洲防范生物战剂的准备，欧洲多个国家共同创建了生物防护实验室网络，有效提高了核实使用生物战剂的能力。

一、生物战剂侦检技术

目前，生物战剂侦检研究的重点包括 DNA 芯片（寡核苷酸芯片及重测序芯片）、全基因组及复合扩增、病原体广谱检测，以及蛋白质组学及生物信息学方法。

（1）基于核酸及免疫诊断方法的开发，包括利用蛋白质组鉴定新的靶点，以及利用重组技术增强试剂的检测能力和一致性以及更为有效的样品制备方法。

（2）研究新型的生物战剂或宿主特异性的标志物，确定是否存在生物战剂及人员是否接触过生物战剂。目前的研究重点包括感染早期、中期及晚期鉴定，宿主的反应及战剂的变化，以及利用分子流行病学、基因组学和蛋白质组学等方法对生物战剂进行生物学研究。

（3）研究开发的诊断测试方法及平台，美国防部开发的测试平台可对动物模型系统进行病理学和毒理学方面的评价。

二、生物战剂洗消技术

生物战剂洗消方面研究的热点，主要集中在洗消方法和大规模洗消技术、新型消毒剂研究、消毒毒理学、敏感装备洗消等方面。此外，突发事件的应急洗消、结合高新技术开发的绿色洗消也备受关注。

（1）洗消方法。洗消方法主要有热空气洗消法、有机溶剂洗消法和吸附剂洗消法。高温、高压、射流洗消装备利用高温和高压形成的射流洗消，产生物理和化学双重洗消效能。因此，具有洗消效率高、省时、省力、省洗消剂甚至不用洗消剂等特点，代表了当今洗消技术的国际水平和发展趋势。

（2）大规模洗消技术。高温、高压、射流洗消技术的采用是新一代洗消装备的特征和标志。免水洗消技术是针对不能用水基和传统的具有腐蚀性的洗消剂洗消的电子、光学精密仪器、敏感材料而发展成的一种新技术。从整体技术而言，免水洗消技术尚处于起步阶段。

（3）消毒剂研究。通过采用新材料、新技术，研究多用途、低腐蚀、无污染且具有快速反应能力的洗消剂是发展的主要趋势。研究方向有生物酶催化、过氧化物消毒剂、纳米金属氧化物和自动消毒，开发消除有毒物质而对被污染对象无性能降低的技术。

三、生物战剂防护技术

防护方面主要针对威胁形势的变化，荷兰学者对皮肤防护的构成要素重新进行了研究。加拿大对作战服与防护服进行了充分结合，其在研的新一代常规作战服、CB[plus]，不仅能够防御生物战剂及高毒性工业物质，而且生理负担较小。CB^{plus}并非完全替代原 CBRN 防护装备，而是在威胁较低的情况下暂时替换 CBRN 防护装备，以避免长时间穿戴防护装备造成的高生理、心理负荷。

国外医学救治的研究重点在于对传统生物战剂的预防和治疗，如寻求新的疫苗方案或利用定点突变形成技术、定向进化技术来改良现有医疗手段。美军生物防护疫苗研究涉及多联疫苗、分子疫苗、新型疫苗平台和佐剂，以及无针疫苗递送方法等。

（1）开发多联疫苗。美军近年来对疫苗研发战略进行了调整，主要是向着多联疫苗的方向发展。美军原来研发的疫苗只针对一种病原体或几种密切相关的病原体；而目前的研究重点则是通过疫苗的一次免疫接种，即可同时对多种生物威胁病原体及毒素产生免疫反应。多联疫苗将大大减少开支，提高使用者的依从性。

（2）其他疫苗相关研究。美军支持疫苗候选株向高级开发阶段转化。同时，利用蛋白质组学、基因组学及生物信息学等系统生物学研究的新型工具，在病原体遗传学、毒力因子、宿主与病原体的相互作用机制、致病机制及宿主免疫性等方面提供新思路，确定新的疫苗靶点，用于开发下一代更高级的分子及多联疫苗。

（3）技术开发包括分子疫苗及分子免疫学研究两个方面。分子疫苗方面的工作包括发展基于基因的疫苗技术和鉴定候选疫苗平台的有效性。这些疫苗平台可允许插入新的免疫盒，有利于针对基因工程改造的生物战剂，或新发传染病等新型生物威胁病原体，进行疫苗的快速开发。而分子免疫学方面的工作，包括研究保护性免疫的分子机制和开发下一代新型生物防护疫苗。

（4）治疗。美军主要依托联合生物战剂鉴定和诊断体系计划。美军在治疗领域的主要目标是开发针对细菌、病毒或毒素的安全有效的治疗措施。目前，主要在基因及分子水平研究微生物及毒素的毒力、致病性及毒性分子机制，以及在修复和康复方面的关键因素。是否会取得研究进展，取决于能否开发出有效的动物模型及替代品。

①针对细菌治疗措施的研究：鉴定新型的治疗靶点，用于开发针对细菌感染的新型治疗措施。重点研究抗生素抗药性机制，以及不依赖于传统抗生素的新型抗菌措施。此外，还评价目前美国食品药品管理局已经批准的药物或制剂治疗细菌感染是否有效。

②针对病毒治疗措施的研究：目前的研究重点是将这些技术向高级开发阶段转化。该领域的研究还包括鉴定新型治疗靶点，用于下一代病毒性疾病的治疗。此外，还评价目前美国食品药品管理局已经批准的药物或制剂治疗病毒感染是否有效。

③针对毒素治疗措施的研究：研究毒素与其受体的结合方式，探讨毒素的生化活性，并且鉴定这些生化活性所引起的级联放大效应。上述研究成果将被用于鉴定新型治疗靶点，并用于下一代毒素中毒性疾病的治疗。此外，还评价目前美国食品药品管理局已经批准的药物或制剂治疗毒素造成的危害是否有效。

第二节　生物防护装备的发展

生物防护装备主要包括监测预警装备、侦察采样装备、检验装备、防护装备及一体化装备。目前各军事大国都在积极研制快速可靠的生物防护装备。相对化学战剂，生物战剂种类繁多，且结构复杂，识别困难，使得生物防护装备的研制难度增加。

一、生物侦检装备

国外的生物防护装备经过多年发展，已经形成了门类齐全、系统配套、功能完善的装备体系。外军装备有专用生物或核生化一体联合侦检系统，包括定点和机动等不同类型，能完成 2.5~40 km 范围内的监测、侦察和报警任务，可在短时间内完成多种生物战剂的监测和鉴定，也形成了按照侦检程序和功能分类的较为完整的战剂侦检装备体系。美国已形成按照生物侦检任务的程序分类的完备的生物战剂侦检装备体系，形成了远程、中程、近程现结合的监测预警装备网络体系，具备便携、车载、固定的多种侦察采样手段和多样化的检验装备，实现了机动、固定的核化生一体化的综合性侦检装备体系。英国将监测预警和侦察采样装备一体化，实现了远程监控、网络化传输以及 GPS 定位，检验鉴定装备主要利用 ATP 技术进行识别，具备专业的核、化、生中心实验室。德国的生物侦检装备体系与英国构建一致，但是在装备的灵敏度以及准确性上发展更为先进。近年来，加拿大也大力发展生物侦检装备建设，形成了与美国类似的生物侦检装备体系。

美国的生物监测预警装备近程 1 km 以内的可以实现细菌、病毒以及毒素的准确监测，响应时间在 2 min 以内，最短 30 s；远程监测可达到 50 km，可以实时监控并可形成网络。目前，美国在生物战剂侦检装备的发展上仍然处于领先优势，已经形成较为完备的监测预警、侦察采样以及检验鉴定的多程化、机动和固定相结合、专业和综合互补的功能齐全、系统配套的侦察体系。英国的生物监测预警装备可实现对空气中的生物战剂实时探测；响应时间在 2 min 以内，实现了远程监控、网络化传输以及 GPS 定位。德国的生物监测预警装备更加完备，形成了远、中、近多程探测体系，灵敏度可以达到几秒，样品识别的准确度更高，可以形成复杂的传感器网络。加拿大的生物监测预警装备发展迅速，它的空气生物战剂实时探测系统可在 20 s 内评估出空气中潜在的或静态的生物威胁，形成了远程、近程配套，便携、车载结合的装备体系。

随着现代科学技术的发展，生物侦检技术与装备已由传统的、简单的迹象判定、流行病学监测等方法与手段，发展到利用精密仪器的生物战剂侦检分析。目前，世界各国在生物侦检方面都加大了研究力度，生物侦检装备的发展趋势更是朝着操作上自动化、速度上实时化、体积上小型化、功能上集成化和空间上网络化的方向发展。这些生物侦检器材和装备结合了生物学、化学、物理学、气象学等技术原理和方法。基于物理学原理的侦检装备，主要利用显微镜（光学显微镜、电子显微镜等）、激光粒子测量技术、光谱（散射光谱、紫外或红外光谱、拉曼光谱等）、质谱等，检测生物粒子的大小、形态、内源性荧光等特征。基于化学原理的侦检装备，主要以生物战剂的特异性生化反应作为检测基础，通常利用生物战剂化学组分特定基团的化学生色和发光反应来检测战剂的存在，如 ATP 荧光检测器、化学发光报警器、蛋白质粒子染色检测器等。基于生物学原理的侦检装备，则利用生物战剂的生理生化特性、免疫特性和遗传特性等进行检测，通过培养分离、免疫血清检测和分子生物学检测等方法鉴定战剂的种类，如 Gulliver 检测器、免疫检测试剂卡、荧光定量 PCR 检测仪。近年来，由于整合了光学、微电子技术、分子生物化学的最新进展，生物传感技术已进入生物战剂侦检装备的研究与制造，大大提高了生物战剂的现场侦检能力。一些主要国家已建成功能完善、科学配套，适用于各种作战条件和平时应急的生物环境的快速、灵敏、准确的生物侦检装备体系。

1. 自动化

美军的侦察装备中除了一些采样分析工具箱外，都是紧凑、坚固、自动化的探测装备，它们可以自动完成采样、分析、判断、报警、传输的功能，这一过程不需要人为干预，甚至完全不需要人工值守，生物侦察装备的自动化，将大大减轻侦察人员的工作强度和风险。随着技术的发展，生物侦察自动化的程度和范围将进一步加大。

2. 实时化

实时化即对生物战剂的早期预警和报警，这是外军特别强调的一种发展趋势。它可以为部队获得更多的预警时间，从而采取及时有效的措施，避免或减少对人员的伤害。目前，美军正在研制新的远程侦察系统，可以在 40 km 范围内实时、不间断地侦察生物战剂。同时，美军还在考虑将远程探测系统与空中平台相结合，可以加大侦察距离。例如，在"捕食者"无人机上安装生物远程检测仪系统。

3. 小型化

小型化是科学技术不断进步的必然结果，也是不断追求的目标。各种高技术的运用特别是表面声波探测技术及离子迁移谱技术在传感器上的运用，使装备的各种侦察系统体积越来越小，质量越来越轻。例如，美军计划将超小型的无人机（MAV）用于核、化、生侦察，它的翼展仅 15 cm，质量不超过 85 g，这无疑对于装备的小型化提出了更高的要求。

4. 集成化

美国陆军的 M93A1 "狐" 式核、化、生侦察车就是综合集成化的典型代表。此外，美军正在计划发展的联合军种核、化、生侦察系统与 "狐" 式侦察车类似，该系统性能更先进，适合于各军种使用。同时，该车可综合安装各类探测和分析系统，从而极大地提高了核、化、生侦察的效率。美军还计划将此系统集成到空中平台上。

5. 网络化

报警与报告是生物侦检装备最重要的功能之一，而网络化可以使生物侦检装备的这种功能大大提高。美军比较先进的探测器、报警器均可以相互连通或与指挥控制系统连通，从而可将获得的各种数据、信息实时地向各级指挥控制中心传输。美军还在建设联合预警和报告网络（JWARN），该网络可与美军目前已装备的和新研制的各类核化生传感器连通并交换信息。它还可以与各军种的 C^4IRS 系统连通，使各军种各级指挥员掌握战区内的核、化、生袭击态势，以采取及时有效的应对措施。

二、生物洗消装备

洗消装备通常可分为适用于个人、小型装备的小型洗消装备和适用于大型装备、大面积污染的地面、空气、水源与动植物等的大型洗消装备。

(一) 个人洗消装备

美军配备的小型洗消装备有 M258 型个人消毒包、M291 皮肤消毒包、M295 单兵消毒装备。美军研制并装备军队的 M258 型个人消毒包，内装两把塑料刮刀、1 号消毒液塑料瓶、2 号消毒液塑料瓶和棉纱垫等，除了具有吸附战剂的物理作用外，还能迅速起到化学消毒作用。M291 皮肤消毒包用 AmbergardTMXE‑555消毒树脂作为原料，具有良好的反应性与吸附性，专门用于人员皮肤液态化学毒剂和某些毒素污染后的消毒，对周围环境无危害作用，使用安全，消毒效果可靠，对运输、储存、分装没有特殊要求，操作简便。M295 单兵消毒装备由四副擦拭手套组成。每个手套由内涂聚乙烯膜的非织造聚酯材料构成，该材料含有具有净化功能的吸收粉末。在使用过程中，吸收性粉末可以在非织造聚酯材料中自由流动。士兵可以迅速使用 M295 消除皮肤和装备上的 CB 污染及毒素污染。

俄罗斯配有 PKHS－52 防化盒和个人消毒包。PKHS－52 防化盒用于洗消大面积被液体毒剂染毒的皮肤和军服。该消毒包由以下几个部分组成：一个铰链盖式盒子；一个 0.5 L 容量瓶，瓶塞为红色，瓶内装有红色的碱性溶液，用于消除有机磷毒剂；两个 0.5 L 量瓶，瓶塞为白色，瓶内装有配制第二种消毒剂的溶液，用于除去芥子气一类毒剂；配制第二种消毒剂的金属罐；一个木制盒，内有四个包裹；两个大包装有活性氯物质；两个小包装有稳定剂；20 条脱脂棉纱巾；一个木制搅拌器。个人消毒包由放在纱布袋内的玻璃瓶和几块纱布组成。局部洗消首先将玻璃瓶里的消毒液直接倒在手上，像洗手一样擦洗；然后用消毒液将纱布浸湿，擦脸和颈部皮肤染毒部位。它可以用于消除皮肤、小面积衣物、个人防护用品和仪器上的毒剂。

意大利 BX24 洗消剂可以高效处理各种已知毒剂，这种洗消剂优于现有的一般洗消剂，它的优点在于可以通过化学方法将沾染毒剂转换成中性化合物悬浮毒剂，能用一般的手动洗消程序将其去除。它的中和反应快而且不会产生有害毒气和过多的热量，对金属和其他漆层保护表面无腐蚀，易于管理、储存和发放，至少可以储存 5 年（稳定温度范围为 －20～60 ℃）。RX24 是一种粉末状洗消剂，容易准备，使用后的残余物不含氯、碳氢或其他有害环境的化合物，残余物可以通过普通的排水装置排除，对生物战剂也很有效，具有很强的杀菌功能。

法国单兵洗消装备是法军 1992 年装备的一种新型洗消包，由密封盒、盖膜、洗消瓶、擦拭巾、吸毒手套和使用说明组成，可用来洗消芥子气、VX 毒剂、G 类毒剂等大部分化学毒剂。

加拿大 RSDL 活性皮肤消毒包采用具有表面活性的消毒液，可消毒的化学毒剂类型有 H、L、G 和 V 类，不仅可以对人员皮肤消毒，也可对眼睛等相当敏感的部位消毒，消毒后的残余物无毒副作用。目前，已装备加拿大、澳大利亚、爱尔兰、荷兰和禁止化学武器组织。

（二）小型洗消装备

小型洗消器材是指一般不需要专用车辆运输、可以灵活使用的洗消装备。美国的便携式 M11 消毒器在美国的军车上几乎都有装备，采用 DS2 消毒液，利用压缩氮气喷射洗消，可用于车辆或乘员所携武器的消毒。美国 RDP－4V 型背负式洗消器体积为 183.9 L，通过一个附加的喷嘴形成泡沫，18.9 L 的溶液可形成 1 136 L 的泡沫，为原来的 60 倍，射程可达 12 m，携带方便。5M15

型内表面洗消装置利用热空气流加热内表面使毒剂蒸发，而后立即将有毒蒸气捕集起来或直接排出车外。一般情况下，当内表面温度达到 85 ℃，时间约 30 min 时，可达到消毒效果，用于车辆驾驶室、战斗室内表面及仪器设备洗消。A11－Clear 新型化学生物泡沫洗消装置，该泡沫洗消剂由水解酶与生物杀菌剂混合而成，它能够解决遭受化学和生物袭击的军事、工业和农业大面积地域的快速消毒问题。联合服务单兵皮肤洗消剂（JSPDS）系统使用的洗消剂是经美国食品药品安全局批准的用于皮肤消毒的安全洗消剂——活性皮肤洗消剂（RSDL），其对士兵的防护高于 M291 皮肤消毒剂，也能够对某些特定装备进行洗消。联合便携式洗消系统（JPDS）要求一个人即可操作、搬运和再次装填；在固定位置和移动时均能修复；提供对人无害的和环境安全的化学和生物洗消剂。JPDS 由洗消剂和涂敷器组成，可以提供迅速洗消。其洗消对象为小型非敏感装备和大型非敏感装备区域，JPDS 对化学战剂的洗消能力比现有的便携式洗消设备强。

英国的小型洗消装备有空气泡沫洗消装备，泡沫的化学成分为 CAS-CADTM，泡沫生产量为 75~80 L，洗消面积为 13 m²，空质量为 14 kg，全质量为 27.5 kg；喷头类型为喷枪，溶液桶材料为不锈钢，动力源为桶内压缩空气，结实耐用，内容物可更换，适于多次反复使用。使用时单人背负，便于操作及控制泡沫喷射方向，适用于紧急情况下的金属和建筑物表面的化学洗消、生物灭菌。

意大利的小型洗消器材全部采用了高温高压技术，高温高压射流洗消技术是利用高压冲洗、高温分解达到快速、高效的洗消效果。意大利 0291 型洗消装置利用高压水和蒸气对车辆装备进行核、化、生洗消，也可对人员消毒。

德国卡切尔 HDS1400D 高压蒸气射流洗消器是一种高压蒸气洗消器，它装备了柴油发动机和自清洁高压水泵，可以在任何地方实施大规模洗消，甚至在酷热或严寒条件下也能发挥其方便、稳定、耐用的特性。

挪威的 Sanator 轻便式洗消器材由冷气式发动机、水泵和加热器组成，可提供热水或蒸气进行洗消。每分钟产生 80 L 热水可供 12 人同时淋浴，也可以作为冷、热饮用水的补给系统及为野战医院储备用水，服役于挪威、瑞典和美国海、陆、空"三军"的部队。

（三）大型洗消装备

大型洗消装备指各类洗消车、洗消拖车、洗消方舱和洗消系统，一般由专用车底盘和车载洗消设备组成，具有作业量大、机动性好的特点，可用于作战武器的全部洗消。为了适应对集群坦克、火炮等大型兵器以及机场、港口、码头、建筑物、掩蔽部等大型设施的洗消要求，利用喷气式发动机产生的热空气或装载高温、高压洗消装置对大型装备进行快速、高效的洗消,已引起许多国家的重视。能在受沾染区域或靠近受沾染区域展开和实施大面积洗消的各种大型装备已成为各国发展的重点,德国在此方面处于领先地位。

美国 M9 型洗消车于 20 世纪 60 年代投入使用,对单兵及装备进行洗消,主要部件有装料桶、离心泵、管道、喷枪、喷洒用软管。连续作业时间长,喷洒速度快,泵的功率大;流量可达 50 gal/min,每次平均洗消面积为 1 300 m^2。XM - 14 型洗消车 20 世纪七八十年代时使用,适用于人员洗消,主要部件由液灌喷洒架及蒸汽发生器组成。一次可以洗消 25 人,每分钟喷水量为 10 gal(1 gal = 4.5 dm^3)。M12A1 电动洗消装备 20 世纪 90 年代时使用,可以对人员进行洗消,主要部件有水箱、人员淋浴装置、M2 型液体燃料热水器。使用 M800 系列 6×6 卡车运载,泵的工作能力为 190 L/min。目前,海军陆战队已用 M17 MCHF 轻型洗消装备取代 M12A1。M17 MCHF 轻型洗消系统具有便携式、质量小、压缩和动力驱动泵及多种燃料水加热系统。四个成年男子就可以搬运该设备。不仅可以迅速洗消车辆及飞机,还可以对人员、装备等进行洗消。SWIFTCAFTM ATV CAF 洗消系统为小型到中型、可通过汽车运输、高度可变的 CAF 系统,适于装载至各种平台,如 ATVs、卡车、拖车等类似的运输装置。SwiftCAF 适合处理突发事故,尤其是人员难以到达的地方,如出入口阻塞、远离道路的地方或崎岖的山路等。其使用标准的喷头,喷射距离为 12.2 m。快速机动性洗消系统(HMDS)是依赖 HUMVEE/tactical 拖车的洗消系统,该系统配有 24 m 的软管,前后端分别放置洗消地面的设备,在系统顶部装有监测器,人员可以在内部通过操纵杆、无线电等操纵该设备,实现远距离洗消。联合军种洗消系统(JMDS)是美国处于研发和试用阶段的产品之一。JMDS 的技术要求:能够对小型灵敏性装备和平台内部进行洗消;适用于灵敏装备和车辆内部的非溶液性洗消系统;可在移动和固定状态下使用;洗消装备在洗消后仍保持战斗力;在固定和行驶状态下对车辆、飞机和船只内部进行洗消。JMDS 的保护伞计划将联合服役灵敏装备洗消(JSSED)与联合平台内部洗消(JPID)计划相结合。该计划使用蒸汽洗消技术对灵敏设备和平台内部的化学和生物战剂进行洗消。JMDS 洗消化学和生物战剂而不降低灵敏性设备和平台再次使用时的性能。小型联勤可运输洗消系统(JSTDS - ss)是美国处于研发和试用阶段的产品之一。该系统的技术要求为:将污染战剂浓度降低到可检测水平以下;不需要专用的车辆和/或拖车;能够使用洗消剂和热的肥皂水;使用对人无害的、对环境安全的洗消剂。JSTDS - ss 由洗消剂、涂敷模块和附件(包括淋浴设备)组成,用于洗消战斗车辆、人员配备的武器、小的飞行器、船表面和有限的设备和地形,该设备可以减轻洗消过程中人员的负担。大型联勤可运输洗消系统(JSTDS - ls)是美国处于研发和试用阶段的产品之一。该系统的技术要求是：将污染战剂浓度降低到可检测水平以下；在"移动"过程中进行洗消；能够使用洗消剂和热的肥皂水；洗消大型灵敏性不高的设备，如车辆、飞机和设备；提供无害的和环境安全的CBRN洗消剂。该系统可对大型灵敏性不高的仪器、飞机、设施、海港和机场进行洗消。

德国HEP型洗消车是20世纪70年代后期研制的。该车由戴姆勒-本茨越野车底盘改装，车上装有一台NATO-HDS-1200BK型高压喷射发生器和一台高压泵，可直接由供水卡车供水或用泵从外界抽水。该车不仅可完成战时对人员和地面的洗消，平时还可为各军兵种和野战医院提供热水，使用效率高。Karcher洗消系统：1989年，Karcher公司生产了两种安装在卡车上的洗消系统，其中一种用于器材和地域洗消，主要洗消器材有MPD3200预消装置，用于高压预洗；DADS主要用于洗消处理，可以使用不同类型的乳化剂；MPDS利用高压热水和蒸汽进行后处理或用热泡沫处理辐射沾染。另外配有2 000 L的水箱、消毒剂、软管及附件。另一种洗消系统用于人员及个人装备洗消。主要设备包括：一台MPDS，用于野外淋浴；一台MPDS，用于洗消防护服及个人装备；两顶淋浴帐篷以及Karcher淋浴装置；一台空气加热器，用于加热帐篷内的空气；一台专用真空清洁器，用于消除辐射沾染；五个可折叠容器，用于对个人装备进行蒸汽处理；还有洗消剂与2 000 L的水箱等。INDECON方舱洗消系统用于洗消人员、车辆、装备等，其本身具有核、化、生过滤防护功能。洗消装置有高压清洗器、水泵、手提式洗消泵、人员洗消帐篷、淋浴器、水箱等。应急洗消只需要5 min。Roll-On Decont洗消系统安置在20 ft的带有滚轴结构的集装箱内，有独立的动力供应，可通过滚轴系统传输到任何车辆上。Roll-On Decont洗消系统每小时可洗消240人，如果与DEDAS联合使用，每小时可洗消40辆车。Karcher CFL60型机动野外洗衣装置，该装备平时装置在一个6 m的标准集装箱中，可用卡车或拖车运输，也可空运。它采用最新的医用和家用洗衣与清洗技术，内部有供电系统及服装灭菌、清洗、甩干、熨烫及打包设备等。如果与相应水处理装置一起使用，该装置能获得优质水源而成为一个独立工作系统。该系统还配备有DT60洗消帐篷与服装煮沸消毒柜Karcher Jet21型洗消装备，它是最新装备的大型洗消系统之一，采用吊臂门式洗消方式，自动化程度高，能够用高压射流水及热空气两种方法洗消，适用于高危环境及长时间作业。

意大利SANIJET3000/3集装箱式洗消装置利用一个6 m ISO标准集装箱形成一个人员、车辆和其他装备及服装消毒的独立的封闭空间。采用核、化、生滤毒通风装置产生超压，集装箱被分为几个操作间，中间的一间作为主控室，另外几间作为淋浴间、服装消毒间和进出间。目前，该装备是唯一可在核、化、生污染环境下进行人员洗消的装备。

俄罗斯/苏联的洗消车发展较早，从 20 世纪 60 年代起，苏军先后为每个消毒连队装备了 10 台 APC－14 型自动喷洒车、4 台 ДДА－66 型消毒淋浴车和 2 台 TMC－65 型涡轮喷气消毒车。其中 TMC－65 型涡轮喷气消毒车具有高效、快速、防冻、适于大面积消毒的特点。其主要结构是将 ТД 涡轮喷气发动机装在 yРАП375－E 型卡车底盘上，以快速喷洒消毒液。车的两侧各有一个 1 500 L 的装料桶，分别装喷气发动机燃料和消毒液。拖挂的水罐车可载 4 000 L 水。该车的主要缺点是笨重、体积大，不便于行驶和隐蔽。20 世纪 80 年代，他们装备了由四辆汽车组成的 AГy－3M 消毒站，一台车载烘干帐篷和淋浴帐篷及折叠式水箱；一台车载蒸汽和热空气发生器；另外两台车装载蒸汽消毒室，用于边防部队大规模洗消被装。

英国推车式空气泡沫洗消装备，该装备坚固、便携、操作简单，可单人操作，数分钟即可展开。储存罐的容积为 142 L，软管长 7.6 m，喷嘴直径为 51 mm，配有搅拌桨。可有效洗消核、化、生战剂，洗消面积为 130 m^2。拉车式洗消装备可单人操作，适用于狭窄的通道和上下楼梯。拉车用耐高压塑料和钢铁制作，尺寸为 457.2 mm×1 016 mm，溶液箱材料为不锈钢，动力源为瓶内压缩空气，空质量为 18 kg，全质量为 31.5 kg，产生洗消泡沫量为 75～80 L，洗消面积为 13 m^2，泡沫射程最远为 3.6 m，泡沫化学成分为 CAS-CADTM。

法国 ACMATUMTH1000 洗消车，由四个主要部件组成：装备装载平台，固定式液压装置，电动泵和 3 000 L 水箱，可移动式高压热水及蒸汽发生器及其包装容器，该车可对人员及其服装进行洗消。集防装备消毒器材由一特制的长 400 mm 的架子支撑，带有两个装有 10 L 压缩空气的储存容器。该洗消装置可提供定量恒压喷洒并在 40 s 内完成喷洒。喷嘴为锥形，提高了洗消效率，有效洗消能力为 2～5 m^2 沾染表面。罐的总容量为 2.5 L，直径为 110 mm，长为 358 mm，有效容量为 1.6 L。在工作时设备质量为 3.5 kg，最大工作压力为 19.38 kg/cm^2，可以用于遭遇化学袭击或有关事故时对车辆的快速洗消。

洗消装备的发展趋势主要体现在新洗消剂、新洗消技术、新洗消装备三个方面。

目前，以氯化、氧化及碱性水解为消毒机制的三大类洗消剂基本都能满足应急洗消的要求，但在性能上仍存在对金属腐蚀性强、污染大、后勤负担重等问题。研究多用途、低腐蚀、无污染而且具有快速反应能力的洗消剂是新时期洗消剂研发的主要趋势。目前，已取得显著进展并具有应用潜力的研究方向有生物酶催化、过氧化物消毒剂、纳米金属氧化物和自动消毒涂料等。人洗消器材向轻便、高效、无刺激方向发展。目前，主要方向是开发生物酶、反应型高倍吸附洗消剂和醛肟灯洗消器。

高温、高压、射流洗消技术的采用是新一代洗消装备的特征和标志。高温和高压形成的射流可产生物理和化学双重洗消功能，具有洗消效率高、省时、省力、省洗消剂甚至不用洗消剂等特点，代表了目前洗消装备的国际水平和发展趋势。免水洗消技术是针对不能用水基和传统的具有腐蚀性的洗消剂洗消的电子、光学精密仪器、敏感材料而发展成的一种新技术。从整体技术而言，免水洗消技术尚处于起步阶段，研制免水洗消装备已成为新时期极为紧迫的研究课题，主要是循环溶剂超声波浴洗消和 APPJ 洗消装备。洗消方法主要有热空气洗消法、有机溶剂洗消法和吸附剂洗消法。

为适应现代战争的特点，保证武器装备、人员在核、化、生战争条件下的生存力和战斗力。新时期的大型洗消装备向着多功能、模块化、智能化、防污染方向发展。多功能，不仅可用于武器装备的洗消，还能用于人员、服装和舰艇甲板洗消，且能用于灭火；模块化，是通过开发高性能的洗消核心模块，经模块之间组合，配以通用性好的零备件组合成不同型号的洗消装备；智能化，即智能控制洗消过程，达到精确洗消的目的。计算机技术和智能机器人技术的迅速发展使洗消装备自动化、智能化水平不断提高。洗消机器人将最终取代人员手持喷枪进行洗消的方法。洗消过程也将通过智能控制达到精确洗消的目的。

三、生物防护装备

美军正在参与管理设训和发展下一代化学、生物防护服系统。联合勤务一体化服装技术（Joint Service Lightweight Integrated Suit Technology，JSLIST）计划的关键包括：对化学、生物战剂的防护，使服装具有更小的质量、可柔性和经得起洗涤。防护鞋主要结合环境和化学生物防护要求，具有防滑和火焰自熄灭特性。该防护服系统包括穿在战斗服（BDU）外的罩衣，多用途雨、雪、化学生物长靴（MULO）。JSLIST 创造了一条新的、潜在的候选化学防护材料工艺（样品）的特性评价途径。美军在科学技术方面研究了新颖的化学生物防护聚合物（novel polymers for CB protection），并研究在这些物料上的过程机理。

1994 年 11 月，美军成立了士兵系统司令部（Soldier System Command，SSCOM），其任务是发展、完善、获取和维护士兵及其相关支持系统，使之更现代化，力争提高上兵作战能力。SSCOM 将整个士兵看作一个完整的武器运行系统。

（1）一体化帽子。配有轻巧的头盔，头盔固定装置，图像扩大器/完整的平板显示器，M45 化学、生物防护面具，弹道、激光视觉保护器，激光检测器。

（2）通信和计算系统。配有计算机、士兵和小分队的雷达、GPS，手持平板显示器、视觉捕获软件、可兼容的战争情报部分、CFE/GFF软件。

（3）武器系统。配有激光测距仪、数字指南针、视频相机、标准化武器系统、热武器瞄准器、精密的作战镜片、AN–PAQ4C–红外激光瞄准仪、其他武器和辅助设备。

（4）防护服和个人装备。配有标准体型的护甲，化学、生物防护服、手套和靴子，其他的服装和个人装备。

面具发展的重点是重视防火高效过滤材料的研究，增加面具防火性能，在面罩设计上采用计算机辅助设计和制造技术，因此提出了一些新的设计理念。

防护服的发展趋势是进一步减轻穿着者生理负担，提高舒适性，具有良好防水性能和透湿性能的水蒸气透过材料、微孔聚四氟乙烯薄膜复合织物、反应—吸附型防毒原理是重点研究方向。在提高含炭织物强度方面，掺炭织物、纤维状活性炭织物是重点发展方向；在增加功能方面，阻燃纤维和功能性织物是重点研究方向；在集体防护技术发展方面，外军将逐步改变传统的以炭、纸为基本吸附过滤材料的状况，利用新技术、新材料和新原理使集体防护装备逐步实现全谱防护、小型化、一体化、机动化和信息化。其中，可再生吸附技术、膜分离技术、等离子体—催化技术、无动力源防护技术等为外军关注的重点。

发展趋势的总体特点如下：

（1）防化领域正面临新的挑战，这是高新技术的较量，是质的较量。

（2）防化装备正朝着系列化、多样化方向发展。

（3）防化器材的针对性、简易专一性与通用性综合器材并行发展，并逐步标准化。

（4）装备研发呈现国际合作与市场竞争并存态势。

（5）防化器材将在化武销毁、化学救援、控暴中起重要作用。

（6）复合（含炭、少炭和无炭）吸附技术和材料研究形成了长期稳定研究方向。

（7）提高防护潜在毒剂的能力构成了呼吸道防护的长期研究方向。

（8）毒素和生命调节剂应引起重视，应拓宽化学防护研究领域。

（9）化学防护面临着高新科技带来的挑战，在一般防护器材标准化、市场化乃至国际合作的同时，一场高层次的新材料革命将渗透到防化装备的未来。

参 考 文 献

［1］孙琳，杨春华．禁止生物武器公约的历史沿革与现实意义［J］．解放军预防医学杂志，2019，3（37）：184－186.

［2］薛杨，工景林．《禁止生物武器公约》形势分析及中国未来展约对策研究［J］．军事医学，2017，41（11）：917.

［3］孙琳，杨春华．美国近年生物恐怖袭击和生物实验室事故及其政策影响［J］．军事医学，2017，41（11）：923.

［4］刘磊，黄卉．尼克松政府对生化武器的政策与《禁止生物武器公约》［J］．史学月刊，2014（4）：62.

［5］朱联辉，田德桥，郑涛．从2013年禁止生物武器公约专家组会看当前生物军控的形势［J］．解放军预防医学杂志，2014，2（38）：109－111.

［6］张音，李长芹，江毅，等．国外生物军控履约非政府组织的作用及工作机制分析［J］．军事医学，2012，2（36）：90－95.

［7］张玲霞，周先志．现代传染病学［M］．2版．北京：人民军医出版社，2011.

［8］邹飞，万成松．核化生恐怖医学应对处置［M］．北京：人民卫生出版社，2010.

［9］王登高．军事预防医学［M］．北京：军事医学科学出版社，2009.

［10］梁万年．流行病学进展（第11卷）［M］．北京：人民卫生出版社，2007.

［11］黄培堂，李逸民，冯学惠．生物恐怖的应对与处置［M］．北京：人民军医出版社，2005.

［12］黄培堂，沈倍奋．生物恐怖防御［M］．北京：科学出版社，2005.

［13］李劲松．生物损伤医学防护［M］．北京：军事医学科学出版社，2002.

［14］杨瑞馥．防生物危害学［M］．北京：军事医学科学出版社，2002.

［15］陈宁庆．生物武器防护医学［M］．北京：人民军医出版社，1991.